■ 标准化养殖场

■ 标准化池塘

■ 低洼盐碱地池塘改造一

■ 低洼盐碱地池塘改造二

■ 低洼盐碱地池塘改造三

■ 低洼盐碱地池塘改造四

■ 低洼盐碱地池塘改造五

■ 低洼盐碱地池塘改造六

■ 水车式增氧机

■ 叶轮式增氧机

■ 涡轮式增氧机

■ 鱼塘微孔管道增氧设施

■ 渔-粮模式

■ 渔-菜模式

■ 渔-禽模式

■ 渔-草模式

■ 池塘清整一

■ 池塘清整二

■ 晒塘

■ 消毒

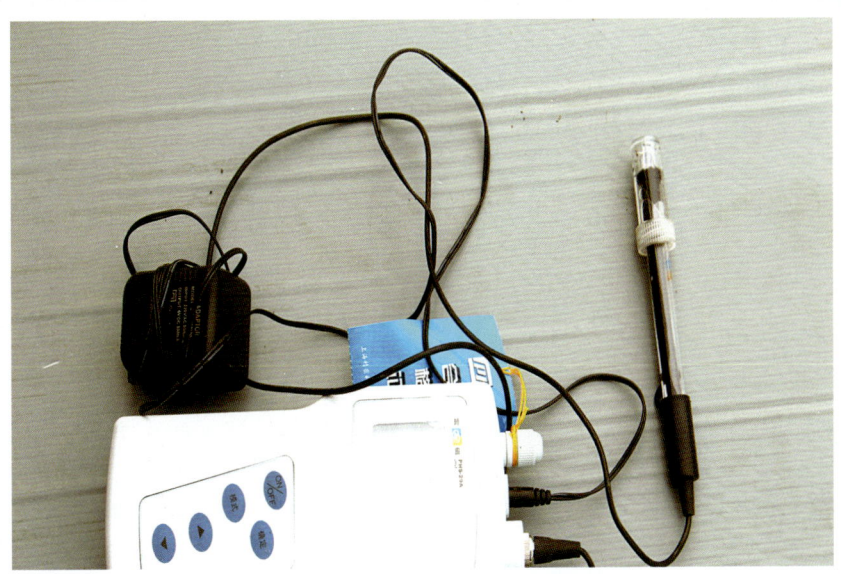

■ 分析设备-pH测试仪

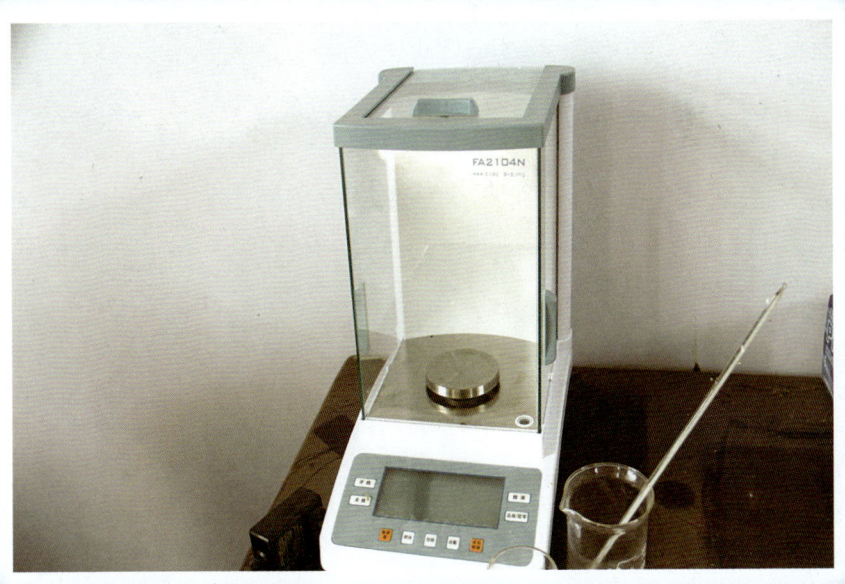

■ 分析设备-天平

■ 虹鳟养殖塘

■ 观赏鱼养殖塘

■ 鲟鱼养殖塘

■ 克氏原螯虾养殖塘

■ 中华鳖养殖塘

■ 泥鳅养殖塘

■ 罗非鱼养殖塘

■ 河蟹环形养殖塘

■ 鲤鱼养殖塘

■ 鲫鱼养殖塘

现代渔业提升工程·水产标准化健康养殖丛书

低洼盐碱地池塘
健康养殖技术

王 飞 李旭东 郭林英 编著

中原农民出版社
·郑州·

图书在版编目(CIP)数据

低洼盐碱地池塘健康养殖技术/王飞,李旭东,郭林英编著.—郑州:中原农民出版社,2014.12
(现代渔业提升工程·水产标准化健康养殖丛书/张西瑞主编)
ISBN 978－7－5542－1012－3

Ⅰ.①低… Ⅱ.①王…②李…③郭… Ⅲ.①盐碱地－池塘养殖－标准化管理 Ⅳ.①S955

中国版本图书馆 CIP 数据核字(2014)第 278580 号

低洼盐碱地池塘健康养殖技术
王　飞　李旭东　郭林英　编著

出版社:中原农民出版社
地址:河南省郑州市经五路 66 号　　　邮编:450002
网址:http://www.zynm.com　　　　　电话:0371－65788655
发行单位:全国新华书店　　　　　　传真:0371－65751257
承印单位:河南安泰彩印有限公司

投稿邮箱:1093999369@qq.com
交流 QQ:1093999369
邮购热线:0371－65724566

开本:890mm×1240mm　　A5
印张:8　　　　　　　　　　　　　　彩插:16
字数:228 千字
版次:2015 年 7 月第 1 版　　　　　　印次:2015 年 7 月第 1 次印刷

书号:ISBN 978－7－5542－1012－3　　　定价:22.00 元
本书如有印装质量问题,由承印厂负责调换

编 委 会

顾　问　朱作言
主　任　张西瑞
副主任　王　飞　李治勋　武国兆　聂国兴
　　　　　高春生
委　员　陈会克　李同国　张剑波　李学军
　　　　　孔祥会　赵道全　潘开宇　徐文彦
　　　　　冯建新　王宇锋　乔志刚　杨治国
　　　　　李国喜　刘忠虎

本书作者
王　飞　李旭东　郭林英

序 言

据文字记载,我国有2 500多年的鱼类养殖历史,可谓世界之最。今天,我国已是世界上水产品生产、贸易和消费的第一大国。多年来,我国渔业生产保持着持续快速发展的势态,在国民经济中的地位日益凸显,并已成为农业和农村经济发展的重要增长点。2013年全国渔民人均纯收入13 039元,远高于农民人均收入的8 896元;全国水产品总产量为6 172万吨,连续24年位居世界首位,为城乡居民膳食提供了1/3的优质动物蛋白源。近年来,渔业产业结构不断优化,实现了生产方式由捕捞为主向养殖为主的重大转变。

2013年以来,中央连续出台了多项惠渔政策,鼓励并引导水产养殖业从传统渔业向现代渔业转型。现代渔业已成为各种新技术、新材料、新工艺密集应用的行业。渔业的规模化、集约化、标准化和产业化发展,对科技的依赖程度也在不断提高。因此,我们需要不失时机地普及水产科学知识,提高从业者素质,帮助他们吸纳和运用现代生物技术、信息技术和材料技术的新成果,发展现代渔业和精深加工业,以降低资源消耗、环境污染和生产成本,不断提高渔业的资源产出率和劳动生产率,进一步引领和支撑优质、高效、生态、安全的现代渔业发展。

河南省淡水渔业发展很快,在传统渔业的基础上,现代渔业也开始起步。面对这一可喜的新形势,有关主管部门组织专家和技术人员适时编写《现代渔业提升工程·水产标准化健康养殖丛书》,除了进一步激发渔业科技人员总结在实践中的创新经验外,无疑将对渔业从业者培训、促进行业转型发展等起到推动作用。发展现代渔业的关键是新型渔民的培养与经营主体的培育,造就产业发展的主力军。通过对基层渔业科技人员和养殖户培训,掀起广大渔业劳动者学科技、用科技的热潮,切实提高他们的从业技能,促进渔业科技成果转化,培养有文化、懂技术、会经营、善管理的新型渔民,为现代渔业建设培育经营主体和可持续发展提供支撑能力。

丛书涵盖了淡水渔业各方面内容,包括高产池塘创建和低产池塘改造、健康养殖示范场创建、水产原良种体系建设、渔业科技推广、休闲渔业、水产品质量安全、水生生物资源养护以及苗种质量鉴别与培育技术、鱼类病害防治和渔药残留控制、养殖水体水质调控技术、饲料配制与投喂新技术、池塘生态养殖技术、池塘生态工程设施与模式构建、水产养殖病情监测预警等内容,适用于管理者和经营实践者学习参考,是新形势下渔业的科普兼专业性读物。同时,丛书特别强调保障水产品质量安全、改善水域生态环境、维护水域生态安全、提倡渔业相关的二、三产业等的协调发展,最终实现装备先进、高产优质、环境友好、渔民增收的现代渔业发展新格局。

多年来,我与河南水产科技人员共事和交流,对他们敢为人先的创造性和务实拼搏的敬业精神尤为钦佩。我期待着在全国现代渔业建设的大潮中,河南水产事业走出自己特色之路,并大有作为!

中国科学院水生生物研究所研究员
中国科学院院士
2015 年 1 月

前　言

我国有丰富的低洼盐碱地资源，主要分布在东北、华北、西北内陆地区以及长江以北沿海地带，其中宜渔的低洼盐碱地约4 500万亩。这些地区由于长期受到地质变动、水系变迁等影响，地势低洼，土壤盐碱，地下蕴含丰富的咸水，难以进行农作物高产种植与栽培，地区经济相对落后。目前，除部分地区开展了鱼类养殖、耐盐碱作物种植外，绝大部分长期处于荒置状态。大量盐碱地及地下咸水的闲置，不仅造成资源的巨大浪费，而且造成生态环境恶劣，成为影响当地农业和农村经济发展、农民致富的重要制约因素。

中国水产科学研究院东海水产研究所、中国海洋大学等单位在国家重点课题的支持下，深入开展了低洼盐碱地以渔改碱、综合治理等研究，取得了一批重大成果。通过多年的不懈努力，从理论上阐明了盐碱地水质改良调控的基础，从实践中创建了养殖南美白对虾、鲤鱼等多元化的低洼盐碱地水产健康养殖模式，在河北、河南、山东、山西等地取得了显著的经济、社会和生态效益。

近些年来，随着低洼盐碱地池塘养殖规模的不断扩大，各种各样的问题也随之出现。如：盐碱水能否进行水产养殖，能养什么品种，如何改良调控盐碱水质等。另外，一些低洼盐碱地池塘由于放养密度过大、水质调控不当、病害常发导致了经济效益下降，也影响了养殖水产品的质量安全。

为了促进当前低洼盐碱地池塘养殖业的健康发展，满足广大从业人员的需求，本书针对目前低洼盐碱地池塘养殖中经常遇到的一些实际问题，结合编者的生产实践经验，从低洼盐碱地池塘养殖现状与发展前景、养殖品种及模式、健康养殖技术、水质调控技术、病害诊断与防治等5个方面介绍了低洼盐碱地池塘标准化健康养殖实用技术，其中一些调查、实验数据以河南省为例，供广大读者阅读时借鉴参考。本书最后介绍了低洼盐碱地池塘综合开发与利用途径,提出综合利用当前多学科专业技术,发展低洼盐碱地池塘健康养殖和渔－农、渔－牧、渔－草、渔－畜禽、渔－果相结合,建立大农业生态种养殖技术模式,使荒芜的低洼盐碱地逐步成为提供粮食、畜禽和水产品的基地,这不仅是改善农业生态环境、推进农业产业结构和持续发展的主攻方向和重大举措,更是缓解我国人口、资源、环境压力,扩大可耕地面积,稳定粮食供应,促进农业农村经济长期、持续发展,保障人民生活水平不断提高的战略需要。

本书在编写过程中,参阅了国内外有关低洼盐碱地池塘养殖方面的资料文献,在此一并致谢。由于编者的水平有限,书中存在的疏漏和不足之处在所难免,敬请广大读者批评指正。

编者

2014 年 7 月

目 录

第一章 低洼盐碱地概述
第一节 低洼盐碱地与盐碱水／2
第二节 低洼盐碱地的形成／5
第三节 低洼盐碱地的面积与分布／7
第四节 低洼盐碱地的综合治理与实践／9
第五节 低洼盐碱地水产养殖／25

第二章 低洼盐碱地池塘养殖现状与发展前景
第一节 低洼盐碱地池塘养殖现状／29
第二节 低洼盐碱地池塘养殖发展前景／38

第三章 低洼盐碱地池塘主要养殖品种及模式
第一节 低洼盐碱地池塘主要养殖品种／44
第二节 低洼盐碱地池塘主要养殖模式／60

第四章 低洼盐碱地池塘健康养殖技术
第一节 低洼盐碱地池塘健康养殖操作技术规程／77
第二节 低洼盐碱地池塘"80:20"模式化养殖技术／85
第三节 低洼盐碱地池塘微孔增氧技术／89
第四节 低洼盐碱地池塘草鱼人工免疫技术／94
第五节 低洼盐碱地池塘微生态制剂调控水质技术／98
第六节 低洼盐碱地池塘浮性饲料应用技术／106
第七节 低洼盐碱地池塘渔药规范使用技术／109
第八节 低洼盐碱地池塘多品种混养高产技术／118

第五章 低洼盐碱地池塘水质特征及调控技术
第一节 低洼盐碱地池塘水质特点／123
第二节 低洼盐碱地池塘水质类型／138

第三节　低洼盐碱地池塘水质综合调控技术 / 145

第六章　低洼盐碱地池塘养殖病害的诊断与防治

第一节　低洼盐碱地池塘养殖病害种类 / 158

第二节　低洼盐碱地池塘养殖病害的诊断 / 161

第三节　低洼盐碱地池塘养殖病害的防治 / 163

第四节　低洼盐碱地池塘养殖常见病害的诊断与防治 / 181

第七章　低洼盐碱地池塘综合开发与利用

第一节　渔菜共生生态立体综合养殖技术的应用 / 210

第二节　渔-草结合生态立体综合养殖技术的应用 / 216

第三节　渔-禽结合生态立体综合养殖技术的应用 / 222

第四节　渔-粮结合生态立体综合养殖技术的应用 / 227

第五节　渔-畜结合生态立体综合养殖技术的应用 / 231

第六节　渔-果结合生态立体综合养殖技术的应用 / 235

第七节　渔-农结合生态农业开发模式综合效益分析 / 238

主要参考文献 / 243

第一章 低洼盐碱地概述

土壤盐碱化不但是涉及农业、土地和水资源的综合问题,也是典型的生态环境问题。盐渍土分布十分广泛,在各生物气候带的干旱、半干旱区,分布面积尤为广大,并且多发生在地势平坦、土层深厚的农业用地上。在世界土地资源总量中,盐渍土占有相当大的份额,据联合国教科文组织和粮农组织的不完全统计,全世界盐渍土面积近10亿公顷,对发展综合性农业有较大的潜力。在干旱、半干旱地区要充分开发利用土地资源,就必须发展灌溉,但往往因水文和地质条件恶化,排水情况不良,导致土壤普遍发生次生盐渍化。土壤盐渍退化或盐碱化对农业、环境和社会经济方面的影响主要表现在:制约了土地的农业利用;次生盐渍化导致了耕地的缩减,影响了作物的产量;影响作物适种性和品质;影响畜牧业和林业;影响环境质量等。治理改良盐碱土和防止土壤次生盐渍化已成为世界各国面临的一个重要难题。

第一节 低洼盐碱地与盐碱水

一、低洼盐碱地

(一) 低洼地

低洼地即洼地,指近似封闭的比周围地面低洼的地形。有两种情况:一是指陆地上的局部低洼部分。洼地因排水不良,中心部分常积水成湖泊、沼泽或盐沼,土壤碱性较重,不宜种植旱地农作物。二是指位于海平面以下的内陆盆地,如我国新疆吐鲁番盆地。

(二) 盐碱地

盐碱地是指一系列受土地中盐碱成分作用,包括各种盐土和碱土以及其他不同程度的盐化和碱化的土壤类型的总称,是盐类集聚土壤的一个种类。盐碱地盐分含量高,pH 大于9,盐碱土壤难以生长植物,尤其是农作物。根据所含盐分和碱分的多少,盐碱地可以分为轻度盐碱地、中度盐碱地和重度盐碱地。轻度盐碱地是指土壤的出苗率在70%~80%,含盐量在0.3%以下;重度盐碱地是指土壤的含盐量超过0.6%,出苗率低于50%;介于两者之间的就是中度盐碱地。

(三) 盐碱化

盐碱化是指由于特定的自然因素的综合影响,以及人为不当的农艺措施、灌溉措施水利工程导致土壤盐化与碱化的土壤退化过程,它是一个动态过程。自然因素的影响周期时间较长,并需要特定的地质过程或者水文、气象等因素综合作用,盐碱化的主要特点表现为地区性、集中性和次生性。

二、盐碱水

(一) 盐碱水的范畴

盐碱水属于咸水范畴,我国内陆绝大多数咸水水域属于非海洋咸水,与海水相比,盐碱水质的缓冲性能较差,不具备海洋水质中主要成分恒定的比值关系和稳定的碳酸盐缓冲体系。海水从离子组成上看,阴离子中 Cl^- 占绝对优势,按离子含量的多寡排列顺序为:$Cl^- > SO_4^{2-} > HCO_3^- + CO_3^{2-}$;阳离子中 Na^+ 占多数,$Na^+ > Mg^{2+} > Ca^{2+} > K^+$。而盐碱水在不同的区域,水质中的主要离子比值和含量往往不相同,水化学类型呈现多样性,且盐碱水质成因与地理环境、地质土壤和气候有关,故又呈现出多变性,有的盐碱水型会随着季节而发生变化。

(二)主要离子成分的生态意义

在各种天然水中,无论是海水、淡水还是盐碱水,Na^+、Mg^{2+}、Ca^{2+}、K^+、Cl^-、SO_4^{2-}、HCO_3^-、CO_3^{2-} 等离子的数量,占了溶解盐类总量的 90% 以上,被称为主要离子。

主要离子成分与水生生物的生命活动关系密切,有的离子维持生物机体细胞正常代谢活动,有的离子是生物骨骼、细胞壁的重要组成部分,有的离子是生物体内重要酶的参与者。如 K^+、Na^+ 是细胞内外液的主要阳离子、离子泵的主要成分,参与生物体内外的离子交换;Ca^{2+} 是钙泵的重要成分,参与多种酶促反应,是一些酶的激活剂或抑制剂;K^+、Na^+、Mg^{2+} 同时存在,才能使 $Na^+ - K^+ - ATP$ 酶有活性;Cl^- 是细胞外液的主要阴离子;K^+、Na^+、Cl^-、HCO_3^-、CO_3^{2-} 在维持酸碱平衡中起到重要的作用。因此,若水环境中的主要离子缺乏或过高,均会影响生物正常的代谢和生命活动。

(三)盐碱水质的特点和类型

1. 盐碱水质的特点

水生生物的生存有赖于水中所溶解的各种复杂的成分,包括无机离子和溶解氧,不同的水质对水产养殖动物的生存和生长都有较大影响。盐碱水质具有高 pH、高碳酸盐碱度、高离子系数、水质类型繁多以及主要离子比例失调等特点。这种"三高一多"的特点,给水产养殖带来了较大的难度。这是因为 pH、碳酸盐碱度、离子系数均被作为养殖水质中重要的化学及生态因子。在高 pH、高碳酸盐碱度和高离子系数条件下,会直接影响养殖生物的生存,成为养殖的主要障碍。

利用盐碱水开展水产养殖,尤其要注重水化学成分与水产养殖动物的相互关系,进而确定水产养殖动物对各种水化学因子的具体需求。由此可见,不是什么盐碱水都可以直接用于水产养殖的,有的盐碱水需要经过水质改良后才能用于水产养殖。因此,在利用盐碱水进行养殖前,一定要经过水质测定与分析,弄清盐碱水的性质、类型,以免造成养殖的失败。水产养殖动物对水的含盐量都有一定的要求,水中的含盐量维持着水生生物体内正常渗透压,不论是淡水生物还是海水生物,如水质中的含盐量超过了其渗透压调节能力,便会引起生物的死亡现象。此外,水产养殖动物的耐盐限度与水中各主要离子的组成有关,在离子系数和碳酸盐碱度较高的水质中,生物的耐盐性降低。由于天然盐碱水的含盐量相差悬殊,在利用盐碱水开展养殖时还要注意,只有一定的离子浓度和离子比值,才能保证生物生理机能活动的需求。

盐碱水质的多样性和复杂性,给水产养殖带来了较大的难度,同时也提出了较高的技术要求。盐碱水质使养殖品种受到较大的限制,不能单纯根据养殖水质的盐度高低,随意将海水或淡水养殖品种移植到盐碱水域中进行养殖,而且也不能随意套用海水和淡水的养殖模式。利用盐碱水开展水产养殖,首先要掌握养殖水质的属性,正确运用盐碱水质改良调控技术,选择合适的养殖品种。一般来说,广盐性生物对盐碱水质具有较强的适应调节能力,是目前低洼盐碱地水产养殖的首选品种。另外,要根据盐碱水质的特点选择养殖模式,对于水源来源较丰富的池塘,适宜精养;而对于 30 亩以上较大的水面,适合进行生态养殖。

2. 盐碱水质的类型

水型是以水质中主要离子的含量来划分的。以阴离子摩尔数的多少分为:碳酸盐(HCO_3^- + CO_3^{2-} 最多)、硫酸盐(SO_4^{2-} 最多)和氯化物(Cl^- 最多)3 种;其次,按阳离子摩尔数的多寡,在每一种水中分为:钠质水(Na^+ 最多)、镁质水(Mg^{2+} 最多)和钙质水(Ca^{2+} 最多)3 组;然后,根据阴、阳离子摩尔数的相互关系,在每一组又细分成以下 4 种类型:

Ⅰ型:特点是 HCO_3^-(CO_3^{2-}) > Ca^{2+} + Mg^{2+}

Ⅱ型:特点是 $HCO_3^- < Ca^{2+} + Mg^{2+} < HCO_3^- + SO_4^{2-}$

Ⅲ型:特点是 $HCO_3^- + SO_4^{2-} < Ca^{2+} + Mg^{2+}$,或者 $Cl^- > Na^+$

Ⅳ型:特点是 $HCO_3^- (CO_3^{2-}) = 0$

低洼盐碱地按照地理位置,可以划分为内类型低洼盐碱地和滨海型低洼盐碱地。内类型低洼盐碱地水质类型多以碳酸盐型居多,也有硫酸盐型和氯化物型;滨海型低洼盐碱地水质类型以氯化物型居多,也存在碳酸盐型和硫酸盐型。一般来讲,在盐度低的水质中,水化学类型多为碳酸盐型水,随着盐度增大,水化学类型多为硫酸盐型或氯化物型。盐碱水由于其成因与地理环境、地质土壤和气候有关,故其水化学组成复杂,类型繁多,既有重碳酸盐型,又有硫酸盐型和氯化物型,还包括了Ⅰ、Ⅱ、Ⅲ 3 类水型。根据已有的调查,我国主要的盐碱水水型有 $C_Ⅰ^{Na}$、$S_Ⅱ^{Na}$、$S_Ⅱ^{Mg}$、$Cl_Ⅰ^{Na}$、$S_Ⅰ^{Na}$、$S_Ⅲ^{Na}$、$Cl_Ⅱ^{Na}$、$Cl_Ⅲ^{Na}$、$Cl_Ⅱ^{Mg}$ 和 $Cl_Ⅲ^{Mg}$ 等。

第二节 低洼盐碱地的形成

一、低洼盐碱地起因

低洼盐碱地的形成是由于自然或人为的原因,使得地下水位升高、矿化度增加、气候干旱、蒸发增强,从而导致了土壤表层盐化或碱化过程增强,表层盐度或碱度加重的现象。低洼盐碱地主要发生于干旱、半干旱、半湿润和滨海平原的低洼地区。盐碱土是在一定的自然或者人为条件下形成的,其形成的实质主要是各种易溶性盐类在地面做水平方向与垂直方向的重新分配,从而使盐分在集盐地区的土壤表层逐渐积聚起来,直接表现为盐碱土水、盐的运动关系。在干旱和半干旱地区,由于地面的蒸发作用,底层土和地下水中所含的盐分,随着土壤毛细管作用使所含盐分的水上升到地表层,水分蒸发后,使盐分留在土壤表层,聚积而形成盐碱地。

二、影响盐碱土形成的因素

影响盐碱土形成的主要因素有:气候、地貌、水文地质、生物和人类活动等,而次生盐渍化更主要是受人为因素的影响。

(一)气候因素

在我国东北、西北、华北的干旱、半干旱地区,降水量小,蒸发量大,溶解在水中的盐分容易在土壤表层积聚。

(二)地理因素

地形高低对盐碱土的形成影响很大。地形高低直接影响地表水和地下水的运动,也就与盐分的移动和积聚有密切关系,水溶性盐随水从高处向低处移动,在低洼地带积聚。

(三)土壤质地和地下水

一般来说,壤质土水上升速度较快,高度也高,积盐较快,而沙土和黏土积盐速度要慢些。地下水影响土壤的盐碱含量,与地下水位的高低及地下水矿化度的大小有关,地下水位高,矿化度大,容易积盐。

(四)人为因素

人为因素是土壤次生盐渍化的重要因素。水利工程技术措施不当,有些地方浇水时大水漫灌,或低洼地区只灌不排,以致地下水位升高,盐分在表面集聚加强,使原来非盐碱土演变成盐碱土或使原土壤盐碱化加重。

(五)河流和海水的影响

河流及渠道两旁的土地,因河水侧渗而使地下水位抬高,促使土壤表层积盐。沿海地区受海水浸渍影响,地下水矿化度高,导致土壤中含盐量高。

第三节　低洼盐碱地的面积与分布

一、我国低洼盐碱地的面积与分布

低洼盐碱地在地球上分布广泛,全世界共有约9.55亿公顷,占陆地总面积的25%,绝大部分分布在各大洲干旱、半干旱地区,主要集中在欧亚大陆、非洲、美洲西部。我国低洼盐碱地面积大,分布广泛,类型多样。最新研究发现,我国各类低洼盐碱地面积总计9 913.3万公顷,相当于耕地面积的1/3,潜在盐碱化土壤为1 733.3万公顷,主要分布在东北、华北、西北内陆地区及长江以北沿海地带。

我国的1亿公顷耕地中有3 300多万公顷的盐碱荒地,660多万公顷的盐渍化土地。我国盐碱地面积之大,分布之广世界罕见,从东部太平洋之滨到西部新疆塔里木盆地和准噶尔盆地,从最南端的海南省到北方的内蒙古高原,从艾丁湖到西藏的青藏高原,均有盐碱地的分布。

由于盐碱地分布地区生物气候等环境因素的差异,各地盐碱土面积、盐分组成和盐化程度有明显不同,大致可分为下列几片:滨海盐土与滩涂,黄淮海平原盐渍土,东北松嫩平原盐碱土,半沙漠境内盐土和青海新疆极端干旱的漠境盐土。其中,滨海盐碱区主要位于华东沿渤海、黄海等海域的地区,尤其是以山东东营为核心的黄河三角洲地区,该地区海拔较低,地下水埋藏浅且矿化度高,自然蒸发作用强,从而使地下盐分升至地表,导致土壤盐渍化。黄河三角洲地区有40多万公顷的盐碱地,占全区总面积的一半以上,其中重度盐碱地20多万公顷,约占该地区的1/3,该区主要属于温带季风性气候,地下水位0.5~2.5米,土壤表层含盐量为0.4%~3.0%。

二、河南省低洼盐碱地的面积与分布

河南省盐碱土主要分布在豫东、豫北黄淮海冲积平原的低洼地区,呈带状和斑状分布,以黄河、卫河两个地上河沿岸分布面积最大。成土原因主要是地下水上升超过临界深度,当地下水矿化度大于1克/升时,则在春、秋旱季盐分聚于地表,形成盐碱土。河南省盐碱土属潮盐土亚类。按盐分组成可分为氯化物盐土、硫酸盐－氯化物盐土和氯化物－硫酸盐盐土以及重碳酸盐盐土,pH为8.5左右。此土区分布的河流在豫北有卫河、共产主义渠、马颊河、金堤河、天然文岩渠等,在豫东有沙颍河、贾鲁河、涡河、惠济河、黄河故道、浍河和沱河。

河南省的盐碱地主要分布在沿黄新乡市、开封市和郑州市的低洼地区,盐碱地面积约为150余万亩。盐碱地土壤母质系黄河自中上游流经黄土高原挟带的黄土堆积母质,机械组成中粉沙含量高,又含有一定的可溶性盐类,且土壤有机质含量低,多在1%以下,团粒结构又差,土壤呈单粒结构,缺乏凝聚性,毛管作用强,且渗透性弱,使土体中盐分积聚在土壤耕层,因而易形成盐渍化土壤。土壤为壤质潮土、盐化潮土、沙质、黏质潮土,部分灌淤潮土等多种类型。土壤中有机质含量低,低洼易涝盐渍土壤占有一定比例。养分含量为:有机质0.9%,全氮0.052%,全磷0.145%,速效磷3.5毫克/千克,速效钾109毫克/千克。土壤的pH为8.53~8.58。盐碱地多分布于沿黄河的背河洼地和冲积平原上的槽形及碟形洼地上,多与潮土成复区分布,具有斑状和带状分布的特点。主要分为两大片,一片为沿黄河3~5千米宽的带状背河洼地,该区域主要是盐土,以含氯化物为主;另一片为平洼地带,在不同的小地形上形成不同的盐碱地,其中半坡地为盐土,以含NaCl为主,而低洼地带多为碱土,以含$NaHCO_3$为主。

第四节 低洼盐碱地的综合治理与实践

低洼盐碱地作为一种重要的土地资源,对发展综合性农业,提升农业产业化有较大的作用,其治理和改良意义重大,并已经成为一个世界性的重大难题。低洼盐碱地的治理和改良是一项复杂、难度大、耗时长的工作。当前国内外主要采用包括物理、水利、化学和生物改良等多种技术和方法。其中,水利改良基本沿用了"淡水压盐、排水洗盐"的模式,通过建立健全灌排系统,蓄淡压盐、灌水洗盐、排掉碱水,并将地下水位控制在临界深度以下,达到土壤脱盐和防止次生盐渍化的目的。"以排为主"的做法使区域得到治理的同时,也存在不少问题,如灌排工程量大,投入成本、运行成本和维修养护费用高,系统需要外界持续人工干预;洗盐排水消耗过多水资源,不利于节水;区域地下水位下降;气候趋于干旱;排走的盐碱水污染了下游水源等。随着低洼盐碱地改良技术的发展和生态恢复技术的研究应用,新形势下对低洼盐碱地综合治理的工程、技术、理论方法等方面提出了新的更高的要求,需要探索新模式、新方法和新技术。

新的时期,国家中长期科学和技术发展规划纲要(2006~2020年)、国家"十一五"科技发展规划、国家863科技攻关计划和"十一五"国家科技支撑计划中把资源和环境保护技术放在优先位置。紧密围绕实现优化配置水土资源、恢复生态环境的目标,突出水和土地资源、环境、农业等领域的水资源优化配置与综合开发利用、综合资源区划、土地资源整理增储、生态脆弱区域生态系统功能的恢复重建、生态农业等优先主题。

一、国外低洼盐碱地治理的研究

土壤盐碱化是全世界面临的一个难题,世界上不少国家开展了盐碱地改良利用研究工作。国外关于盐碱地治理方面的研究始于

20世纪初,首先进行了盐碱化土壤的形成、分布与分类的基础研究。20世纪30年代,开始以水利改良为中心的灌溉、水质、防渗及改良原理的研究。20世纪40年代,化学改良、农业措施、土壤理化性质和水盐运动规律的研究得以重视与加强;美国科学家在盐害机制和耐盐机制方面做了比较突出的工作,提出了原始盐害和次生盐害理论,并从分子生物学的角度探讨了植物耐盐机制。美国、埃及国家研究中心利用海水灌溉培育筛选耐盐品种,澳大利亚利用地下咸水养殖金赤鲷,俄罗斯、美国、匈牙利、巴基斯坦、印度、埃及、以色列和澳大利亚等国在植物耐盐性研究方面也做了大量工作。

二、我国低洼盐碱地综合治理情况

多年来,我国在防治土壤盐碱化的生产实践和科学试验研究方面,都取得了巨大的进展。通过总结土壤盐碱化正反两方面的经验教训,确认了防治土壤盐碱化必须掌握"因地制宜,综合治理"的原则及"水利工程措施与农业生物措施相结合"、"排除盐分和提高土壤肥力相结合"、"利用和改良相结合"等一系列方针。许多地区在采取多种富有成效的综合防治措施下,盐渍土的面积显著减少。

我国的低洼盐碱地改良利用起步较晚,大规模的低洼盐碱地改良利用工作始于20世纪50年代,50~60年代主要侧重于水利工程措施,以排为主,重视灌溉冲洗。后来,陈恩凤教授提出了"以排水为基础,培肥为根本"的观点,实行了水利工程措施、农业耕作措施和生物培肥措施相互结合的综合治理。在这一思想指导下,盐碱地改良利用工作上了一个新台阶。王守纯研究员在河南、山东长期设点试验,建立改碱试验区,为黄淮海平原盐碱地的改良利用提出了新思路。山东省是国内开展盐碱地改良利用研究较早的省份之一。20世纪50年代以来,山东省林业厅先后在广北农场和寿光市,对滨海盐碱地林业利用进行了研究。20世纪60~70年代我国开始了土壤改良剂的研究。20世纪70年代中国科学院和中国农业科学院相继在山东省禹城县、陵县建立改碱试验区;山东省农业科学院在寿光市建立了改碱试验站,并在盐碱地成因、分布、危害、耐盐植物选育等方面做出了重要贡献;20世纪80年代,人们已经对现有合成高分子土壤改良剂有了充分的认识。但大多数研究都是针对内陆盐碱地的，由于种种原因治理开发效果均不明显，未能得到大面积推广应用，对滨海盐碱地系统有效的治理与开发始于国家"七五"计划期间，"八五"、"九五"期间又进行了相关研究。

进入新世纪以来，中国水产科学研究院东海水产研究所的科技人员针对不同的高碱性水质类型，采用筛选、监测、改良等技术处理，对养殖的品种、方式、管理等展开探索性开发试验，水产养殖为我国盐碱地区的经济发展、就业机会的增加、农民增收开拓了一条新路。2005年，刘虎俊在河西走廊将深耕、客土等农艺措施与淡水洗盐相结合，应用地表覆盖、免耕和沟植技术形成了盐渍化土地的工程治理系统，取得了良好的效果。2007年，中国科学院地理科学与资源研究所首席研究员康跃虎，针对宁夏回族自治区盐碱地提出了控制滴头正下方20厘米深度处土壤水分的滴灌土壤水盐调控新方法，提出了"滴灌+垄作+覆膜"治理盐碱地模式。2008年，农业部全国水产技术推广总站联合河北、河南、山东、山西省下达了盐碱地开发示范项目-多类型水质健康养殖技术集成示范推广，筛选出耐盐型、耐碱型水质的主要养殖品种；初步探索微生态制剂对盐碱水体浮游植物多样性的影响，总结出利用生物综合调控盐碱水的技术措施；形成了一整套低洼盐碱地主养品种的健康养殖技术规程，实现成果的集成与创新；采取日常检测和定期检测相结合的方法，探索盐碱地池塘水质变动规律，确定项目区盐碱地池塘水质类型，为盐碱地池塘健康养殖提供技术支持。我国低洼盐碱地治理与开发历程具体见表1-1。

表1-1 我国低洼盐碱地治理与开发历程

时间	研究内容	技术措施	效果	推广情况
20世纪50年代	低洼盐碱地治理与开发	农田水利工程，农业耕作以及生物和化学改良	较差	未有效推广
20世纪70年代	低洼盐碱地治理与开发	挖池养鱼	较差	未有效推广

续表

时间	研究内容	技术措施	效果	推广情况
20世纪80年代	低洼盐碱地治理与开发	灌溉排碱等	较差	未有效推广
"七五"期间	低洼盐碱地治理与开发	鱼塘台田复合生态工程	较好	推广面积6 670公顷
"八五"期间	低洼盐碱地鱼塘-台田生态系统稳定性研究	人工调控系统水盐运动,防止土壤次生盐渍化	较好	推广面积2 000公顷
"九五"期间	低洼盐碱地高效利用,规模开发与生态环境优化	名优新品种种植、养殖;环境调控	较好	推广面积13 340公顷
21世纪	盐碱地开发示范项目-多类型水质健康养殖技术集成示范推广	养殖品种的筛选;生态养殖模式;水质调控	较好	推广面积6 670公顷

  盐渍土的改良是一项复杂、难度大、耗时长的工作,每一种措施都有一定的适用范围和条件,必须因地制宜,综合治理。摸清低洼盐碱地的形成条件和原因,采取适宜有效的措施,获取显著的治理效果,才能使适种作物健壮生长,达到增产、增效的目的。

三、我国典型地区低洼盐碱地综合治理实践

  我国盐渍土的分布范围十分广泛,在长期综合防治和开发利用过程中,人们取得了非常丰富的各具特色的成功经验,经济效益、社会效益和生态效益也比较明显。国家多项科技计划和基金项目将低洼盐碱地综合治理列入范围,多个科研院所及当地部门开展了具有区域特色盐碱地综合治理技术和体系的研究。以下为典型地区低洼盐碱地综合治理研究和实践成果:

(一)松嫩平原西部盐碱地综合治理及高效利用模式与技术研究

  2003年,东北地理研究所参加农业部主持的"十一五"国家科技攻关项目"区域高效持续农业综合利用模式及技术研究",承担了子课题"松嫩平原西部盐碱地综合治理及高效利用模式与技术研究"。研究主要针对松嫩平原西部存在的盐碱和干旱问题,分别从以下3

个方面开展研究：①苏打盐碱化旱田改良与高效利用模式研究,研究淋洗改良过程中的土壤水盐移动变化规律,依据市场导向,选择耐盐碱作物及品种,开展无公害或节本增效的栽培技术试验与示范。②苏打盐碱化草地生态恢复与生态畜牧业发展模式与技术研究。根据轻度、中度、重度苏打盐碱化草地的特点,采取不同的生态治理模式,并针对舍饲、半舍饲生态畜牧业发展模式,开发农业副产物饲料复合利用配方,稳定区域畜牧业的发展。③区域发展战略研究。提出松嫩平原西部盐碱地综合治理对策,建立农业生产结构优化决策支持系统,研究"粮、牧、工"一体化的区域农业持续发展战略。

(二) 沿黄低洼盐碱地以渔改碱综合治理技术研究

"沿黄低洼盐碱地以渔改碱综合治理技术研究"是山东省淡水水产研究所的研究项目,2002年9月获山东省科学技术奖励委员会颁发的二等奖,为国家四部委重点攻关优秀成果。该研究查明了低洼盐碱地池塘水质、生物特征和季节变动规律、池塘限制性营养元素;研究出了以施氮肥为主的施肥技术;评价了9种养殖的鱼、虾和蟹在氯化物水型盐碱地池塘养殖的适宜性;根据盐碱地池塘对酸碱缓冲能力低的特点,研究出了几种提高其缓冲能力、降碱、降pH的有效调控水质的技术;调查、研究了盐碱地池塘养鱼的主要病害及发生规律;优化出了11种适宜的鱼类养殖模式,获得了极显著的效益;研究出了盐碱地池塘河蟹养殖技术、罗氏沼虾与鱼混养技术和花鲈养殖技术;研究出了盐碱地池塘配置网箱养鱼技术、低洼盐碱地鱼池多功能生态利用技术;研究出了低洼盐碱地薄膜隔盐碱技术、挖池抬田以渔改碱技术和渔农综合利用模式等,在生产中获得显著效益。

(三) 大同盆地金沙滩盐碱地综合治理技术开发研究

山西省大同盆地有盐碱地20万公顷,占全省盐碱地总面积的60%以上。山西省农业科学院开发办、山西省农业科学院土壤肥料研究所等单位选择了具有代表性的金沙滩盐碱地为研究对象,对大同盆地盐碱地改良进行研究。研究建立了适合金沙滩乃至大同盆地盐碱地区域应用的4套技术体系;研制出了新型化学改良剂SN-01,提出了适合大同盆地盐碱地区域利用的产业化开发模式。其中4套技术体系包括：①盐碱地水利工程治理技术体系。以竖井排灌技术为主,井、沟、渠相结合,明沟暗沟、深沟浅沟相结合。②化学改良剂治理技术体系。新型化学改良剂SN-01,在金沙滩中度和重度盐碱地施用效果明显。③农业措施治理技术体系。平整土地技术、深翻、增施有机肥、秸秆还田、地膜覆盖、轮作倒茬等技术。④生物改良技术体系。选用耐盐作物品种和耐盐牧草品种,首次在该地区引进SN-01盐碱地化学改良剂,在苏打型重度盐碱地上应用效果极佳,填补国内空白。盐碱地开发利用的3个产业化模式包括:①农业开发模式。种植耐盐的玉米、油葵、甜菜、西瓜、青椒、黄花菜。②发展畜牧业产业化开发模式。种草、养畜、生态产业链。③利用盐碱地发展工厂化农业。新研制的化学改良剂SN-01,对苏打型盐碱地的治理有较大的突破和创新性,效果良好,具有较广阔的推广应用前景。

(四)滨海盐碱地渔农结合高效开发模式研究

结合滨海盐渍土治理实际,实行挖池抬田,以渔改盐的渔农结合改良盐渍土路子,研究形成了多元组合结构方式与最佳工程排列形式,解决了旱、涝、盐综合治理难题,实现了立体、生态、高效种养;通过综合观测,掌握了盐碱地水盐运动规律,建立了洗盐、排盐相配套工程机制,改变了季风气候下的土壤盐分运动规律,使台田水面降到了盐渍化的临界深度以下,加快了土壤脱盐速率,并取得了稳定脱盐效果;利用渔农结合特有工程的水盐运动规律,科学种养,合理调控台田地下水位,其种养措施与调控方法更利于促进脱盐,抑制返盐;采取池塘水位调控与水质调节措施,有效地防止外源高盐水渗入池中,改善了养殖池水状况,保证了滨海盐渍土池水理化指标的良好与稳定。该研究项目的实施促进了山东利津县4.7万亩盐渍土渔农高效开发,形成了利津县的一大特色产业,也带动了周边地区的开发,仅东营市开发面积已达到8万亩,年增加产值2亿多元。项目实施极大地发挥了当地资源优势,为生活在盐碱土地上的广大群众提供了一条依靠渔农开发实现富裕生活的路子。该项目在黄河三角洲地区乃至全国具有积极而深远的影响,中科院南京土壤所、北京大学及新疆、安徽、吉林等有关部门先后来项目区参观考察。上农下渔产业的迅速兴起,带动了苗种繁育、饲料加工、产品供销等相关行业的很大发展。同时,行之有效的项目技术路线及实施途径,也为今后实施同类项目及技术成果的大面积推广应用提供了经验,将有力促进科技兴农工作的开展。

(五)山东省禹城实验区盐碱地综合治理和综合发展体系的研究

中国农业科学院土壤肥料研究所黄照愿、熊锦香、李志杰、林志安、张贵道等人于 1981~1985 年,对山东省禹城县实验区进行了深入调查和试验研究,并建立试验、示范实验区,开展综合治理和综合发展技术体系的科学研究。通过多年来的田间试验研究,基本上揭示了这个地区旱涝盐碱的发展规律,提出了适合于本地区综合治理综合发展的配套技术,和由 3 个组成部分构成 3 个体系的农田生态系统。主要成果包括:

第一,研究建立了能满足调控水盐平衡要求的井灌沟排农田水利工程体系。在排水河道(沟)已初具规模的基础上,由井、沟、渠所组成。排灌工程以浅机井为主,机井深度一般为 40~60 米,每眼机井灌溉面积为 150~200 亩。支沟深 3~3.5 米,斗沟深 3 米,农沟深 1.5 米。

第二,增加物质循环和能量转化的有机无机结合培肥改土体系-有机、无机(N、P)肥料结合的施肥技术。从试验资料可以看出,当前实验区每亩平均施用有机肥料 3 000~5 000 千克,再配合化肥折合氮素(N)15 千克/亩、磷素(P_2O_5)7.5~5.8 千克/亩,较为适宜。

第三,改善生态环境调整农业结构,发展林业与畜牧业生产。在粮食作物主攻单产、保证总产的前提下,适当缩小粮食面积,扩大经济作物和饲料面积。试验区种植结构为:粮食作物占 55%~60%,经济作物和饲料作物可占 25%~30%;林业实行乔、灌结合,同时发展薪炭林,采取粮林间作,沟、渠、路旁和村庄周围植树的形式。试验区采取以上措施,生态、经济和社会效益显著。目前基本做到日降雨 150~200 毫米不受涝,200 天无雨可以灌溉,试区地下水位维持在 2.5 米以下。盐碱地面积减少,由 1980 年的 3 万亩减至 1985 年的 1.2 万亩,减少 66% 以上,粮、棉产量分别增长 40% 与 50% 以上,农业总产值增长 50%,由 2 000 万元增加到 4 000 多万元。

(六)河南省盐碱地开发示范-多类型水质健康养殖技术集成示范推广

2008~2010年,在农业部全国水产技术推广总站牵头下,河南省水产技术推广站在河南省沿黄低洼盐碱地区组织实施了"多类型水质健康养殖技术集成示范项目"。通过3年的探索,筛选出河南耐盐型、耐碱型水质的主要水产养殖品种;初步探索出微生态制剂对盐碱水体浮游植物多样性的影响,总结出利用生物综合调控盐碱水的技术措施;形成黄河鲤鱼、草鱼、泥鳅和鲴鱼等多品种混养的健康养殖技术规程,实现成果的集成与创新;采取日常检测和定期检测相结合的方法,探索盐碱地池塘水质变动规律,为盐碱地池塘健康养殖提供技术支持;在示范区推广健康养殖和水产品质量安全理念,示范户建立和完善生产日志和用药记录制度,逐步实现上市水产品产地可追溯。项目区年合计实施面积93 620亩,总产量14 554.33万千克,总产值109 403.96万元,总净效益21 454.43万元,新增总净效益8 568.61万元。黄河鲤鱼平均亩产1 311.9千克,团头鲂平均亩产1 133.2千克,斑点叉尾鮰平均亩产1 424.0千克,草鱼平均亩产1 338.3千克,泥鳅平均亩产655千克,多品种混养平均亩产940千克。亩均净效益2 215.7元,比前三年亩增加825.3元,高于指标215.7元。平均饲料系数1.48,比前三年降低了0.187,降低了11.3%。亩节约饲料费545.2元,高于指标195.2元。亩节约水电费112.0元,高于指标12.0元。亩防治药物费146.1元,低于指标3.9元。亩综合增效657.2元,高于指标57.2元。

四、现行低洼盐碱地治理技术分析及其存在的问题

(一)低洼盐碱地治理的和谐生态模式

1. 生态系统与生态恢复

生态系统是人类生存、发展的基础,在人类生存的地球上存在着大大小小的各种生态系统。随着人口的增加和工业化的发展,人类对资源与环境、地球上各类生态系统的开发与过度利用,致使大面积植被与土壤、水体遭受到不同程度的破坏,许多类型的生态系统出现严重退化,继而引发了一系列的生态环境问题。如何整治日趋恶化

的生态环境、防止自然生态系统的退化、恢复和重建受损的生态系统,是改善生态环境、提高区域生产力、实现可持续发展的关键。现实的诸多环境问题促使生态恢复的理论与实践研究成为当前国内外生态学研究的热点国际前沿学科之一。

生态系统的结构和功能也可以在一定的时空背景下,在自然干扰或人为干扰或二者的共同作用下发生位移,导致生态要素和生态系统整体发生不利于生物和人类生存的量变和质变,生态系统的结构和功能发生与其原有的平衡状态或进化方向相反的位移,位移的结果打破了原有生态系统的平衡状态,使系统的结构和功能发生变化并形成障碍,造成破坏性波动或恶性循环。具体表现在生态系统的基本结构和固有动能的破坏或丧失、生物多样性下降、稳定性和抗逆能力减弱、系统生产力下降,也就是系统提供生态系统服务的能力下降或丧失,这样的生态系统被称为退化或受损生态系统。根据退化过程及生态学特征,退化生态系统可分为不同的类型,包括裸地、沙漠、废弃地、受损水域、废弃耕地等。裸地或称为光地板,其环境条件一般较干燥、盐渍化程度较深、缺乏有机质甚至无有机质、基质移动性强。低洼盐碱地作为裸地的一种,也是一种典型的退化生态系统。

生态恢复的基本原理是通过生物、生态、工程的技术和方法,人为地改变和切断生态系统退化的主导因子和过程,调整、配置优化系统内部以及外界的物质、能量信息等流动过程和时空次序,使得生态系统的结构、功能和生态的潜力尽快成功地恢复到一定的或原有的乃至更高的水平上。生态恢复的理论基础是恢复生态学、土壤学的相关理论。恢复生态学研究在自然灾害或人类活动干扰下受到破坏的自然生态系统恢复和重建的基本原理和技术途径。依据限制因子原理、热力学原理、种群密度制约以及分布格局原理、生物多样性原理、生态适应性理论、演替理论、植物入侵理论等。

具体来讲,生态恢复是基于生态控制系统工程学原理。生态控制系统是指人类控制自身以外的生物及其生态环境整体,使其向有利于人类的方向发展。一个复合生态系统或景观生态系统,在遭到强度干扰、严重受损的情况下,若不及时采取措施进行生态恢复,受损状态就会进一步加剧,直至自然恢复能力丧失和保持长期受损状态。

2. 生态系统可持续发展

生态系统服务功能是指生态系统与生态过程所形成及所维持的人类赖以生存的自然环境条件与效用。它不仅为人类提供了食品、医药及其他生产、生活原料,还创造与维持了地球生态支持系统,形成了人类生存所必需的环境条件。生态系统服务功能的内涵可以包括有机质的合成与生产、生物多样性的产生与维持、气候调节、营养物贮存与循环、土壤肥力的更新与维持、环境净化与有害有毒物质的降解、植物花粉的传播与种子的扩散、有害生物的控制、减轻自然灾害等许多方面。近几个世纪以来,随着工业化的发展,人类驾驭自然的能力不断加强。森林采伐、湿地与生物资源的开发利用以及土地利用方式的改变,使全球生态系统的格局发生了极大的变化。自然生态系统面积减少,而受人为控制的生态系统面积迅速增加。同时,大量环境污染物进入生态系统,生态系统服务功能受到损害,生态系统调节大气化学环境、保护生物多样性及进化进程、维持土壤肥力等的能力受到削弱,从而导致了全球性的生态环境危机,使人类未来的发展受到威胁。

可持续发展的核心就是要通过维持与保护生态系统服务功能来保护人类的生存环境,保护地球生命支持系统,维持一个可持续的生物圈。我国人口压力大,对发展的要求压力亦大。由于人均土地资源和水资源短缺,以生态系统管理的理论为基础,走可持续发展的农业生产道路是唯一的出路。生态系统经营的理论指导下的农业可持续发展模式在国外主要有有机农业、生物农业、再生农业、轮种农业、生态农业、低耗持续农业等,在我国主要有集约持续农业与中国生态农业。这些模式都兼顾了发展与环境、效率与持续诸多方面。农业的生存发展取决于自身内部的规律和外部的自然条件。《中国21世纪议程》提出的农业可持续发展的目标是:保护农业生产率稳定增长,提高食品生产和保障食品安全,发展农村经济,增加农民收入,改变农村贫困落后状况,保护和改善农业生态环境,合理、有序地利用自然资源,以满足逐年增长的国民经济发展和人民生活需要。

(二)现行治理技术分析

低洼盐碱地治理经历了单项措施到农林水综合措施,从小范围利用到大面积综合治理阶段。20 世纪 50 年代主要以农业生物措施改良为主,60 年代为水改阶段,70 年代至今开始全面治理工作,近年来采取农业综合治理、生物治理、物理化学治理和投加改良剂等措施对盐碱地进行开发治理,并已取得一定的成效。

1. 治理方法与技术

近几十年来,国家和地方投入大量人力、财力和物力改造低洼盐碱地,随着我国低洼盐碱地改良技术和研究的不断发展,在土壤盐分成因规律和特征、水盐运动机制、农田节水灌溉、低洼盐碱地改良利用技术措施等诸多方面都有新的发展和突破,取得了新的成果。实践证明,低洼盐碱地预防和治理是一个系统的综合治理工程,也是一个循序渐进逐步显效的过程,低洼盐碱地改良方法与技术见表 1-2。

表 1-2 低洼盐碱地改良方法与技术

类型	主要方法与技术
物理改良	平整土地,深耕晒垡,及时松土,抬高地形,微区改土
水利改良	灌排配套,蓄淡压盐,灌水洗盐,地下排盐
化学改良	石膏、磷石膏、过磷酸钙、腐殖酸、泥炭醋渣等
生物改良	种植水稻、耐盐植物等,使用微生物菌肥,以渔改碱等

(1)农业工程治理 传统的农业改良措施包括起土刮碱、开沟躲碱、蓄淡压碱、增施有机肥料等。

1)施用有机肥 肥料对改善盐碱的作用主要表现在以下 3 个方面:腐殖质本身有强大的吸附力,使碱性盐被固定起来,起到了缓冲作用;有机质在分解过程中能产生各种有机酸,能够中和土壤的碱性物质,释放各种营养成分,补充土壤中的 N、P、K,促进植物根系发育;施肥可以补充和平衡土壤中的 Ca^{2+}、Fe^{2+}、Zn^{2+}、Cn^{2+} 等植物需要而土壤又缺乏的阳离子,而离子平衡可以提高植物的抗盐性。

2)起土刮碱 起土刮碱主要是避免盐分向高处集中形成盐斑,起土刮碱要因地制宜,划小畦灌溉,重度盐化土要先刮除地表结皮,再平整。

3）深耕深松　加深耕作,疏松土壤,增加土壤养分,打破不透水土层,促使表层盐分迅速随水下渗,提高土壤的散墒作用,对翌年春季盐分的回升起到明显的控制作用。

凡质地黏重、透水性差、结构不良的土地,特别是原始盐碱荒地,在雨季到来之前进行加深耕作,能疏松表土,增强透水性,阻止水盐上升。深耕细耙还可以防止土壤板结,改善土壤团粒结构,增强透水透气性,改良土壤性状,降低盐分危害。

4）换土压碱　换土压碱就是通过换土以改善盐碱地的物理性质,增加土壤孔隙度,调节土壤水、肥、气、热,减少土壤返盐,有抑盐、压碱和增加土壤肥力的作用。换土促进了土壤团粒结构的形成,使土壤孔隙度增大,通透性增强,进而使盐碱土水盐运动规律发生改变,在雨水的作用下,盐分从表层土淋溶到深层土中,由于团粒结构增强,保水、贮水能力提高,减少了蒸发,从而抑制深层的盐分向上运动,使表土层的碱化度降低,起到了压碱的作用。换土有明显的脱盐和压碱的作用,使土壤的 pH 和电导率下降,土壤含水率增加,为植物生长创造了良好的生态环境。但用土工程量大,来源和运输都成问题,因而生产成本较高,只适合于特殊的土地利用。

（2）水利改良技术　水利改良中主要有排水措施和冲洗,排水措施主要包括开沟排水和井灌井排。在排水措施中,在盐碱较重、地下水位浅、排水有出路的地区,可建立排水系统,排水沟深度应在1.5米以上,有利于土壤脱盐和防止返盐。在井灌井排中,利用水泵,从机井内抽吸地下水,以灌溉洗盐。同时,也可降低地下水位,使机井达到灌溉、排水的双重作用。井灌井排措施适用于有丰富的低矿化地下水源地区。冲洗就是用灌溉水把盐分淋洗到底土层,或以水携带把盐分排出,淡化土层和地下水。冲洗必须具备两个条件:一是要具有淡水来源,二是要具备完善的排水系统。冲洗虽然可以脱去土壤中的大量盐分,但土壤中的盐分是不可能被彻底清洗的。冲洗只能做到降低土层的盐分,达到植物正常生长许可的盐分浓度要求。

（3）化学改良措施　化学改良是指增施有机肥料、土壤改良剂,或者两者结合使用。对盐碱地可以增施适当的化学酸性肥料和矿物性肥料,降低 pH,补充土壤中氮、磷、钾等营养元素的含量。改良碱化土壤需要加入含钙物质来置换土壤胶体表面吸附的钠或者采用加入酸性物质的方法。其治理盐碱地土壤的机制在于:Ca^{2+}可代换土壤胶体上的 Na^+,使土壤交换 Na^+ 的含量降低,从而降低土壤钠碱化度。土壤胶体中的主要离子由 Na^+ 变成 Ca^{2+} 后,可促进土壤团粒结构的形成,降低土壤容量,增加土壤透水性,加快洗盐速度,达到改良盐碱地的目的。采用石膏改良盐碱土在国内外已是成功的经验,并且受到了极大的关注。磷石膏、柠檬酸渣、脱硫石膏等改良盐碱度都有显著作用。磷石膏中以二水石膏为主要成分,此外还含有少量未分解的磷矿粉、游离磷酸、磷酸铁、磷酸铝和氟硅酸盐等杂质,此外,磷石膏 pH 为 3~4,呈酸性,可以降低土壤的 pH。

(4)生物治理　开发利用盐碱化的土地资源以生物治理最为引人关注。生物治理主要有"上农下渔"综合利用方式,种植耐盐碱植物改善局部地区盐分含量,种植绿肥和牧草覆盖地面抑制返盐、压青改善土壤结构等技术。

1)"以渔改碱、上农下渔"综合开发利用技术　"九五"期间,山东省淡水水产研究所、中国海洋大学等单位承担了国家重点科技攻关项目"沿黄低洼盐碱地以渔改碱综合开发利用技术研究"课题,经过科技人员 5 年的辛勤工作,该项研究取得了令人瞩目的成绩。提出了"以渔改碱"的有效技术,使大部分试验区的土壤盐碱含量降至0.2% 左右,农作物种植效果良好;提出了利用薄膜隔盐碱的技术和盐碱地池塘配置网箱主养多种吃食性鱼类的养殖模式等技术。"十五"期间在黄河三角洲地区又进行了开发推广,通过政府引导推动、科技示范带动等发展形式,开发荒芜低洼盐碱地 50 余万亩,探索出一条开发利用低洼盐碱地的新路子,同时开辟了增加水产品和粮食产量的新途径。通过"以渔改碱"技术对低洼盐碱地的改造治理,改变了黄河三角洲地区的生产结构和生产条件,不但开发出了养殖池塘,而且改造出的土地盐碱含量大幅降低,能够种植粮食、棉花等各种作物,明显地改善了生态环境状况,成为粮食和水产品基地。

通过大力推广"上粮下渔"、"上棉下渔"、"上菜(果)下渔"、"上草下渔"及鱼鸭混养、鱼牧禽结合等生态农业种养模式,昔日的不毛之地变成了鱼跃粮丰的生态种养基地。实践证明，这种结构有利于大气降水和灌溉时淋盐洗碱，预防土壤次生盐渍化。这些养殖模式的建立，有利于立体种植业和生态渔业的发展，该模式比较有效地解决了低洼盐碱地旱、涝、碱多种灾害复合影响的难题，使国土资源得到了充分利用，现已成为农业产业结构和农村经济发展的新亮点。"上农下渔"立体种养结构模式具有陆地生态系统和淡水生态系统相结合的特点，这个水陆立体种养体系层次多，既有陆地种植层次（棉、粮、果、蔬菜等），也有水体养殖层次（鱼、虾、蟹、甲鱼等），还结合发展畜牧业（家禽、家畜），种植农作物、养畜禽、养鱼三者相互联系，构成综合生态农业类型。在"上农下渔"系统中，台田农作物和青饲料可用作畜禽或鱼饲料，畜禽排泄物可作为鱼饲料或还田分解成为农作物有机肥，台田中的废弃物又可增加鱼塘的有机物含量，使水生生物显著增加。池塘中鱼、虾、蛙类吞吃害虫，塘泥可用作台田农作物的肥料。另外，池塘水体能调节空气温度、湿度，形成适宜作物生长的小气候，农作物病虫害减少，发育良好，节省化肥农药，减轻残留污染及在生物链中的富集，形成水陆多重良性生态循环。

该模式将低洼盐碱地挖深成池塘，用来发展养鱼、虾、蟹等渔业和养鸡、鸭等养殖业，把挖出来的土筑成台田，种植粮棉、林果、瓜菜、饲草、水稻或发展畜牧业，形成田塘相间的农作鱼塘系统，并在田塘之间修一条运输道路。为了排除盐碱，两排田塘相间的农田之间开挖一条较大的中心排水渠。一般池塘与台田面积的比例为1∶1，即挖一亩池塘筑一亩田，池塘和台田的宽度为20~30米。根据其土质和地下水的临界深度，养鱼池塘深度一般为3~4米，保水深度2米以上，过深过浅对鱼的生长都不利。台田高度应超过地下水的临界水位高度以上，原地面下挖1.6~2.2米，抬高地面1.5~2.0米，台面四周筑起30厘米的土埂，统一规划，集中开发，进、排水设施完善，开发区四周有与外界隔离的排水沟，形成独立的低洼盐碱地渔业综合开发区。

鱼塘的形状为东西向的长方形，有利于接受阳光、减少北风侵袭。鱼塘水面与台面的高度差为1.5米以上，排盐沟深度一般为1.5米。建成的鱼塘既可保水养鱼，又可抽水灌溉，而台田作物也不会受盐碱之害。作物与鱼塘相互依存、相互适应,台面要用塘泥补充作物消耗的肥力;而鱼塘本身又需要挖去塘泥,否则塘泥堆积过多,易导致水体缺氧,同时底泥中有机物转化成无机物的过程中释放出的 CH_4 对塘鱼不利。夏天作物需要水分时,铺上塘泥,除可增加养分外,还可起灌溉作用,这也是水分调节的一种方式。

具有代表性的 3 种模式是:①畜禽-渔模式。台田可种稻、苜蓿,养殖鸡、猪等,池塘内养鱼。鸡粪发酵可以喂猪,猪粪水用来喂鱼,淤泥肥田种粮,碎米及苜蓿加工喂鸡。②粮草-渔模式。台田种植粮食、棉花、大豆、饲草等,鱼塘主要养殖草食性鱼类。粮豆副产品加工成饲料喂鱼,精饲料和青饲料相结合。③粮果-渔模式。台田种植果树、粮食,池塘内养鱼、虾。

2)种植耐盐碱植物　通过种植耐盐碱植物进行盐碱地的治理是国内外普遍采用的一种治理模式。植物不仅可以用于绿化、美化环境,改良土壤,还能获得经济效益,特别是豆科植物和吸盐植物。豆科植物有固氮作用,不仅能增加土壤的有机质、改良土壤结构,还能增加土壤中的氮素,吸盐植物可以带走土壤中的盐分。种植耐盐碱植物可使植物茎叶覆盖地面,这样可减弱地表水的蒸发,抑制土壤返盐;同时强大根系大量吸水,茎叶面蒸腾使地下水位下降,从而有效地防止盐分向地表积累。此外,根、茎、叶翻入土壤,能增加土壤的有机质含量,产生各种有机酸,对土壤碱度起一定中和作用。如草木樨、紫花苜蓿、马莲、沙枣等,对盐土改良有积极作用。近年来,植物抗旱、耐盐有关的基因相继得到克隆,植物转基因技术有了重大突破,这为有效利用旱地及低洼盐碱地提高作物产量,治理盐渍化及荒漠化土地提供了新的思路和方法。

我国在盐生植物利用研究方面具有较好的基础和资源,其中黄河三角洲有中国独有的盐生植物园,为种植耐盐碱植物提供了丰富的经验和种质。种植耐盐碱植物不仅可以从土壤中带走大量的盐分,降低土壤含盐量,而且可以增加绿色覆盖率,大大减少地面蒸发,减少盐分积聚,促进生态环境的改善,还可以肥田,获得经济效益等。种植豆科耐盐碱植物后,土壤有机质增加,土壤容重降低,团粒结构改善,土壤营养元素的微生物数量增加。根据土壤含盐量的不同可以分别种植不同种类的耐盐碱植物,土壤含盐量大于1%的地区以种植柳树为主,土壤含盐量在0.4%~1%的以种植白蜡、刺槐等为主,土壤含盐量小于0.4%的以种植速生林为主。

3)种植绿肥作物 种植绿肥作物,可年产鲜绿肥28 710~34 995千克/公顷。第二年,土壤0~20厘米土层含盐量可降低0.112%~0.148%,有机质可提高0.11%~4.29%。

4)植树造林 低洼盐碱地植树造林营造农田防护林带,实现林网化,可降低风速、改善田间小气候,减少地面蒸发,减轻土壤返盐,巩固和发挥水利工程效益,提高防涝排盐效果。

(三)存在的主要问题

低洼盐碱地改良的多种技术和措施,如水利工程措施、农业技术措施、生物措施、化学改良等都具有不同的改良效果。在多种低洼盐碱地改良技术方法中,利用工程排水洗盐是一项重要的水利技术措施,只有健全排水设施,其他措施才能充分发挥作用。但是,这种改良技术所遵循的是一种延续了上千年没有改变的原理和方法,利用这种规律由土壤表层向下实施"大水压盐、洗盐、地下排水"的方法,将下渗的土壤盐分通过地下排水的方法排水洗盐。

这些传统的灌排工程技术存在以下问题:

1. 洗盐排水消耗过多水资源

一般需要4 500~7 500 米^3/公顷的大灌溉定额,灌溉用水量高,不利于节水。

2. 灌溉排水工程量大,排水工程投入较高

一般0.9万~1.2万元/公顷,不经济而且灌排工程施工繁琐。

3. 农田土地利用率受损

众多排水沟渠和大量工程土石方占用农田,使得农田土地利用率损失达6%~10%。

4. 灌排工程维修养护工作量和难度较大

灌排工程维修养护工作量和难度较大,尤其是地下暗管排盐系统的维修养护和运行管理费用较高,一般年均维修养护费用900~1 500元/公顷。

5. 污染地表水体

排水是维持灌溉农业可持续发展所必需的，但是农田排水中含有从土壤中淋洗出的各种盐分及农业化学物如化肥和农药等，排入河道或湖泊等周围水体时便可能成为地表水体的污染源。

在干旱、半干旱地区，水资源十分短缺，从某种意义上说盐碱水也是一种水资源。随着我国低洼盐碱地改良技术的发展和生态恢复技术在治盐碱技术领域的研究应用，在新的条件下对土壤盐碱的工程性排水在技术理论创新、灌排技术方法等方面提出了更高的要求，需要以新的灌排方式、生态恢复理论以及相关技术理论创新，着眼探索低洼盐碱地改良的新模式、新方法和新技术。

第五节 低洼盐碱地水产养殖

我国是一个水资源大国，水资源总量约为 2.9 万亿米^3，但人均资源量少，约为 2 700 米^3，是世界人均水资源量的 1/4，是水资源贫乏的国家之一。随着国民经济的增长、工农业生产的持续发展及人民生活水平的不断提高，未来生产、生活用水量和需水量会不断增加，水资源供求矛盾将不断加剧。同时，我国也是一个水产养殖大国，随着天然水产品资源量的下降以及水产品消费人群的增加，淡水养殖在水产养殖业中占据的重要地位更加突出，而有限的淡水和耕地资源不可能给内陆淡水养殖产业以更大的发展空间。

面对未来资源量减少、人口增长给淡水养殖生产带来的压力，以及极端干旱天气常态化发展，工农业生产和人民生活缺水不可逆转的形势，开发和利用我国内陆地区蕴藏着的丰富的、尚未被有效开发利用的盐碱水资源，将成为内陆低洼盐碱地区解决淡水资源短缺、保证水产养殖业可持续发展的一个有效途径。分析内陆盐碱水资源现状，研究其渔业综合开发利用策略，对调整该区域水产养殖结构、发展特色渔业经济具有重要的理论和现实意义。

一、低洼盐碱地水产养殖的水源

低洼盐碱地水产养殖的水源主要来自地表水和地下水，多数地方的地表盐碱水受到水资源的限制，与海水、淡水相比不够丰富。因此，在开展低洼盐碱地水产养殖前，要对养殖地进行勘察，包括地质、地貌和气候等，了解该地水资源量、年蕴藏量以及土壤是否污染等情况，对环境容量进行评估，避免养殖过程中池水水位下降，造成养殖的失败。

利用盐碱水进行水产养殖，还要对水质进行检测分析，包括盐度、pH、主要离子组成（Na^+、Mg^{2+}、Ca^{2+}、K^+、Cl^-、SO_4^{2-}、HCO_3^- + CO_3^{2-}）以及氟化物、某些重金属离子等指标。水产养殖用水必须符合《渔业水质标准》等的有关规定。

二、低洼盐碱地水产养殖的特点

低洼盐碱地水产养殖主要有以下特点：

（一）盐碱水质类型繁多

盐碱水质类型繁多，我国主要的盐碱水水型有 C_I^{Na}、S_{II}^{Na}、S_{II}^{Mg}、Cl_I^{Na}、S_I^{Na}、S_{III}^{Mg}、Cl_{II}^{Na}、Cl_{III}^{Na}、Cl_I^{Mg} 和 Cl_{III}^{Mg} 等，用于水产养殖的盐碱水均需要通过化学、物理等方法进行改良调控。另外，盐碱水不能随意排放，以免造成周边土壤盐渍化程度加大，破坏养殖环境。

（二）养殖品种多以广盐、广温、杂食性或滤食性的品种为主

广盐、广温、杂食性或滤食性的养殖品种对水环境的盐度有较强的适宜范围，对盐碱水质有较强的耐受能力。盐碱水盐度低于0.8%，可以养殖一些淡水鱼虾类，如日本沼虾、淡水白鲳和鲟鱼等；对于盐度大于0.8%的盐碱水质，可养殖广盐性的品种，如南美白对虾和罗非鱼等。

（三）养殖周期短

盐碱水进行水产养殖，一般不跨年养殖，养殖周期短。养殖模式主要以混养、套养为主，放养大规格的苗种，当年养成商品鱼。

（四）采用高效配合饲料为主

盐碱水水产养殖提倡投喂颗粒饲料或浮性饲料，提高饲料的利用率。不建议投喂鲜活动物性饲料，以减少对养殖环境的污染。

三、低洼盐碱地水产养殖的制约因子

生物的生存和生长取决于能量、养分和水等综合因子，在众多的环境因素中，任何接近或超过生物的耐受极限而阻止其生存、生长和繁殖的因素，被称为制约因子，或限制因子。在进行水产养殖时，由于盐碱水水化学组成复杂，不具备海水和淡水水质的特点，会对养殖生物的生存和生长产生不利影响。尽管广盐性水产养殖动物对盐碱水质有宽泛的盐碱适应特性，但当某一因子超出了其生存和生长的耐受极限，便成了该养殖动物的制约因子。

值得注意的是，任何生物体总是同时受许多因子的影响，每一个因子都不是孤立地对生物体起作用，而是许多因子共同起作用。同样的因子在这种情况下可能是限制性的，而在另一种情况下则可能是非限制性的。因此，掌握盐碱水质属性是开展水产养殖的基本保证。

第二章 低洼盐碱地池塘养殖现状与发展前景

我国存在着大量的低洼盐碱地,发展低洼盐碱地池塘养殖是农民脱贫致富的好途径,但由于低洼盐碱地的池塘水位往往随着地下水位的变化而变化,加之高温季节,养殖池塘水体中的残饵、鱼类的排泄物等极易使水质恶化,低洼盐碱地池塘排水不便,不利于渔业生产。因此,应大力开展低洼盐碱地池塘健康养殖,进行不同生态位间的合理配置和优化组合,构建起以渔业生态调配为主、渔-农-林-牧-加结合的大农业生态养殖技术模式,可以达到综合开发利用盐碱地、促进农业经济结构调整和农民持续增收的目的。

第一节 低洼盐碱地池塘养殖现状

一、研究概况

国外开展低洼盐碱地水产养殖研究较早的是苏联,从20世纪20年代开始就对地表咸水进行了研究,并往咸水湖移植了鱼、虾、贝类等。但是,除在海洋水型(氯化钠型)的水域移植鱼类获得成功外,其他水域均无进展。20世纪70年代起,匈牙利等国也进行了研究,主要是关于内陆盐碱池塘的一般水化学特点和几种鱼类的耐盐碱能力的研究,生产上未能形成规模。在印度和美国,直接利用水化学性质与海水相同的地表层盐碱水养殖南美白对虾,取得了较好的成效,美国德克萨斯州南部养殖对虾的产量为871.1千克/公顷±14.28千克/公顷。以色列在盐碱地上采取铺地膜并引入淡水,建立生物包的方法,进行了淡水鱼类和杂交条纹鲈的养殖。

国内真正开始对低洼盐碱地进行利用研究是在"九五"期间,国家科学技术委员会和各地方科技部门开始组织低洼盐碱地综合治理技术研究攻关,在淡水资源丰富的山东省沿黄地区,利用黄河水压盐降碱,建立了"上粮下渔"以渔改碱综合治理的模式,取得显著效益。2000年以来,以中国水产科学研究院东海水产研究所为首的科技人员引入新理念,把低洼盐碱地治理引申为盐碱水治理,通过一系列调控措施,在滨海氯化钠型水质以及高碳酸盐碱度和离子比例失调型的盐碱水域中规模化养殖南美白对虾、罗非鱼等获得成功,从而使我国对低洼盐碱地的治理上升到一个新水平。2005~2007年,河北省水产技术推广站等将盐碱地水产养殖技术由滨海推广到邯郸、衡水等内陆,进一步拓展了养殖品种和模式。

综合以上盐碱地和盐碱水渔业开发利用研究来看,无论是在养殖品种、养殖规模上,还是在研究、开发深度上,我国均走在世界的前列。

沿黄低洼盐碱地过去被列入"三荒两废"(荒水、荒滩、荒坡和废窑坑地、废庄基地)之中,一直是农业上无法利用的废弃荒地。20世纪70年代初期,为了充分利用国土资源,治理沿黄低洼盐碱地,河南省在沿黄低洼盐碱地挖塘抬田、以渔治碱,大力推广农牧渔相结合的生态养殖技术,有效地开发利用了国土资源,为低洼盐碱地地区群众找到了一条脱贫致富的新途径,取得了较好的经济、社会和生态效益,受到了原国家水产总局的高度重视。1987~1990年,在联合国粮食计划署(WFP-2814项目,1985年接受我国政府申请无偿援建的"九城市利用低洼盐碱荒地发展淡水养殖项目",项目编号2814)的援建下,郑州市在四县三区开挖建设精养鱼塘15 000亩;1991~1995年,利用世界银行贷款农业发展项目,在焦作、新乡、濮阳、商丘四市开挖精养鱼塘15 217亩。在随后的十几年里,河南省的水产科研、推广部门在沿黄低洼盐碱地池塘陆续推广了"池塘养鱼高产高效综合技术"、"宜渔国土资源开发利用技术-低洼盐碱地开发利用技术"、"淡水池塘80:20养鱼新技术"等15个项目。2008年,河南省水产技术推广站组织实施了"盐碱地开发示范项目-多类型水质健康养殖技术集成示范推广"。本项目突出健康养殖理念,把科学化、规范化养鱼放在首位,力求通过养殖观念的更新、健康养殖技术的推广和质量安全管理制度的建立,实现增长方式的转变。在坚持推广黄河鲤、草鱼、斑点叉尾鮰、鲢鱼、鳙鱼等养殖品种,认真总结前期项目经验的基础上,对生态养鱼技术、不同模式的养殖技术、水质调控技术、投饵技术、病害防治技术和池塘管理技术等进行了重新组装配套,并引入健康养殖理念和质量安全管理制度,结合当前、当地的实际,完善内容,规范操作,使渔民更加容易接受,力求使项目区成为当地低洼盐碱地池塘养殖标准化的示范区。项目从加强技术培训和完善池塘日志做起,在改变养殖技术理念和建立池塘管理制度上狠下功夫。以指导群众规范用药为突破口,采取多种方法调控水质,降低内源性污染,为鱼类生长提供一个良好的水环境,保障水产品在养殖环节中的质量安全。

这些项目中,获全国农牧渔业"丰收奖"二等奖4项、三等奖2

项,获农业部科技进步三等奖2项,获河南省科技进步三等奖5项。因此,河南省在利用渔业工程措施治理沿黄盐碱地和盐碱地池塘养鱼技术方面,一直处于国内领先地位。这些项目的实施大大地提高了河南省低洼盐碱地池塘养殖水平,也使河南省在利用渔业工程措施治理沿黄低洼盐碱地和低洼盐碱地池塘健康养殖技术研究方面处于国内领先地位。河南省低洼盐碱地池塘开发研究历程见表2-1。

表2-1 河南省低洼盐碱地池塘开发研究历程

项目名称	下达单位	承担单位	实施时间	研究内容
中低产地区连片池塘养鱼高产技术的研究	河南省科学技术委员会	河南省水产研究所	1983~1985年	总结出池塘亩产150千克、250千克、400千克的混养养殖技术;总结出成鱼养殖(混养)亩产250千克技术操作规程;总结出鱼种培育亩产250千克技术操作规程
不同类型区池塘养鱼高产综合技术研究及资源开发利用	河南省科学技术委员会	河南省水产研究所	1984~1986年	总结出成鱼养殖亩产200千克、250千克、400千克、500千克生产模式;进行了水质理化因子和浮游植物现存量的测定
黄河鲤集约化养殖——池塘培育大规格鲤鱼种试验	河南省科学技术委员会	郑州密县水利局渔场	1988~1989年	经过170天的饲养,鲤鱼种平均单产653.3千克,规格50~100克/尾,平均净效益1 800元/亩,饲料系数1.32
黄河鲤集约化养殖——主养黄河鲤鱼亩产超吨试验	河南省科学技术委员会	郑州金水区黄河渔场	1989年	经过230天的饲养,平均净产1 100千克/亩,其中鲤鱼净产880千克/亩。规格565克/尾,平均净效益3 266.67元/亩,饲料系数1.85
黄河鲤集约化养殖一年两季鲤鱼增产技术试验	河南省科学技术委员会	郑州金水区黄河渔场	1990年	完成面积70.5亩,平均单产1 628千克/亩,净效益4 201元/亩
洛阳市河滩池塘养鱼万亩高产技术推广	农业部水产司	中国水利水电科学研究院长江所、洛阳市水利局	1991~1993年	对集约化、半集约化、传统养殖方式提出看法;对洛阳白鲢暴发性鱼病的发病原因、危害情况和防治进行研究;进行了水的理化指标、浮游植物种类数量和总重量等指标的检测

续表

项目名称	下达单位	承担单位	实施时间	研究内容
主养美国斑点叉尾鮰引进试验	河南省科学技术委员会	郑州金水区黄河渔场	1992年	经过两年的试验,单产750千克/亩;对鮰鱼的繁殖、饲养、饲料配方、鱼病防治、管理等方面进行了研究;该项技术推广到我省10多市县,面积达1 500亩,新增产值2 400万元,新增利税1 000万元
池塘规模化养殖增产技术	全国农牧渔业丰收计划办公室	河南省水产技术服务总站	1992~1993年	经过两年的实施,平均亩净产465.49千克,平均亩净效益689.93元
池塘养鱼高产高效综合技术	全国农牧渔业丰收计划办公室	河南省水产技术服务总站	1994~1995年	推广池塘标准化工程改造技术,通过深挖、改造、配套,提高池塘养殖标准;通过调整养殖品种结构,推广草食、滤食性鱼类为主的养殖模式,达到节粮、降低成本、提高经济效益的目的;引进优良品种,推广名特优品种,合理搭配混养技术;推广渔牧农结合养殖模式,开展生态养鱼,提高综合效益
宜渔国土资源开发利用技术—沿黄盐碱地500千克养鱼模式	全国农牧渔业丰收计划办公室	河南省水产技术推广站、新乡市水产技术推广站、濮阳市水产技术推广站	1996~1997年	制定出鲤鱼1 000千克、800千克、750千克放养模式;制定出建鲤夏花当年养成成鱼亩产900千克放养模式;制定出草鱼500千克、750千克的放养模式;制定出以团头鲂、鲫鱼为主,亩产500千克的放养模式;制定出以鲢鱼、鳙鱼为主,亩产300~500千克放养模式
宜渔国土资源开发利用技术—低洼盐碱地开发利用技术	全国农牧渔业丰收计划办公室	河南省水产技术推广站、商丘市水产技术推广站、洛阳市水产技术推广站、开封市水产技术推广站	1997~1998年	推广挖塘抬田除碱技术;池塘清淤肥田种草养鱼技术;主养鲤鱼、草鱼技术;以鲢鱼、鳙鱼为主套养其他名优品种养殖技术

续表

项目名称	下达单位	承担单位	实施时间	研究内容
低洼盐碱地开发利用	全国农牧渔业丰收计划办公室	河南省水产技术推广站、信阳市水产技术推广站	1998~2000年	总结出以草鱼、团头鲂为主，搭配鲢鱼、鳙鱼、鲤鱼、鲫鱼亩净产500千克养殖模式；总结出以鲢鱼、鳙鱼为主，搭配草鱼、团头鲂、鲤鱼、鲫鱼亩净产500千克养殖模式；以鲫鱼为主搭配鲢鱼、鳙鱼亩净产500千克养殖模式；以团头鲂为主搭配鲢鱼、鳙鱼亩净产500千克养殖模式；以鲤鱼为主搭配鲢鱼、鳙鱼亩净产500千克养殖模式
80∶20养鱼新技术	全国农牧渔业丰收计划办公室	河南省水产技术推广站、新乡市水产技术推广站、开封市水产技术推广站、濮阳市水产技术推广站	1999~2000年	团头鲂成鱼不同饲料配方的对比试验；80:20池塘主养草鱼技术操作规程；池塘主养中华绒螯蟹技术操作规程；池塘主养团头鲂技术操作规程；双季鲤成鱼养殖技术操作规程
河蟹健康养殖技术	全国农牧渔业丰收计划办公室	河南省水产技术推广站、新乡市水产技术推广站、开封市水产技术推广站	2001~2002年	投放规格整齐、健康的蟹种；栽种、培育好水草，在池中形成上中下贯通的立体水生植物环境，为河蟹提供一个好的摄食、栖息、脱壳、隐蔽、遮光等多功能的场所；使用微生态制剂及中草药制剂等提高河蟹免疫力，及时调节水质，不使用残留高、毒副作用大的药物，为河蟹快速、安全、健康生长提供良好的水环境
盐碱地示范开发－多类型水质健康养殖技术示范推广	农业部全国水产技术推广总站	河南省水产技术推广站、郑州市水产技术推广站、新乡市水产技术推广站、开封市水产技术推广站	2008~2010年	研究河南省沿黄低洼盐碱地水质类型；总结低洼盐碱地池塘水质调控措施；研究EM益生菌对盐碱地池塘浮游生物变动规律的影响；总结盐碱地健康养殖操作技术规程

二、养殖概况

河南省的盐碱地主要分布在沿黄新乡市、开封市和郑州市的低洼地区,盐碱地面积150余万亩。沿黄盐碱地过去被列入"三荒两废"之中,一直是农业上无法利用的废弃荒地。20世纪80年代以前很少被水产养殖业开发利用,这在很大程度上是担心"盐"和"碱"将不利于水生生物的生长。

1980年左右,河南省对低洼盐碱地做了大量的调查、科研和推广工作,主要利用联合国粮食计划署扶贫援助项目、世界银行扶贫开发贷款和中央及省级农村养鱼补助经费等,在低洼盐碱区域陆续进行了较大规模的"以水改碱"、"以渔改碱"工程,采取的主要工程措施是兴修水利、挖塘抬田等,形成了集中连片的水稻种植区和商品鱼基地,使全省的盐碱地面积大幅减少,盐碱化程度大幅降低。其中,采取以"渔"为主,综合开发利用的技术路线,在提高国土利用效率、帮助群众脱贫致富的同时,还大大改善了当地的自然生态环境,经济、社会、生态效益均十分显著。

(一)精养模式

精养模式是在一口池塘里只放养一个品种,如河蟹、南美白对虾或罗非鱼等,其养殖方法同一般池塘养殖方法相同,现在在生产上应用不多。现在主要采用的是"80:20模式"养殖技术,这种养殖技术是80%左右放养主养鱼类,其余20%左右放养搭配鱼类,如鲢鱼、鳙鱼等滤食性鱼类,以利于清除池中浮游生物,达到净化水质、增加产量和效益的良好效果。这种养殖模式不仅产量较高,且经济效益较好。比较常见的搭配是:

1. 主养鲤鱼

主养鲤鱼时,鲤鱼放养量占70%~80%,混养20%~30%的草鱼、鲢鱼、鳙鱼、团头鲂等。

2. 主养草鱼

主养草鱼时,草鱼放养量占60%~80%,混养20%~40%的鲫鱼、鲤鱼、团头鲂、鲢鱼、鳙鱼。

3. 主养团头鲂

主养团头鲂时，团头鲂放养量占60%～80%，混养20%～40%的鲤鱼、鲫鱼、鲢鱼、鳙鱼。

4. 主养鲫鱼

主养鲫鱼时，鲫鱼放养量占60%～80%，混养20%～40%的鲤鱼、草鱼、鲫鱼、鲢鱼、鳙鱼。

5. 主养斑点叉尾鲴

主养斑点叉尾鲴时，斑点叉尾鲴放养量为70%～80%，混养20%～30%的鲢鱼、鳙鱼等。

（二）生态立体综合种养殖模式

河南低洼盐碱地区，干旱少雨，蒸发量大，地下水位高，盐度大，水源稀少且渗漏严重。所以为了降低盐碱，减少水的渗漏，就要因地制宜加大池塘的深度，修高台面，使地面淡水方便向塘内引灌、尽快淡化盐碱，适应水产养殖动物。同时还能利用台面进行耕种及饲养畜禽，发展多样化立体生态农业。河南低洼盐碱地地区常见的生态立体种养殖模式有：

1. 渔-草结合

充分利用台面、池坡和池埂，在上面种植饲草，如苏丹草、苜蓿等，以养殖草食性鱼类为主，以草养鱼。以投喂饲草为主，麸皮等精饲料为辅。当饲草不足时，以野草作为补充。通过牧草的种植，能疏松土壤，防止土壤板结，使其淡化和熟化，还能防止地下水蒸发和地表季节性反碱，同时还能提供鱼类所需的青饲料和绿肥。通常种植的牧草都有生长速度快、再生能力强、繁殖率高且耐盐碱、抗寒、耐旱、适应性强等优点，且营养丰富，粗蛋白质含量高，适合草食性鱼类的生长需求。

2. 渔-粮结合

充分利用台田来种植耐盐碱的粮食作物，如棉花、水稻等。塘泥可用作作物的肥料，通过粮食种植改善土壤结构，达到排盐降碱的目的。

3. 渔-草-林结合

台田60%用于种植苏丹草、苜蓿等饲草，40%种植果树（如苹果树、梨树、桃树等),以充分利用台田空间,增加效益。

4. 渔-畜禽结合

这种养殖模式就是在池塘中养鱼的同时在台面、池埂上饲养畜禽(鸡、鸭、猪等)。以畜禽粪便发酵肥水养鱼,养殖的鱼类以鲢鱼、鳙鱼等滤食性鱼类为主。

5. 渔-农-畜禽-加工结合

这种多元复合生产结构模式,即在池埂上种植经济和粮油类作物,为加工业提供原料。米糠和麸皮本身是粮食加工的副产品,除了含有一定的蛋白质外还含有丰富的维生素 B 类、脂肪和碳水化合物,用作饲料养鱼也具有极高的价值。

除了上述模式外,台面上还可以种植小麦、花生、大豆、向日葵、蔬菜、葡萄等,也可以养殖奶牛、猪、鸡、鸭等畜产品。

三、主要问题

低洼盐碱地池塘多处于环境恶劣、经济欠发达地区。由于存在对盐碱水资源重视不够、现状了解不清和相关基础研究滞后等问题,制约了低洼盐碱地池塘水产养殖快速发展。

(一)渔业可利用的盐碱水资源家底不清

自 20 世纪七八十年代起,在国家、地方资金支持下,科研人员对河南省的低洼盐碱水资源进行了调查,掌握了大量的基础资料。然而,人口增长、经济建设和气候变化,特别是过度的水利开发等原因,造成了低洼盐碱地萎缩,水质矿化度升高,旧的资料已经不能客观真实地反映目前低洼盐碱地水质状况,不利于制定盐碱水开发利用的宏观、长期战略规划,也不能为渔业生产提供准确的水化学、水生生物等基础数据。因此,摸清渔业可利用的盐碱水域资源现状是合理开发利用这部分国土资源,发展渔业生产的必需之路。

(二)耐盐碱鱼类种质资源挖掘、利用和耐受性遗传基础等研究较为薄弱

低洼盐碱地池塘所处的环境比较恶劣,对此类水域利用及其鱼类资源保护、科研投入等方面关注的相对较少。主要体现在:水产养殖动物对盐碱环境的适应性和耐受性的遗传基础、盐碱水域渔业生

产力评估、鱼类资源增殖、耐盐碱鱼类的良种选育和遗传改良等研究滞后。相对于盐碱地改造、抗逆性农作物、林果类选育及基础理论研究和投入更少。表现为:研究内容系统性和综合性不够,整体研究的数量和水平不高。基础理论研究的不足制约了应用研究工作的进程,导致一些工作仍局限于表面化的理论式研究。因此,增加盐碱水水生生物的科研投入,增强开发利用盐碱水资源的技术储备,是利用盐碱水这部分国土资源的重中之重。

(三)政府和相关部门机构重视不够

盐碱水域的水质大多不能被人、畜直接饮用,盐碱度过高的也不适于农田灌溉和工业生产,加之地处环境恶劣、土壤盐碱化较重地区,地多人少,所以没有引起政府和相关部门机构的足够重视。目前,除一些低盐碱度的水域还能给周边的农民带来一些经济收入外,多数仍处于荒弃状态。将这些荒弃的盐碱水资源变废为宝,进行渔业综合开发利用,应引起盐碱水域所在地各级政府和企业的高度关注和重视。

(四)养殖水体矿化度高,影响鱼类生长

沿黄低洼盐碱地池塘一般都处于地势低洼易涝地带,地下水位较浅,常年干旱少雨且日蒸发量大,加剧了水体中矿化程度的升高。高盐度、高碱度、高硬度是河南省沿黄低洼盐碱地池塘水体最基本的特征。水体中过高的盐度会破坏养殖鱼类体内外渗透压的平衡,为了维持这个平衡,鱼类需要消耗更多的养分来维持,从而导致生长速度缓慢、饵料系数增加且抗病能力下降。低洼盐碱地池塘水体 pH 一般都在 8.0 以上,高碱度会影响养殖鱼类体内的酸碱平衡,降低鱼体血液的载氧能力,同时影响整个养殖水体内各种生物间的物质转化循环,更重要的是过高的 pH 会使水体内非离子氨的含量大幅提高,致使养殖鱼类氨中毒。受水体高硬度的影响,一些有害藻类过度繁殖,在分泌有害物质的同时大量消耗了水体中的溶解氧,导致水华的发生。

(五)渔业养殖基础设施落后

随着水产养殖效益的提高,低洼盐碱地池塘数量快速增加,养殖面积不断增大。池塘布局密集且进、排水不畅,水体恶化速度加快。

受人工等条件限制,池塘无法彻底清淤,交叉污染日益严重。

(六)养殖密度过高且主养品种单一

为了追求经济利益,提高产量,养殖者盲目提高养殖密度,养殖水体投入品不断增大。过盛的饵料、鱼类排泄物等有机物质的蓄积造成养殖水体中氮磷含量急剧增加,加剧了水体的富营养化。现阶段盐碱地池塘一般采用少品种养殖,切断了水体中的食物链循环。大量的残饵、鱼类排泄物、浮游生物等无法被其他生物循环利用,只能靠水体本身净化分解,增加了水体的负担。

(七)水产养殖病害日益严重

随着养殖密度和单位养殖产量的急速增加,养殖区域密集、布局不合理、养殖周期缩短、鱼类抵抗力下降、养殖水体条件恶化等原因,造成沿黄盐碱地池塘养殖病害日益严重。大量的抗生素及化学药品的使用不但严重污染养殖水体,还严重危害了水产品的质量安全。

俗话说"养鱼就是养水",可见水质的好坏对渔业养殖的重要性。养殖水体作为鱼类直接接触的媒介和赖以生存的环境,水体质量的好坏直接关系到水生物的生长发育和经济效益,更和水产品的质量安全密不可分。

第二节 低洼盐碱地池塘养殖发展前景

一、发展低洼盐碱地池塘健康养殖的重要意义

(一)落实科学发展观,实现可持续发展的需要

健康养殖是科学保护、合理利用渔业资源,促进以水产养殖为核心的多产业互动的产业体系,变平面生产为立体生产,变单一经营为综合经营,集中体现了"资源节约、经济高效"良性循环的基本特征,符合可持续发展的一般规律。因此,建设一个生态功能稳定、生产力强大的健康养殖系统,是落实科学发展观,实现可持续发展及现代农

业的现实需要。

(二) 促进渔业增效和渔 (农) 民增收的需要

健康养殖通过渔业经济和农业经济的有机结合,一水多用,一地多收,进一步拓宽了渔业增收渠道,提高了渔业的综合效益,是发展高效农业的有效途径。因此,发展生态渔业,是促进农民增收的新途径,也是发展渔业经济,增加渔(农)民收入的必然选择。

(三) 提高人民生活质量的需要

健康渔业可以给人们提供优质的水产品,水产品是人类食物构成中主要蛋白质的来源之一,在饮食结构中占有重要地位,水产品的消费量是衡量一个国家富裕程度的重要标志之一。同时,发展健康渔业也是一个具有丰富内涵的文化产业,是提高人民生活水平、实现人与自然和谐的需要,也是经济社会可持续发展的必然要求,符合科学发展观,把"以人为本"和"全面、协调、可持续发展"高度统一起来,促进了经济社会的全面发展。

(四) 保护和优化生态环境的需要

健康渔业是与生态环境息息相关的产业。发展健康渔业,使长期荒芜的低洼盐碱荒地成为养殖水面,退化萎缩的湿地得到恢复和保护,促进了资源保护、环境改善和产业经济的协调发展。同时,通过水产养殖和水生植物种植,抑制池塘浮游藻类的生长,增强了水体自我净化、自我维持的功能,促进了水域生态系统内的物质良性循环。因此,发展健康渔业,是保护和优化生态环境的需要。

二、低洼盐碱地池塘养殖的发展历程

河南省黄河盐碱滩地是历史上黄河洪峰无数次的冲刷和连年淤积形成的淤积型沙质壤土,盐碱荒滩达150余万亩,主要集中在郑州市、新乡市和开封市,这里地势平坦、水资源较丰富,易于进行渔业综合开发利用。河南省对盐碱地的综合利用经历了一个长期的试验和摸索过程,20世纪80年代以前,黄河滩是成片的弃耕沼泽地,人们形象地形容盐碱地为"夏季水汪汪,冬季白茫茫",夏季黄河滩盐碱地有大面积的明水,冬季明水下降后盐碱地又出现了反碱现象。

20世纪70年代末期、80年代初期和中期,由于渔民的养鱼技术水平较低以及各种配套设施不完善,所以池塘单产低,效益差,亩产只有 20～30 千克,收入仅几十元。1984～1990 年,全省池塘单产 38～74 千克,不足全国平均水平的一半。1990 年,沿黄商品鱼基地平均亩产也不足 200 千克。

为了提高河南省池塘的单产和效益,河南省水产科学研究院、河南省水产技术推广站、市级水产技术推广站和基层站、渔场等单位做了大量的工作,取得了成果,积累了丰富的经验,促进了河南省池塘养殖业的发展。

河南省池塘养殖业的发展大致经历了 3 个阶段。

(一)第一阶段(1983～1993 年),产量由低产变中产

此阶段净产量由 50～60 千克/亩提高到 600～700 千克/亩,养殖净效益由 100～200 元/亩提高到 700～800 元/亩。其中 1988～1992 年,池塘集约化养殖鲤鱼在郑州市个别渔场悄然兴起,黄河鲤产量达到 1 000～1 600 千克/亩,净效益达到 3 000～4 000 元/亩,并带动了周边市、县黄河鲤养殖的发展。

(二)第二阶段(1994～2000 年),产量由中产变高产

此阶段净产量由 600～700 千克/亩提高到 1 000 千克/亩左右,净效益由 700～800 元/亩提高到 1 200 元/亩左右。

前两个阶段的明显特点:一是推广半集约化、集约化养殖技术,提高池塘单产,解决了城乡人民吃鱼难的问题;二是提高池塘经济效益,解决了渔民温饱问题,使部分渔民脱贫致富,从而调动了渔民生产的积极性,池塘养鱼成为农民脱贫致富奔小康的重要途径;三是总结出了适合当地特点的中产和高产养殖模式。

(三)第三阶段(2000 年至今),由高产到健康养殖

本阶段一是推广名特优水产养殖品种和技术,丰富了人民群众的"菜篮子",调整养殖结构,增加渔民收入;二是推广优质配合饲料及饲料投喂、病害防治、水质调控等健康养殖技术,解决由于单纯追求产量、放养密度过大、病害发生频繁、过度施药、不正确投饵等造成的池水内源性污染问题,使我省的池塘养殖业健康、可持续发展。

经过广大水产科研和技术推广人员的不懈努力以及长期的渔业生产实践,筛选、驯化出的黄河鲤、草鱼、团头鲂、鲫鱼、斑点叉尾鮰、鲢鱼、鳙鱼等已经成为盐碱地池塘的主要养殖品种。广大水产技术人员和渔民也总结出了适合一定发展阶段、具有本地特色的养殖模式和池塘管理技术。

三、低洼盐碱地池塘养殖发展对策

近年来,随着我国经济的发展和城镇化进程的加快,耕地资源危机加重,保障粮食供给的任务愈加艰巨。在国家政策逐步向经济落后地区转移的同时,迫切需要开发以上地区的盐碱地和盐碱水新资源,增加以渔为主的高品质农产品供应,保障居民"菜篮子"食物构成的合理需要。因此,及时将盐碱地渔业新技术、新成果进行集成与创新,开辟并建立适合不同地区的多类型盐碱水质健康养殖新技术,规模化发展盐碱地渔业已经势在必行。初步测算,如果按当前河南省盐碱地(水)5%的面积进行渔业开发利用,约可增加优质动物蛋白700万吨,实现渔业经济产值646.19亿元,相当于增加4 787万亩耕地,同时,还可增加就业岗位100万个,改善盐碱地区环境条件,经济、生态和社会效益显著。因此,如何利用好全省盐碱水资源,发展特色渔业经济是摆在我们面前的一个全新的课题。

(一)盐碱水资源渔业利用战略

1. 查清资源、全面规划、综合利用

在充分利用原始数据资料的基础上,开展由多学科技术人员、当地管理部门共同参与的盐碱水资源调查研究。重点对沿黄低洼盐碱地区盐碱水资源进行进一步调查,摸清全省盐碱水资源状况。依据调查结果,因地制宜的科学配置农、林、渔各业,达到综合开发利用盐碱水资源的目的。

2. 调整盐碱水域周边农村产业结构

根据各盐碱水区域的实际情况,调整产业结构,开展生态、立体农业种养模式,实行一水多用,做好渔-农、渔-牧、渔-林结合,发展耐盐碱鱼类、作物、林果等种养,促进区域发展高效、优质农牧渔林果业,提高区域生态、经济和社会效益。

(二)技术对策

1. 增加科研投入,加强基础理论研究

加强基础理论研究,特别是对水域盐碱化造成的生态环境问题、人类活动和环境变化造成的水域盐碱化问题、水生动植物耐盐碱性状况及耐盐碱鱼类品种培育等方面的研究。

2. 重视挖掘现有耐盐碱水生生物种质资源,加强对土著鱼类耐盐碱机制的研究

耐盐碱鱼类良种培育的研究,包括不同水质类型的盐碱环境下鱼类耐盐碱性状的数据库建立、耐盐碱鱼类品种选育和耐盐碱机制、基因克隆及转移。在做好土著鱼类耐盐碱机制的研究的基础上,同时对已经引进的耐盐碱鱼类品种,在试养成功的基础上加快安全性研究、规模化推广和应用进程,使之形成产业规模。

3. 以水为中心,促进农林牧渔相结合

充分利用生物对盐碱具有较强耐受性这一遗传特性,以水为中心,制定农、林、牧、渔业生物种养相结合措施,改良利用盐碱水,建立和培育盐碱水域良性的生态体系,促进生态环境、农林牧渔产业、人文环境向着高效、优质的方向发展,以期达到改善生态环境,促进农、林、牧、渔全面发展的目的。

总之,为保证"十二五"期间乃至今后 20 年内陆渔业可持续发展,充分开发利用内陆盐碱水资源,发展水产增养殖业,对满足人们日益增长的高质量动物蛋白的需求具有重要的现实意义。利用好这些,特别是分布在经济欠发达地区的盐碱水资源,对节约有限的淡水资源,拓展内陆渔业发展空间,带动农民脱贫致富,共同构建和谐社会也将具有深远意义。

第三章 低洼盐碱地池塘主要养殖品种及模式

并不是所有的水产养殖品种都适宜在低洼盐碱地进行养殖,选择低洼盐碱地水产养殖品种,需要考虑盐碱水质的类型,以及养殖品种对盐碱的不同耐受能力。开展低洼盐碱地池塘养殖,主要选择具有广盐性、广温性、杂食性等特性的养殖品种。在养殖模式的选择上,也要考虑水质类型以及品种的特性,进行合理搭配。由于盐碱水质存在着"三高一多"的特点,水质类型复杂多样。经过科研推广部门的多年研究,目前适宜在低洼盐碱地池塘养殖品种主要分为两类:广盐性品种(南美白对虾)和淡水养殖品种(黄河鲤、草鱼、鲫鱼、团头鲂、斑点叉尾鲴和泥鳅等)。

第一节 低洼盐碱地池塘主要养殖品种

一、养殖品种的移植驯化

(一)移植(引种)

由于盐碱水质的多样性和复杂性,除盐度较低的水质可以在本地区获得淡水鱼种,开展淡水鱼的养殖外,还可以从外地引入养殖品种进行适应性试验。通过试验,盐碱水质符合水产养殖动物正常生长所需条件,且不改变其本身的性状,可以用于生产的过程称为移植或引种。

(二)驯化

驯化是指将本不适应盐碱水质的水产养殖动物,通过人为的技术措施,使其能够逐步适应盐碱水质的过程。如原本生长在海水中的南美白对虾,通过逐渐降低水的盐度,或逐渐适应水质的做法,使其适应不同的盐碱水质,这便是驯化过程。

移植(引种)和驯化是两个不同的概念。移植是简单的迁移,把外来物种引种移植到本地,而驯化是一个长期而复杂的过程,两者有着密切的关系。移植(引种)和驯化的意义在于,可以将优良品质的养殖品种引进低洼盐碱水域,提高低洼盐碱地水产养殖的产量和质量。

(三)移植(引种)的注意事项

移植(引种)要有明确的目的性,必须充分了解要引进养殖生物的生物学特性,如食性、生长速度以及对盐碱水环境的适应能力等,确定养殖生物对各种水化学因子的具体要求,先小范围试验后再进行推广,保证移植的成功,不能盲目引进。由于盐碱水质的特殊性,因此,对移植品种的选择也有一定的要求。针对盐碱水质离子组成多样性的特点,首先应挑选广盐性的养殖品种,因为这类生物对外界水环境的变化适应调节能力较强,适宜范围较广。

另外,在引种时还必须进行检疫和消毒,避免将病菌、寄生虫等带入低洼盐碱水域,造成养殖的损失;同时,要注意引进的养殖品种与其他品种混养时的相互关系,权衡利弊;还要考虑移植品种的生长阶段和移植的季节,以免造成移植失败。

二、主要养殖品种

(一)鲤鱼

鲤鱼属鲤科鱼类,又称鲤拐子、鲤子。鲤鱼体侧扁而肥厚,具须2对,吻须短,颌须长。野生种体金黄色,养殖鱼背部黄绿色,腹部淡黄色。鲤鱼属于底栖杂食性鱼类,饵谱广泛,吻骨发达,常拱泥摄食。鲤鱼的消化功能同水温关系极大,摄食的季节性很强。冬季(尤其在冰下)基本处于半休眠停食状态,体内脂肪一冬天消耗殆尽,春季一到,便急于摄食高蛋白质食物予以补充。夏季是其生长的高峰期,此时应投喂高蛋白质的饲料。深秋时节,冬季临近,为了积累脂肪,也会出现一个吃食高峰期,而且也是以高蛋白质饵料为主。

1. 黄河鲤

黄河鲤(图3-1)是由河南省水产科学研究院利用黄河故道野生黄河鲤鱼做亲本,经过近20年、连续8代选育而形成的黄河鲤鱼良种。2004年经全国水产原种和良种审定委员会审定,审定编号为

图3-1 黄河鲤

GS-01-001-2004。黄河鲤体型成纺锤状,体色鲜艳,金鳞赤尾,子代的红体色和不规则鳞表现率已降至1%以下,生长速度比选育前提高36%以上。该品种性状稳定,生长速度快,成活率高,易捕捞。用选育的黄河鲤鱼苗(体长2~3厘米)可当年(养殖期5~6个月)育成单产1 000千克/亩左右、750克以上的商品鱼;网箱养殖亩产达30~60吨。

2. 福瑞鲤

福瑞鲤(图3-2)是中国水产科学研究院淡水渔业研究中心以建鲤和野生黄河鲤为原始亲本进行杂交,通过1代群体选育和连续4代家系选育后获得的鲤鱼新品种。2010年通过全国水产原种和良种审定委员会审定,审定编号为GS-01-003-2010。福瑞鲤具有生长快(比普通鲤鱼提高20%以上,比建鲤提高13.4%)、体型好(体长,体长/体高约3.65)、饲料转化率高、适应环境能力强(耐寒、耐碱、耐低氧)和遗传性状稳定等特点。池塘养殖亩产量在500千克以上。

图3-2 福瑞鲤

3. 松浦镜鲤

松浦镜鲤(图3-3)是在原德国镜鲤选育系(F4)的基础上,采用多性状复合群体选育结合DNA分子标记和电子标记技术的育种新方法,成功育成的新品种。2008年通过全国水产原种和良种审定委员会审定,审定编号为GS-01-001-2008。该品种体型好,头和尾部小,背部较高而厚,出肉率高,体表基本无鳞;生长速度快,1龄和2龄鱼较选育前分别提高34.70%和45.23%;抗病能力和抗寒能力强,1龄和2龄鱼的平均饲养成活率分别达到96.95%和96.44%,

越冬成活率分别达到95.85%和98.84%;繁殖力高,3龄和4龄鱼的平均相对怀卵量分别比选育前增加了56.17%和88.17%。松浦镜鲤池塘养殖亩产量在500千克以上。

图3-3 松浦镜鲤

(二)草鱼

草鱼(图3-4)属鲤形目鲤科雅罗鱼亚科草鱼属。草鱼的俗称有鲩、草鲩、白鲩、草鱼、黑青鱼等。草鱼栖息于平原地区的江河湖泊,一般喜居于水的中下层和近岸多水草区域。性活泼,游泳迅速,常成群觅食。是典型的植食性鱼类。在干流或湖泊的深水处越冬。生殖季节亲鱼有溯游习性。因其生长迅速,饲料来源广,是中国淡水养殖的四大家鱼之一。

图3-4 草鱼

草鱼生长迅速,就整个生长过程而言,体长增长最迅速的时期为1~2龄,体重增长则以2~3龄为最迅速。4龄鱼达性成熟后,增长就显著减慢。1冬龄鱼体长为340毫米左右,体重为750克左右;2冬龄鱼体长约为600毫米,体重3.5千克;3冬龄鱼体长为680毫米左右,体重约5千克;4冬龄鱼体长为740毫米左右,体重约7千克;5冬龄鱼体长可达780毫米左右,体重约7.5千克;最大个体可达40

千克左右。草鱼生长快,个体大,最大个体可达40千克。肉质肥嫩,味鲜美。草鱼因食性简单,饵料来源广泛,且生长迅速,产量高,常被作为池塘养殖和湖泊、水库、河道的主要放养对象。

草鱼虽然为淡水鱼类,但对盐度较低的盐碱水质有较强的适应性,在盐度低于8的盐碱水质中生长良好,不但成活率高,而且可以改善肌肉品质。草鱼对碳酸盐碱度及pH有一定的适应性,pH为9.14时,96小时碱度半致死浓度为34毫摩尔/升。在碳酸盐碱度8毫摩尔/升水质中可以正常生长。草鱼生长温度为1~38℃,适宜生长温度为5~30℃,最适为25~30℃。草鱼正常生长所需溶解氧为5~8毫克/升,窒息点为0.40~0.57毫克/升。草鱼为植食性鱼类,仔鱼主要摄食轮虫、枝角类等浮游动物;10厘米以下幼鱼,兼食水生昆虫、水蚯蚓、藻类、浮萍和幼嫩水草等;10厘米以上的幼鱼以及成鱼,主要摄食水生高等植物,如凤眼莲、聚草,以及江、湖岸边被水淹没的黑麦草、紫花苜蓿和苏丹草等陆生植物。

(三) 鲫鱼

鲫鱼对盐碱水质有较强的耐受性,致死盐度上限为1.7%,可在盐度为10的水质中正常生长。致死水温最低为0.5℃,最高为38.6℃;适宜生长水温为10~32℃,最适为15~25℃。鲫鱼对碳酸盐碱度及pH也有较强的耐受性,鲫鱼幼鱼在pH为8.8时,碳酸盐碱度的96小时半致死浓度为64.19毫摩尔/升。鲫鱼耐低氧能力较强,适于在不同类型的盐碱水质中生活,生长所需溶解氧量为2毫克/升以上,窒息点为0.1毫克/升。杂食性,早期幼鱼摄食浮游生物、有机碎屑等;晚期幼鱼和成鱼主要摄食底栖生物、水生昆虫和腐殖质等。

1. 淇河鲫

淇河鲫(图3-5)俗名双背鲫、淇鲫,因原产于淇河,故名淇河鲫。淇河鲫体高而侧扁,腹部圆,头短小,吻钝,口端位,下颌稍向上斜,无须。眼中等大,位于头的前侧部。鳃耙长,呈披针形。鳞大,侧线完全。背鳍长,臀鳍短,皆具硬刺。腹鳍起点略在背鳍起点之前。体色随栖息环境而变化,其背部两侧呈金黄色,在清水水草河段呈灰黑色,腹部均呈灰白色。淇河鲫属底层鱼类,活动于水体中下层,喜栖息于河流底层静水处,或静水区的水草密集区域。耐低氧,池塘养殖溶解氧小于 0.25 毫升/升时出现浮头。淇河鲫是偏植物食性的杂食性鱼类,摄食眼子菜、硅藻、丝状藻、高等维管束植物、植物的种子等。动物性食物有枝角类、桡足类、水生昆虫、螺、虾等。人工养殖能摄食人工配合颗粒饲料。

淇河鲫脊背宽厚,体型丰满,为罕见的天然三倍体鱼类(染色体数目为 162 对左右),生长速度快,为一般鲫鱼的 2.5 倍。在淇河自然水域,1 冬龄平均体长可达 13.8 厘米,体重达 110 克;2 冬龄平均体长可达 18.3 厘米,体重达 241 克;3 冬龄平均体长可达 21.1 厘米,体重达 361 克。一年四季均发现有产卵群体,以水温 16～22℃ 为产卵盛期。所产卵为黏性,水温 18℃ 左右,5～7 天可孵出鱼苗。自然产卵群体中雌多雄少,雌雄比例达 14:1。可进行人工繁殖。

池塘商品鱼养殖亩产 500～1 000 千克,在主养鲤鱼池或主养草鱼池每亩套养 50 克/尾、300 尾的淇河鲫鱼,可亩产淇河鲫 60～80 千克。

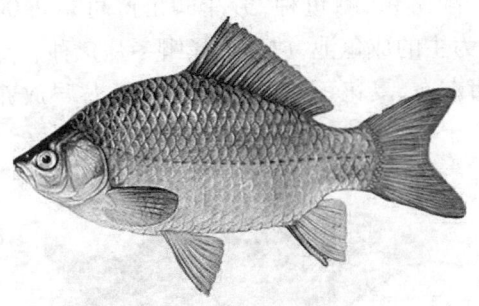

图 3－5　淇河鲫

2. 异育银鲫

异育银鲫(图 3－6)是方正银鲫做母本、兴国红鲤做父本,经人工杂交而成的异精雌核发育后代。杂种优势明显,食性杂,生命力强,生长快,肉质细嫩且营养丰富,生长速度比野生鲫鱼快 1～2 倍。池塘养殖,放养 80～100 克的大规格苗种 1 000～1 500 尾/亩,搭配少量鲢鱼、鳙鱼种,鲢鱼、鳙鱼的比例一般为(5～7):3,占总放养比例的 20%。当年养成规格为 350～450 克的商品鱼,饵料可选择优质颗粒饲料或膨化饲料。

图3-6 异育银鲫

3. 彭泽鲫

彭泽鲫(图3-7)是直接从野生鲫鱼中人工选育出的品种。经过十几年人工定向选育后,彭泽鲫遗传性状稳定,具有生长快、个体大、营养价值高和抗逆性强等优良特征,比野生鲫鱼生长速度快56%,1龄鱼平均体重可达200克左右。适宜于低洼盐碱地池塘、湖泊和网箱等水体养殖,单养、混养均可。池塘养殖以彭泽鲫为主的高产塘,放养彭泽鲫冬片鱼种1 800~2 500尾/亩,占总放养量的80%~90%,搭配鲢鱼、鳙鱼鱼种,彭泽鲫亩产可达1 000千克;以鲢鱼、鳙鱼、草鱼为主的成鱼池,放养彭泽鲫冬片鱼种、春片鱼种或夏花鱼种250尾/亩左右,夏花鱼种宜选择大规格,尽早放养,每亩可增产彭泽鲫30~40千克。

图3-7 彭泽鲫

(四)团头鲂

团头鲂(图3-8)即武昌鱼,俗称鳊鱼,属鲤形目、鲤科、鲂属。肉质嫩滑,味道鲜美,是我国主要淡水养殖鱼类之一。团头鲂体扁侧,呈长棱形,背隆起明显,头小、口小,体侧灰尘色并有浅棕色光泽,背色深,腹色浅,鳞片中等大小,臀鳍较长,尾柄短,尾鳍分叉深。鲂鱼肉细嫩肥美,大鱼刺少,小鱼刺多。在天然水域中,团头鲂多见于湖泊,较适于静水性生活,为中、下层鱼类,冬季喜在深水处越冬。其食性为草食性,鱼种及成鱼以苦草、轮叶黑藻、眼子菜等沉水植物为食,因此食性较广。在水草较丰茂的条件下,团头鲂生长较快,一般1冬龄体重可达200克,2冬龄能长到500克以上。最大个体可达3~5千克。它具有性情温驯,易起捕,适应性强,疾病少等优点。

团头鲂生存盐度为0~0.85%,适宜生长盐度为0.4%,致死盐度为11.9%。团头鲂生长的适宜温度范围为20~30℃。10℃以下时,团头鲂的食欲下降,生长缓慢。团头鲂适宜生长的pH范围为7.5~8.0,在碳酸盐碱度较高的盐碱水质中,不适宜养殖团头鲂。适宜生长的溶解氧量范围为5.5~8毫克/升以上,窒息点为0.26~0.60毫克/升。团头鲂为杂食性鱼类,体长3.5厘米以下的幼鱼,摄食轮虫、枝角类和小型甲壳类等浮游动物;体长3.5厘米以上的幼鱼及成鱼,摄食高等水生植物。

图3-8 团头鲂

(五)淡水白鲳

淡水白鲳(图3-9),学名短盖巨脂鲤,原产南美亚马孙河,为热带和亚热带鱼类。淡水白鲳具有食性杂、生长快、个体大、病害少、易捕捞、肉厚刺少、味道鲜美、营养丰富等特点,在扩大池塘养殖对象,增加单位面积产量方面是一种有价值的鱼类。淡水白鲳于1982年被引入中国台湾省,之后人工繁殖成功,开始在淡水鱼塘推广养殖。1985年从台湾省经香港引入广东省试养,1987年获得人工繁殖成功,以后逐渐推广至全国,成为年产量最高的名特品种之一。

淡水白鲳可以在盐度为1%的盐碱水质中正常生长,但在放养前必须进行水质过渡。淡水白鲳在较高盐度的盐碱水质中,可以提高鱼的耐寒性。淡水白鲳生长的适宜温度范围为 21～32℃，最适温度为 28～30℃。当水温降到 12℃时，大部分失去平衡；低温临界水温为 16℃以上时，开始摄食。淡水白鲳喜微酸水质，但通过驯化，对碳酸盐碱度和 pH 有较强的适应性，可以在碳酸盐碱度 4 毫摩尔/升、pH 为 8.5 的水质中正常生长，但在较高的碳酸盐碱度的盐碱水质中不适宜养殖。对低氧有较强的适应性，适宜生长的溶解氧量范围为 4～6 毫克/升，低于 3 毫克/升时，食欲受到影响。淡水白鲳食性杂，仔鱼阶段以浮游生物为主，幼鱼以浮游动物为食，对人工饲料有广泛适应性。

图 3-9　淡水白鲳

（六）斑点叉尾鲴

斑点叉尾鲴（图 3-10），亦称沟鲶，原产美国。1984 年，首次由湖北省水产科研所从美国引进国内实验研究。斑点叉尾鲴属鲶形目，鲴科鱼类。该鱼体型较大，头较小，吻稍尖，口亚端位，体表光滑无鳞，尾鳍分叉较深，背部淡灰色，腹部乳白色，体两侧有不规则斑点，触须四对，有腹鳍。该鱼对生态条件适应能力较强，其适应范围为：水温 0～38℃，最适水温 18～34℃，pH 6.5～8.9，盐度 0.1%～0.8%，适合我国大部分水域饲养。该鱼属于杂食性鱼类，喜欢群食及弱光和昼伏夜出摄食，以吞食为主兼滤食，食量大，多栖息在水体底层，性情温驯，喜欢生活在饵料和有机物丰富的水体中。

斑点叉尾鲴在人工饲养条件下，2 年可养成商品鱼。第一年体长可达 18～19.5 厘米，第二年可达 26～32 厘米。在第一次性成熟后，其生长速度亦无明显下降迹象。池塘商品鱼养殖亩产 1 000 千克左右，网箱养殖亩产可达 30 吨以上。

图3-10 斑点叉尾䱀

(七) 青鱼

青鱼(图3-11)是鲤形目、鲤科的脊椎动物。青鱼为中国淡水养殖的四大家鱼之一,是池塘养殖的重要对象。青鱼体长,略呈圆筒形,尾部侧扁,腹部圆,无腹棱。口端位,呈弧形。上颌稍长于下颌。无须。背鳍和臀鳍无硬刺,背鳍与腹鳍相对。体背及体侧上半部呈青黑色,腹部呈灰白色,各鳍均呈灰黑色。生活于水体中、下层,以螺蚌类为食,经驯化可摄食人工配合饲料。肉质肥美,营养丰富,广受市场青睐,为较高档淡水鱼。一般多在底层多螺蛳的较大水体中、下层中生活,食物以螺蛳、蚌、蚬、蛤等为主,亦捕食虾和昆虫幼虫。性成熟为5~6龄,5~8月在江河干流流速较高的场所繁殖,繁殖后常集中于江河湾道及通江湖泊中育肥,冬季在深水处越冬。青鱼生长速度远快于其他四大家鱼,在池塘中可精养和搭配养殖。青鱼个体大,生长迅速,为我国重要的经济鱼类。肉质肥嫩,味鲜腴美,池塘养殖亩产量在500千克以上。

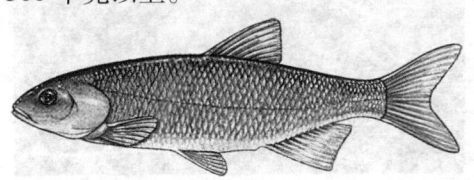

图3-11 青鱼

(八) 鲟鱼

鲟鱼属硬骨鱼纲鱼类。鲟鱼有洄游性和江河定居性两种,故不同的鲟鱼对盐度的耐受性也不同。往往洄游性的鲟鱼对盐度的耐受性较强,可以在盐度为3‰的盐碱水质中生长;江河定居性的鲟鱼通过盐度驯化,也可以在较高盐度盐碱水质中生长。鲟鱼起源于俄罗斯北部及东西伯利亚一带的北极浅海区。除中华鲟、达氏鲟和长江鲟外,大多数鲟鱼介于温水性鱼类和冷水性鱼类之间的亚冷水性,存活水温为1~30℃。不同种类的适宜生长水温范围略有差异。匙吻鲟适温范围极广,在0~37℃均可生长,最适温度为20~25℃;史氏鲟的生存水温为1~30℃,适宜生长温度在21℃左右;俄罗斯鲟生长的最适水温为20~22℃。鲟鱼对水体中的碳酸盐碱度及pH均有较广泛的耐受性。如匙吻鲟对水体pH适宜范围为6.5~8.0,史氏鲟适宜范围为6.5~9.0,西伯利亚鲟能在8毫摩尔/升碳酸盐碱度水质中正常生长。鲟鱼属于高耗氧、高窒息点鱼类,对水质要求高,如史氏鲟的耗氧率、窒息点均高于四大家鱼。对于鲟鱼的养殖,要求溶解氧不低于6毫克/升。当溶解氧低于4毫克/升时,其食欲大减;低于2.1毫克/升时,出现昏迷、死亡。在进行鲟鱼养殖时,应合理安排放养密度,注意池水的溶解氧状况,以免池水缺氧造成鲟鱼死亡。大多数鲟鱼为杂食性鱼类,幼鱼以浮游动物、底栖动物和水生昆虫为食;成鱼除底栖动物、水生昆虫外,还喜食小鱼、小虾。人工饲养的鲟鱼对配合饲料有较强的适应性,只有匙吻鲟始终以浮游生物为食。

1. 俄罗斯鲟(图3-12)

20世纪90年代引进我国。耐盐性较强,在淡水和盐碱水中都可生长,一般在盐度0.7‰~0.8‰的盐碱水中生长良好。

图3-12 俄罗斯鲟

2. 西伯利亚鲟(图3-13)

该鱼具有生长速度快,适应力强的特点,肉质好,较适宜在不同的盐碱水质中进行养殖。放养150~200克大规格鱼种,一年可长到

600克以上。

图3-13 西伯利亚鲟

3. 匙吻鲟(图3-14)

匙吻鲟又称鸭嘴鲟。温水性鱼类,原产美国密西西比河流域,1898年引入我国湖北。能适应1.2%以下的低盐度水质养殖,适宜大水面池塘套养养殖。

图3-14 匙吻鲟

(九)泥鳅

泥鳅(图3-15)属鳅科,被称为"水中人参"。泥鳅食性杂,属杂食性鱼类。在幼苗阶段,体长5厘米以内,主要摄食动物性饲料,体长5~8厘米时,转变为杂食性饲料,主要摄食甲壳类、摇蚊幼虫、丝蚯蚓、水、陆生昆虫及其幼体、底栖无脊椎动物,同时摄食丝状藻、硅藻、水陆生植物的碎片及种子。泥鳅的摄食量与水温有关,水温15~30℃为适温范围,25~27℃为最适范围,此时摄食量最大,生长最快。泥鳅多在晚上摄食,在人工养殖时,经过训练可改为白天摄食;生长较快,泥鳅的生长速度,取决于饲料的质量和数量。一般刚孵化的鳅苗,体长约0.3厘米,1个月后长到3厘米左右,半年后长到6厘米左右,第二年底体长可达13厘米,体重15克左右;繁殖力强,泥鳅一般2冬龄后成熟,产卵期4~9月,但以5~7月、水温25~26℃时为最盛;适应性特强,泥鳅属底栖性鱼类,分布很广,常栖息于河、湖、池塘、稻田的浅水区,只有在水温过高或过低时才潜入泥中。泥鳅有特殊的呼吸功能,它除了用鳃和皮肤呼吸外,还可以用肠呼吸。当水中缺氧时，会游到水面直接吞进空气，在肠内进行气体交换，然后从肛门排出废气，因而它对恶劣环境的适应力很强。

河南省养殖的泥鳅主要来源于沿黄天然水域或亲本繁育，养殖品种主要为黄扁鳅，池塘平均亩产500～1 200千克。

图3-15 泥鳅

（十）日本沼虾

日本沼虾（图3-16），俗称青虾、河虾等。体呈青蓝色，有棕黄绿色斑纹，随栖息环境的变化体色会有不同，属于热带、亚热带淡水虾类，在我国分布较广，具有食性杂、适应性强、生长快、繁殖力强、养殖周期短、成本低等优点。日本沼虾为小型虾类，平均个体重为4.1克，最大个体达9克。它肉质鲜美，营养丰富，是深受广大消费者欢迎的特种水产品之一。日本沼虾生活在淡水和低盐度河口水域，多集群于水草丛生、水流缓慢的近岸水域。一般夏秋季在沿岸浅水处摄食及活动，冬春季移到较深的水域越冬。日本沼虾具背光性，白天隐伏在阴暗处，夜间出来活动觅食。

日本沼虾虽然为淡水虾类，却具有较强的耐盐特性，能在一定盐度的水域中养殖。有实验表明：日本沼虾可在盐度为0.7%～2%的范围内正常生长；体长为2.0～2.5厘米的日本沼虾幼虾，在盐度为1.2%的水环境中，增长率和增重率最高。日本沼虾对温度有较强的适应能力，尤其对低温有一定的耐受性，能在全国各地自然越冬。当水温低于4℃时，日本沼虾即进入越冬期，不蜕壳；当水温达到10℃以上时，日本沼虾活动力加强，摄食量逐步增加。日本沼虾生存水温为12～34℃，适宜生长水温为15～34℃，成体生长的最适水温为20～32℃。当水温达到18℃以上时，便开始产卵，繁殖后代。日本沼虾最适宜生长在硬度适中、中性或碱性的水质中,对pH和碳酸盐碱度有较强的适应能力。相关研究表明,日本沼虾可以在pH为9以下及碳酸盐碱度在20毫摩尔/升以下的盐碱水域养殖,能生存pH安全范围为5.26~8.67,适宜的pH范围为5.10~8.84。日本沼虾对水体中的溶解氧要求较高,不耐低氧,其耗氧率高于我国主要养殖鱼类。通常养殖水体的溶解氧水平必须在5毫克/升以上,如果水质不良,水体溶解氧过低,则很快发生缺氧浮头死亡。日本沼虾属于动物性食物为主的杂食性虾类。早期幼虾摄食小型水生昆虫幼体、蠕虫、小型甲壳类、有机碎屑和植物碎片等;晚期幼虾和成虾摄食水生昆虫、甲壳类、水蚯蚓、陆生昆虫的幼体、丝状藻、固着藻等。水温为20~30℃时摄食旺盛,低于18℃时停止摄食,饥饿时容易互相残食。

图3-16 日本沼虾

(十一)南美白对虾

南美白对虾(图3-17)学名凡纳对虾,属节肢动物门甲壳纲十足目对虾科对虾属,是广温广盐性热带虾类。俗称白肢虾、白对虾,外形酷似中国对虾,平均寿命至少可以超过32个月,成体最长可达24厘米,甲壳较薄,正常体色为浅青灰色,全身不具斑纹。南美白对虾是当今世界养殖产量最高的三大虾类之一,原产于南美洲太平洋沿岸海域,中国科学院海洋研究所张伟权教授率先由美国引进此虾,并在1992年突破了育苗关,从小试到中试直至在全国各地推广养殖。

南美白对虾是广盐性虾类,最适于养殖的盐度范围为1%~2.5%,在咸淡水中生长最快。个体较大的对虾(体长5厘米左右)较个体较小的对虾(体长2厘米以内),对盐度变化的适应性能力强。在逐渐淡化的情况下,可在盐度为0.2%以下的水质中生长。

南美白对虾人工养殖适宜的水温范围在 16~38℃,最适水温为 23~32℃。南美白对虾对碱性有较强的适应性。pH 以 7.5~8.6 较为合适,短时间内可以在 pH 大于 9 或低于 7 的水环境中存活。南美白对虾在 pH 为 8.2、碳酸盐碱度高达 20 毫摩尔/升的水环境中可以正常摄食、脱壳生长,对碳酸盐碱度的耐受性与水环境的 pH 密切相关。当 pH 上升时,对碳酸盐碱度的耐受性明显下降,pH 高于 9.0 时,南美白对虾只能短时间在碳酸盐碱度为 8 毫摩尔/升的水环境中存活。南美白对虾抗低氧的能力突出,它可忍耐的最低溶解氧值为 1.2 毫克/升。但在用盐碱水养殖过程中,要求水体溶氧值大于 4.0 毫克/升,以免水体溶解氧过低,使南美白对虾对其他水质因子的耐受力下降。南美白对虾化学耗氧量一般为 5~30 毫克/升。

图 3-17　南美白对虾

(十二)河蟹

河蟹(图 3-18)也叫螃蟹或毛蟹,隶属甲壳纲,绒螯蟹属,是一种大型的甲壳动物,身体分 21 节,由于头部和胸部各节相互愈合,因此全身分为头胸部和腹部两部分。成蟹背面墨绿色,腹面灰白色,头胸甲平均长 7 厘米、宽 7.5 厘米。河蟹常穴居于江、河、湖沼的泥岸,夜间活动,以鱼、虾、动物尸体和谷物为食,每年秋季常洄游到出海的河口产卵,第二年 3~5 月孵化,发育成幼蟹后,再溯江河而上,在淡水中继续发育长大。河蟹的肉质鲜嫩,是深受人们喜爱的一种食品。河蟹学名中华绒螯蟹,属名贵淡水产品,味道鲜美,营养丰富,具有很高的经济价值。

河蟹为广盐性甲壳动物,适盐范围 0.26%~5.5%,适宜范围为 1.3%~2.7%。遇到雨季盐度下降到 0.7% 以下时,常打洞穴居,以此来度过不良的环境。河蟹为广温性养殖生物,生存水温 7~37℃,最适水温 15~32℃。水温低于 18℃时,河蟹活动时间缩短,摄食量明显减少;水温低于 15℃,河蟹不蜕壳。水温 39℃时,河蟹背甲出现灰红斑点,逐渐衰弱而死亡。

河蟹对碱性水有较广泛的适应性,可以生长在 6 毫摩尔/升碳酸盐碱度盐碱水质中,适宜生长 pH 范围为 7.5~8.9,以 7.8~8.4 最适。河蟹喜穴居生活,但对水中溶解氧仍有一定要求。当水中溶解氧大于 2 毫克/升时,河蟹的摄食量大,生长正常;当水中溶解氧较低时,河蟹易因蜕壳困难而死亡。河蟹在养殖中,应保持水体中的溶解氧大于 5 毫克/升。河蟹往往昼伏夜出,多在夜间觅食,是以肉食性为主的甲壳动物,摄食贝类和小鱼、小虾,偶尔也摄食一些植物。有同类相残的习惯,特别是在蜕壳期间更甚。通过驯化,对人工配合饲料有较强的适应性。

图 3-18 河蟹

(十三)其他品种

虽然盐碱水质比较复杂,不同类型盐碱水域中的区系结构也存在很大差异,但在天然盐碱水水域中也存在着丰富的野生水生生物资源。有些常见的广盐性种类已经在盐碱水质中广泛养殖,但是仍然有很多较高经济价值的鱼类尚未开发。

未开发的经济鱼类有加州鲈、黄颡鱼、翘嘴红鲌、赤眼鳟、丁鱥、花䱻、鳜鱼、乌鳢、鲶鱼、小龙虾、锦鲤等,这将是今后河南省低洼盐碱地池塘养殖品种选择的重点。

第二节 低洼盐碱地池塘主要养殖模式

低洼盐碱地池塘养殖模式有多种,从养殖品种来分,有单养和混养模式;从放苗密度来分,有低密度精养和生态养殖模式;从养殖方式来分,有轮养和套养等。

一、鱼类主要养殖模式

(一)鲤鱼

河南低洼盐碱地鲤鱼养殖主要采取池塘单养的模式。其技术要点如下:

1. 池塘条件

要求注、排水方便,环境安静,阳光充足,水质清新。鱼苗培育池适宜面积1~2亩,水深可逐渐加至0.8~1.0米,池内和池边无杂草;鱼种培育池适宜面积2~5亩,水深可加至1.0~1.5米;成鱼养殖池适宜面积5~10亩,水深1.2~2.0米。放鱼前10天进行彻底清塘消毒。消毒的方法有干池清塘和带水清塘两种。

2. 苗种培育

(1)鱼苗培育

1)放养前的准备 一般在鱼苗放养的前2周,需彻底清除池底杂物,平整池底,施入腐熟的鸡粪或牛粪等基肥,并进行消毒。消毒一周后,向池内加注清水60~70厘米(严防敌害生物浸入),待鱼苗放入时使水质有一定的肥度。

2)鱼苗质量鉴别 健康的鱼苗用肉眼观察95%以上的鱼苗卵黄囊消失,鳔充气,能平游,且鱼体透明,色泽光亮,不呈黑色。在容器中轻搅水体,90%以上的鱼苗有逆水游动能力。95%以上的鱼苗全长应达到6.5毫米。

3)试水 鱼苗放入池塘之前要先试水,检查消毒后的池水毒性是否已消失。方法是放鱼苗的前一天,先在一小网箱或其他能圈养鱼苗的容器内放入少量鱼苗,待第二天放苗前检查鱼苗是否正常。

4) 放养密度 根据出塘规格及出塘时间,一般可放养20万~40万尾/亩。出塘规格要求越大、出塘时间要求越短,则放养密度越小;反之,出塘规格要求越小、出塘时间要求越长,则放养密度越大。

5) 饲养管理 投饵与施肥。鱼苗孵出后3天,鱼苗除依靠自身养分维持生命外,开始逐渐转向外营养型,即摄食天然饵料生物,这时就必须辅助以人工投饵,主要是泼洒豆浆培肥水质。也可根据池塘水质的肥度,适当追肥。豆浆泼洒量按每亩水面计算。头天晚上泡黄豆3~4千克,可磨成豆浆100千克左右,每天分3~4次泼洒,1周后逐渐增加投喂量。16天后就可适当在池边喂豆饼粉(湿)或其他配合饲料。

分次注水与巡塘管理。随着鱼体长大,鱼苗所需空间及溶解氧随之增加,水的深度就要逐渐增加至1米。同时,炎热天气要防止鱼苗气泡病的发生。

水质控制。水质过肥一方面表现为水色转为深绿色,容易使鱼苗得气泡病;另一方面,可能造成大型溞类(俗称红虫)高峰过早出现,溞类高峰的过早形成,使其由鱼苗的饵料变成了鱼苗的敌害,会使鱼苗大量死亡。当水质过肥,鱼苗得了气泡病时,一方面加注新水,另一方面可用0.03%的食盐水全池泼洒。

拉网锻炼与分塘。鱼苗经半个月左右的饲养,长至2厘米左右,即可分塘或出售。分塘或出售前,必须进行拉网锻炼,增强鱼苗的体质,保证操作和运输的成活率。拉网锻炼前一天要停食。

(2) 大规格鱼种的培育

1) 鱼苗放养前的准备 池塘面积以2~5亩为宜,水深1.0~1.5米,池底有一定肥度,注、排水方便。一般应配备3千瓦增氧机1台。鱼苗放养前应做好池塘的维修、清整、消毒、注水和试水等工作。

2) 鱼苗放养 放养的鱼苗应体形正常,体表光滑有黏液,色泽正常,游动活泼。畸形率小于1%,伤病率小于1%。有条件的地方应检查鱼苗是否患出血病、肠炎病、赤皮病、烂鳃病、黏孢子虫病、鲤春病毒病及其他危害严重的传染性疫病、原生动物及单殖吸虫病。

一般每亩放养 2 厘米左右夏花 1.5 万~2.0 万尾。根据年底出塘规格可适当增加或减少放养密度。每亩配养白鲢 2 000 尾、花鲢 500 尾。

3) 饲养管理　鱼苗入塘后,如果天然饵料充足,鱼苗利用天然饵料生物可基本满足其生长需要;如果天然饵料不足,还应在池四周遍洒豆饼粉或配合饲料,以弥补天然饵料的不足。夏花放养 15~16 天后,随着鱼苗的长大,逐渐改喂与之相适应的颗粒饲料至鱼种出塘。

（3）成鱼养殖

1) 池塘条件　用于商品鱼养殖的池塘应具备充足的无污染水源,排灌方便。池塘大小以 5~10 亩为宜,池深 1.5~2.5 米。一般每口塘应配备潜水泵 1 台。如采用地下水,每 20~50 亩水面应配备机井一眼,供水量应在 40 米^3/时以上。

2) 鱼种放养　夏花当年养成鱼模式在 5 月下旬夏花出池时放养,两年养成模式则根据实际情况常年皆可放养。同一口池中应放养规格整齐的同一批鱼苗。夏花当年养成鱼的放养规格在 2.5 厘米以上,最好 4.5 厘米以上。两年养成模式的放养规格在 25~50 克之间选择一种规格放养。

当年夏花养商品鱼的放养密度在 1 000~2 000 尾/亩,花白鲢夏花放养密度 2 000~3 000 尾/亩,不放养其他吃食鱼。两年养成模式,每亩放养 25~50 克/尾的鲤鱼种 1 500~2 000 尾、套养 50~100 克的花白鲢鱼种 300~400 尾、10~15 克的草鱼种 100~150 尾、15~50 克的鲫鱼种 200~300 尾或鲫鱼夏花 600~1 000 尾。主养鲤鱼模式的鱼种投放规格与密度见表 3-1。

表 3-1　主养鲤鱼模式的鱼种投放规格与密度

模式 放养种类	放养 1 冬龄鱼种		放养夏花鱼种	
	克/尾	尾/亩	克/尾	尾/亩
鲤鱼	25~150	1 000~1 500	5~15	1 000~1 500
鲢鱼	50~100	250~400	0.2~1	2 500~4 000
鳙鱼	75~150	30~50	0.2~1	300~500

注：同一池塘投放鱼种的规格要一致。

3)饲养管理　饲料的选择。应使用全价配合颗粒饲料,使用的饲料应符合 SC/T 1026—2002《鲤鱼配合饲料》和 NY 5072—2002《无公害食品　渔用配合饲料安全限量》的规定。

饲料投喂技术。以投喂配合饲料主养黄河鲤,采用驯化投饲方法。当水温达到12℃以上时,需要每天投饲,水温在 12~22℃ 时,每天投饲 1~2 次。水温在 23℃ 以上时,每天投饲 2~4 次,并根据天气、水色、鱼类活动及摄食情况酌情增减。投喂间隔 2 小时左右,每次投饵 30~50 分,待大部分鱼群散去,减少投喂量至停止投喂。

投喂原则。使鱼吃八成饱,不能因为鱼不离开食场就一直喂,鱼吃得越饱,饲料利用率越低。根据鱼体规格计算出鲤鱼存塘量,依据投饵率表、水温(水面下 30 厘米处的温度)找出投饵率,计算出当天的投喂量。实际生产中每 7~10 天计算调整一次投喂量。投喂量公式为:投喂量 = 存塘吃食鱼体重 × 投饵率(%)。

日常管理。需持续耐心,坚持早、晚巡塘,观察水色变化、浮头及病害情况,根据情况决定是否调水或开增氧机。做好池塘日志,观察和记录鱼吃食与活动情况,发现异常,撒网检查,对症处理,保证池鱼健康快速生长至成鱼。做好水质调节。一般每 10~15 天换水 30 厘米左右。每个月遍洒一次生石灰或漂白粉,每亩每米水深的用量:生石灰为 25 千克,漂白粉为 700 克。使用光合细菌或其他微生态制剂调节水质时,不能与生石灰、漂白粉等杀菌药物同时使用。

科学使用增氧机。在 7~9 月高温季节,中午及夜间均需开动增氧机,晴天下午 2~3 点开机 1 小时左右;下午和傍晚不开机;阴雨天夜间早开机,晴天夜间可适当晚开机;雷、暴雨天气,可适当延长夜间开机时间,一旦开启了增氧机就必须开到日出后才能关机。

4)病害防治　坚持以预防为主,彻底清塘消毒。鱼种入池前应检疫、消毒,饲养过程中应注意环境的清洁、卫生,拉网操作要细心,避免鱼体受伤。发现鱼病应及时检查确诊,对症下药。药物的使用应符合 NY 5071—2002《无公害食品　渔用药物使用准则》的要求。目前,水产养殖中禁止使用的药物主要有:硝酸亚汞、呋喃丹、孔雀石绿、呋喃唑酮、氯霉素、环丙沙星、喹乙醇、已烯雌酚、甲基睾丸酮等。

5)停饲期　为保证黄河鲤的品质,便于长途运输,在成鱼上市前应有适当的停饲时间:水温在16℃以下时,应为7天以上;水温在16～25℃时,应为3天以上;水温在25℃以上时,应为2天左右。

(二) 草鱼

1. 池塘单养或混养

草鱼适于池塘混养或者单养。根据草鱼的生长习性,池塘主养一般采用轮捕套养技术,即"一次放养,多次轮捕,捕大留小,套养鱼种"的模式。一般放养1龄草鱼种,可混养部分鲢鱼、鳙鱼和鲤鱼。亩产1 000千克的池塘,放养量按照计划产量的1/10计算。全年轮捕7～8次,并随着鱼体的生长按季节分批进行捕捞,将生长达到商品鱼规格的成鱼捕捞出。另外,在低洼盐碱地池塘套养草鱼,主要是利用草鱼的食性,清除池塘中的一些杂草。

2. 注意事项

池塘要彻底清淤消毒,冬季池塘不存水,可通过晒池达到进一步消毒和杀灭病菌的目的。鱼种入池前,注意用疫苗进行浸泡或注射,对草鱼出血病和细菌性病(烂鳃、赤皮和肠炎)进行免疫。精养池塘采用配合饲料与草类结合的投喂方式,使饲料蛋白质含量在20%～50%。青草和浮萍等青饲料的投喂要适量,避免暴食引发肠胃疾病。另外,在低洼盐碱地池塘养殖草鱼,推广放养2龄鱼种,这样可以使成鱼养殖周期缩短为100～120天,又可以避开草鱼发病的高峰期,保证养殖的效益。

(三) 鲫鱼

河南省低洼盐碱地池塘养殖鲫鱼主要采取池塘单养或混养的模式。其技术要点如下:

1. 池塘条件

鲫鱼池塘养殖面积,一般为2～5亩,水深要求1.5～2.5米,池底平坦,保留淤泥10厘米左右。水源充足,排、灌水方便,水质良好。

2. 清塘施肥

鱼苗放养前,要排干池水,彻底清塘,挖去杂物。在鱼苗下塘前7～10天,每亩用150千克生石灰对水后全池泼洒消毒。然后施足基肥,施腐熟人畜粪肥500～800千克/亩,再注入新水。

3. 鱼种放养

鲫鱼的放养时间最好在秋末或冬初,此时放养有利于鱼苗早开食,早生长。放养密度:每亩放养体重为50克左右的1龄鱼种2 000~3 000尾,100克左右鲫鱼鱼种1 500~2 000尾,100克左右的鲢鱼种1 000尾左右,150克左右的鳙鱼250~300尾。鱼种要求体质健壮,无病无伤。鱼种入池时,用10~30克/升的食盐水浸泡4~5分,以防将病菌带入池塘内。

4. 饲养管理

(1) 投饵 鱼种投放后即开始驯食。每次投喂前先敲击固定器皿发出一种特定声响,再向饲料台投饵,以形成条件反射,日投喂3~5次,每次30分,经7天左右驯食,使鱼形成在水面集群抢食习性后转入正常投喂。在冬春季天气晴暖时,要投喂些精饲料,每次投喂量占全池鲫鱼体重的1%~2%。秋末和冬初由于水温下降,每天投饵2次,每次投喂量占鱼体重的3%~5%;5~9月水温高,鱼类吃食旺盛,每天投喂3~4次,投饵量占鱼体重的5%~7%。具体投喂多少,还要视季节、天气和鱼的摄食情况灵活掌握。投喂饲料主要有米糠、麸皮、饼类、玉米粉和颗粒饲料等。

(2) 水质管理 水质的好坏直接影响到鱼类的摄食和生长。每天坚持早晚巡塘,观察鱼的活动情况,清除水中杂物,保持池水清新,定期注入新水,一般每10~15天注水1次,7~9月每5~7天注水1次,若发现池水过浓,及时换去老水1/4。同时,每10天左右用生石灰40千克/亩化乳后全池泼洒,调节水质,防止鱼病。

(3) 病害防治 采取以防为主的方针,在饲料管理期间,要定期泼洒药物预防鱼病,每月用90%晶体敌百虫0.5克/米^3、高效消毒灵0.6克/米^{3}或鱼虾安0.5克/米^{3}水溶液全池交替泼洒1次,以防寄生虫病和细菌性鱼病的发生。在鱼发病季节,按100千克鱼用40克的磺胺类药物,制成药饵投喂,6天1个疗程。

(四) 团头鲂

河南省低洼盐碱地池塘团头鲂养殖主要采取池塘混养或小体积网箱的模式。

1. 池塘混养

可与鲢鱼、鳙鱼和鲫鱼混养。放养时间一般在12月至翌年1月,可先放主养鱼,15~30天后再放混养鱼。放养密度,以团头鲂养殖为主,适量混养鲢鱼、鳙鱼和鲫鱼。每亩放养体重100~150克的团头鲂800尾,或体重约40克的团头鲂1 000尾;混养体重40~50克的鲢鱼、鳙鱼种250尾,体重约20克的鲫鱼种500尾。

2. 小体积网箱养殖

放养尾重50克以上的鱼种6~8千克/米^3,如中后期进行分养,密度可适当增加。饲料质量要求,粗蛋白质含量达到26%~30%。在养殖初期投喂幼鱼料,每天投喂量为鱼体重的5%~7%;混养中后期投喂成鱼料,日投喂量为鱼体重的3%~5%,每天投喂3~4次。

投饵要根据天气、水温、鱼的摄食状况灵活调整。一般每次的投喂量,掌握在约1小时内吃完为宜。日常管理,随时观察鱼的活动,每天清洗饲料台。当网眼堵塞1/8~1/6时,应及时洗刷网箱,一般7天清洗1次。检查网箱是否破损、滑结,防止逃鱼。

(五)淡水白鲳

河南省低洼盐碱地池塘养殖淡水白鲳,多以混养或套养为主。可以与鲢鱼、草鱼等鱼类混养,也可以在虾池里套养。

1. 鱼类混养

每亩放养淡水白鲳5~10厘米的大规格苗种500~600尾,适当搭配鲢鱼、草鱼和团头鲂等鱼类混养。由于淡水白鲳食量大,排泄物多,水中浮游生物增长快,水质容易出现富营养化,放养鲢鱼、鳙鱼等滤食性鱼类,既能充分利用水体中的饵料,提高产量,又能改善水质,有利于淡水白鲳的生长。通过5个月的饲养,淡水白鲳可长至500~800克。

2. 鱼虾混养

鱼虾混养模式是在南美白对虾池中混养部分淡水白鲳,一般每亩虾池中放养淡水白鲳大规格苗种20~30尾。利用淡水白鲳喜欢在池底摄食的习惯,可以清除残饵和死虾,防除病害,提高池塘的效益。与南美白对虾混养的淡水白鲳,10个月可以生长成500克以上的商品鱼。

3. 注意事项

淡水白鲳食性杂,可摄食多种水生及陆生植物、小鱼虾、有机碎屑、麦麸和豆饼等农副产品。淡水白鲳在与其他鱼类混养时,为了提高饲料的利用率及投入产出比,应投喂沉性颗粒饲料,每天投喂4次,日投喂量为鱼体重的5%~7%,上午投喂量占40%,下午占60%,水温偏低时,可适当减少投喂量。在与南美白对虾混养时,不需要投饵。在养殖中,要加强水质管理,保持一个良好的水环境。坚持定期消毒和使用沸石粉等水质改良剂,减少水中过多有机悬浮物。淡水白鲳抗病力强,在盐碱水质中养殖很少出现病害,但也要注意鱼病防治,尤其是加强鱼种的消毒,避免将病害和寄生虫带入养殖池。

(六)斑点叉尾鮰

河南省低洼盐碱地池塘养殖斑点叉尾鮰主要采取池塘单养的模式,其技术要点如下:

1. 池塘条件

要求池塘面积为5~10亩,水深1.5~2米,池底平整,淤泥少,水源充足,无污染,进、排水方便。每5亩水面配套3.0千瓦的增氧机1台。

2. 苗种放养

鱼种放养前用生石灰或氯制剂清塘消毒。鱼种放养时应用高锰酸钾或食盐水浸泡5~10分,放养时水温应低于8℃。鱼种规格整齐,体质健壮,无病无伤,主养鱼放养规格为25~50克,配养鱼放养规格为50克以上。斑点叉尾鮰的放养量为800~1 000尾/亩,配养鱼(滤食性鱼类)100尾。

3. 饲料投喂

养殖前期(前2个月)饲料蛋白质含量在36%以上,养殖后期(2个月后)饲料蛋白质含量应不低于32%。饲料以配合颗粒料为好。一般日投饲率为3%,饲料的投喂量应根据水温、水质、气候变化、鱼体重量等灵活掌握,每次投饲量以达90%鱼饱食度即可。饲料投喂要坚持"四定"原则,即定时、定点、定质、定量。

4. 病害防治

坚持预防为主,治疗为辅。鱼种放养时必须用 2.5%~3% 的食盐溶液浸泡 5~7 分给鱼体消毒杀灭病原体。发现鱼病要正确诊断,及时用药治疗。防治病害的药物使用方法必须按无公害标准的规定执行。食用鱼上市前休药期必须在 20 天以上。

(七)青鱼

河南省低洼盐碱地青鱼主要采取池塘单养或混养的养殖模式,其技术要点如下:

1. 池塘条件

池塘要求水源充足,水质无污染,水深保持在 1.5~2.5 米,面积 5~10 亩,池埂坚实,不漏水、渗水,阳光充足,池底平坦,淤泥少。放养前清淤暴晒,施肥培水。每 3~5 亩水面配备 3 千瓦叶轮式增氧机 1 台,投饵机 1 台。

2. 鱼种放养

每亩放养尾重 1 千克的 2 龄青鱼种 200~250 尾,搭配尾重 0.3 千克的鲢鱼种 100 尾、鳙鱼种 50 尾和尾重 0.05 千克的乌鳢鱼种 20 尾。鱼种入池前用硫酸铜(用量 8 克/米^3)和漂白粉(用量 1 克/米^3)合剂浸浴 20~30 分,或用 3%~5% 的食盐水消毒 10 分。

3. 饲料投喂

直接投喂螺蛳或选用粗蛋白质含量为 30% 以上的人工配合饲料。日投饵率按 3 月 1.5%、4 月 2.0%、5 月 3.0%、6 月 4.5%、7 月 5.5%、8 月 6.5%、9 月 5.0%、10 月 3.0%、11 月 2.0% 执行。每天投喂 2~3 次。

4. 水质调控

pH 控制在 7.8~9.2;氨氮控制在 1.0 毫克/升以下;水体透明度控制在 25~40 厘米,水色以黄绿色或黄褐色为佳。有条件的池塘每周加注新水 1 次,每次加水 10 厘米。每 15~20 天每亩水面 1 米水深用生石灰 10~20 千克化浆全池泼洒 1 次。

(八)鲟鱼

河南省低洼盐碱地池塘养殖鲟鱼,主要有单养和混养两种模式。

1. 池塘单养

一般每亩适宜放养 20~25 厘米的鱼种 1 000 尾左右。饲料投喂应遵守"四定"原则,即定时(每天凌晨和黄昏各投喂 2 次)、定点(饲料要在固定的几个点投喂)、定量(根据鱼的生长和摄食情况,确定每天的投喂量)、定质(应投喂正规饲料厂家生产的鲟鱼用全价配合饲料)。池塘养殖时最好设几个饲料台,5 亩左右的池塘一般设 4 个饲料台,饲料台面积一般 2~4 米^2,放到距离池底 10~20 厘米处,下面的池底要用沙石底。每次投喂前把饲料台从水中升起来,把没有吃完的饲料清理掉,并根据鲟鱼吃食情况,调整投喂量。日投饵率由鱼体重的 3%~3.5% 逐步减少到 1%~2%。经过 1 年左右的饲养,鲟鱼体重可达到 600 克以上。

2. 池塘混养

鲟鱼混养可选择 10 亩以上面积较大的池塘,主要可与鲢鱼、鳙鱼和草鱼等鱼搭配混养。主养鲢鱼、草鱼时,可投放 20 厘米左右的大规格鲟鱼鱼种,放养量为 30 尾/亩,第二年可长至 1 000 克以上,在养殖中鲟鱼不需要专门投喂;主养鲟鱼时,可投放 20 厘米左右的大规格鱼种,放养量为 200~400 尾/亩,经一年的饲养,鲟鱼个体重可达 1 000 克左右。

3. 注意事项

鲟鱼对水质要求较高,喜弱光,对强光刺激较为敏感。鲟鱼是介于温水性鱼类和冷水性鱼类之间的亚冷水性鱼类,不耐高温,当池塘水温超过 28℃,鲟鱼停止摄食,因此池塘养殖水位应保持在 1.5 米以上。鲟鱼抗病力强,在盐碱地池塘养殖中很少发生病害,但鲟鱼对一些药物非常敏感,在养殖过程中要慎重用药。鲟鱼不耐低氧,在养殖过程中要注意使用增氧机,保持池水的较高溶解氧状况,以免池水缺氧造成鲟鱼死亡。

(九)泥鳅

河南省低洼盐碱地池塘泥鳅养殖主要采取池塘单养或混养的模式,其技术要点如下:

1. 池塘条件

面积 1~3 亩,池塘深度 1.2 米,东西走向,长宽比(2~2.5):1,

池底淤泥保持10~15厘米,池底在进水口略高些,排水口最低。池塘具有独立的进、排水系统,排水口用防逃网罩上,排水孔用阀门关紧,池塘四周加网防逃。

2. 苗种放养

在放养前清整池底,用漂白粉或生石灰清塘消毒,用量分别为3千克/亩和100千克/亩。第三天施基肥并加水0.5米深,亩施有机肥250千克,采取堆肥方式。10天后药物消失,即可放苗。放养密度为6厘米鳅种8万~10万尾/亩。投放时用2%食盐水消毒2分,温差不超过±3℃。

3. 饲养管理

投喂30%蛋白质的全价颗粒饲料,投饲率2%~4%,全池泼洒。投饵次数为每天4次,时间为5点半、9点半、14点半、18点。具体投喂量和次数按照当时的天气、水温等情况适时调整。当秋天水温低于15℃时,改为每天投喂2次,投喂量逐减,水温降到10℃以下时停止投喂。每口池塘搭建数个食台用于检查吃食情况。

4. 水质调控

泥鳅苗种下塘后,由于其对环境的不适应,到处游动造成水质浑浊,从第二天开始加水2~4小时,以后连续加水3~4天,并且每日捞取病死泥鳅及杂质等,第三天上午用0.35毫克/千克强氯精全池泼洒,第四天上午用0.5毫克/千克聚维酮碘泼洒消毒。换水是日常管理的重要环节,夏季高温时每天加注新水5~10厘米,老水从排水口溢出,水温20~25℃时每周换水2次,水温15℃时每周换水1次。每月2次全池泼洒聚维酮碘和强氯精进行病害预防,用量分别为0.5毫克/千克和0.3毫克/千克。另外,每月用1次驱虫散(中草药)预防泥鳅原生动物疾病。

5. 鸟害防治

为防止鸟类摄食泥鳅,可在池塘上离水面1米左右布置尼龙网线。具体方法:在池塘的四角固定4根木桩,池塘两个短边拉上铁丝,铁丝固定在两端的木桩上,然后沿池塘的长边平行拉上尼龙线(规格3米×1米),网线的间隔为30厘米,拉上网线后,水禽很难下到池塘中捕捉泥鳅。

二、虾蟹类主要养殖模式

（一）日本沼虾

河南省低洼盐碱地池塘养殖日本沼虾，主要有单养和鱼虾混养两种基本模式。

1. 池塘单养

池塘单养虾苗投放量不超过5万尾/亩，放养规格为1 000～2 000尾/千克。

2. 鱼虾混养

由于日本沼虾需要水草作为栖息与隐蔽的场所，因此不可与草鱼、团头鲂、鲤鱼、鲫鱼等混养，更不可与肉食性的鳜鱼、乌鳢等混养，最好与鲢鱼混养。可以采取以虾为主，也可以以鱼为主。以虾为主，池塘面积以3～5亩为宜，保持水深1.0～1.5米，每亩放养20～25千克、规格为2 000～3 000尾/千克的虾苗，再套养规格为25克/尾的鲢鱼、鳙鱼种200尾左右。为了免遭鱼的侵害，提高虾苗的成活率和生长率，可在池塘边拦一小堤，形成小池，先将虾苗放入小池中饲养，待虾苗会弹跳后，再将小堤扒开，让虾自行游入大池。初放苗时，可投喂一些蛋白质含量较高的对虾人工配合饲料，每天投喂2次，投喂量为虾苗体重的4%～5%。待虾苗进入大池后，可投喂麦麸、米糠、豆饼和菜籽饼等植物性饲料，在温度适宜、饵料充足的条件下，2～3个月就可养成成品虾。

以鱼为主，一般是在不影响鱼产量，不增加投饲量的前提下，混养适量日本沼虾苗种，充分利用鱼池中的残饵，达到增加日本沼虾产量，提高鱼池经济效益的目的。养殖面积可稍微大些，以8～10亩为宜，在按照常规方式养殖成鱼的基础上，每亩养鱼池塘内投放虾苗规格为500～750尾/千克的苗种2万尾，在鱼池中进行鱼虾混养时，每亩可产日本沼虾50千克左右。

3. 注意事项

（1）水质驯化过渡　低洼盐碱地池塘养殖日本沼虾，在放养苗种时必须经过水质驯化过渡，使虾苗逐渐适应池塘水质后再下塘。另外，在放养时密度不宜太高，以免成虾的规格参差不齐，收获时产量较低,难以达到上市规格的要求。

(2)池底的处理 清塘时应该用生石灰对池底进行改良和暴晒,有利于日本沼虾顺利生长和预防虾病的发生。而对于淤泥较厚,又没有对池底进行修整改良的池塘,在养殖过程中易发生一些寄生虫病和蜕壳不遂等问题,造成经济上的损失。

(3)选择适宜的套养品种 在日本沼虾养殖过程中,一般不宜套养凶猛性鱼类,否则会严重影响虾的长成规格和产量;套养一般以具有抑制藻类过度滋生的滤食性鱼类为主,并应注意套养的数量,避免与虾苗争食。

(4)及时捕捞 5~6月孵出的幼虾到9~10月可起捕,此时的沼虾大部分个体已不再增长或增长缓慢,再继续养下去容易出现死亡现象。沼虾寿命短,在养殖水温偏高的情况下,沼虾的寿命会缩短。

(5)规范、安全用药 日本沼虾的养殖过程中不能使用刺激性较强的硫酸铜、敌百虫和菊酯类等除虫剂,否则极易造成沼虾的死亡。

(二)南美白对虾

河南省低洼盐碱地池塘养殖南美白对虾,主要有单养和生态混养两种模式。

1. 池塘单养

单养模式适用于具有配套设施齐全的养鱼池塘,实施规范化养殖管理。其技术要点如下:

(1)苗种淡化培育 将运到的仔虾连同氧气袋一起放入育苗池中,适应20分后,即氧气袋内水温与育苗池水温相同,再将仔虾缓缓放入池中。随后通过注换水,降低育苗池的盐度到0~0.2%,时间为6~10天。淡化过程中投喂虾片和丰年虫无节幼体。

(2)池塘条件 面积以2~15亩为宜,形状为正方形或长方形,水深1.2米以上。壤土或沙土底质,池底平整不漏水。池的两端设进、排水设施。

(3)苗种投放 南美白对虾池塘单养要根据盐碱水水质情况,一般虾苗的放养密度在2.5万~4万尾/亩,养殖产量200~300千克/亩。

（4）饲养管理　日常管理坚持早、中、晚巡塘。一是观察水色变化，判断水质优劣，及时调节水质；二是检查对虾摄食、游动情况，判断有无病害，力求做到有病早发现、早防治。

通过冲水、增氧、施肥等调节水质，坚持池水"肥、活、嫩、爽"，溶解氧保持在 4 毫克/升以上，pH8～8.8，水温范围 25～34℃，最适温度 28～32℃，水色保持豆绿色、黄绿色或褐色，透明度前期 25～35 厘米，中后期 35～40 厘米。

2. 生态混养

南美白对虾生态混养模式主要适用于大面积水域，或无法改建成小面积的大池塘，以天然水域中的浮游生物和摄食性鱼类残饵为主，可以与鱼、河蟹等品种混养。

南美白对虾的混养模式从品种上来讲，可以与鱼、蟹类混养，混养模式有助于减少虾病的传播，通过鱼类摄食不同水层、不同类型的天然饵料生物，有助于养殖池塘的生态维护，同时，可以提高池塘的整体经济效益。从养殖模式上来讲，既可以以对虾养殖为主，混养其他鱼类，也可以应用鱼类为主套养对虾的模式。

以养殖南美白对虾为主的混养模式，对虾的放养密度以不超过 4 万尾/亩为宜，少量放养淡水白鲳等鱼类，鱼类大规格鱼种的放养量为 20～30 尾/亩为宜，若是放养鲢鱼和团头鲂，苗种的放养量可适当多一些，以不超过 50 尾/亩为宜。如混养形式是以养殖鱼类为主的模式，南美白对虾的放养密度以 3 000～5 000 尾/亩为宜。但在混养时，要注意不同种类鱼的放养规格、数量和放养时间，建议放养鱼的时间在虾苗长到 4 厘米以上时进行。

（三）河蟹

河南省低洼盐碱地池塘养殖河蟹适宜混养模式，利用河蟹喜食池底腐殖质、摄食患病个体习性，不但可有效减少病害传播，充分利用水体空间，而且能够增加经济效益，达到增产的目的。在混养过程中，不必专门为河蟹投饵。低洼盐碱地池塘混养河蟹模式有两种：

1. 鱼蟹混养

选择体质健壮、附肢完整、无伤、无病、活力强、体重 50 克的种蟹,每亩可放养 300 只左右。鱼类大规格苗种投放量与种蟹相等。通过 4~5 个月左右的生长,河蟹可长至 400 克以上,成活率 50% 左右。

2. 虾蟹混养

虾蟹混养模式一般放养豆蟹 500~800 只/亩,选择规格整齐、活力强、体表无损伤、蟹体无病灶的优质蟹苗,虾苗放养量为 3 万~4 万。河蟹与虾混养时,需要等到虾苗长至 3~4 厘米时再放豆蟹,避免豆蟹摄食虾苗。在养殖中要保证人工饲料的供给,生产实践表明,创造良好的虾蟹生长环境,在饵料充足的情况下,虾、蟹可以和平相处,豆蟹的成活率为 25%~35%,可取得良好的经济效益。

3. 河蟹混养注意事项

(1) 水质驯化过渡 河蟹混养中,要对放养的河蟹苗种进行水质驯化过渡,充分考虑放养池塘盐碱水水质的情况,以使河蟹苗种逐渐适应盐碱水质,避免水化因子突变对河蟹苗种的伤害。河蟹对不同类型盐碱水质的适应较强,如放养水质的盐度与培育种蟹不同,水质驯化过渡时间要稍长些,待盐度相同时再放养,一般豆蟹对水质的适应性较种蟹强。

(2) 准备基础饵料 虾苗放养前 10 天左右开始进水 1 米左右,进水口用 80 目筛绢进行严格过滤,施肥培育浮游生物,使池水透明度约 30 厘米,水色呈黄褐色。

(3) 饲养管理 坚持每天早晚巡塘,观察河蟹的摄食和蜕壳情况,以便调整日投喂量;观察水质变化、河蟹活动情况和有无缺氧浮头现象,以便及时调节水质,开启增氧机;观察蟹有无逃逸等情况,在水质良好、饵料充足的情况下,河蟹一般不会出现逃逸情况。

(4) 起捕上市 可根据市场行情、河蟹规格和养殖安排做到及时起捕。虾养成规格平均为 60 只/千克左右,一般 9~10 月起捕;河蟹收获的时间,要看个体规格,还要根据水温情况,河蟹对水温适应性较广,但水温低于 12~14℃ 时易打洞穴居,不易捕捞,所以河蟹的捕捞要在水温 14℃ 以上时进行。

三、低洼盐碱地池塘混养模式

混养是根据水产养殖动物的生态习性和食性等特点的不同,进行科学合理搭配。

从食性方面,可以利用并发挥品种之间的互利关系,充分利用池塘中的各种饵料资源,有机混养摄食浮游生物的鱼类、草食性鱼类以及摄食底栖动物和一些有机碎屑的鱼类,还可以混养少量肉食性养殖品种,摄食体弱、患病个体,作为防病措施之一。

从生态习性方面,可以合理搭配上层鱼、中层鱼、底层鱼以及其他品种,充分利用养殖水体的空间,增加池塘单位面积的放养量,从而提高池塘的养殖产量。

不同品种混养能充分挖掘池塘的生产潜力,通过采取一些技术措施,促使混养的不同品种都能得以正常生长,最大限度地提高养殖效益。鉴于河南省低洼盐碱地水产养殖的特点,采取低密度精养和生态型混养是比较适宜的养殖模式。混养可以充分利用不同养殖品种的生活习性,提高单位水体的养殖效益;轮养可以降低水产养殖动物的疾病发生率。因此,低洼盐碱地池塘养殖提倡因地制宜,根据区域、水质类型和养殖品种等情况,选择适应的养殖模式。

第四章　低洼盐碱地池塘健康养殖技术

健康养殖是应用自然科学的基本原理,对特定的养殖系统进行有效的控制,保持系统内外物质、能量流动的良性循环、养殖对象正常生长、产品符合人类需要的综合技术。健康养殖是一个动态的概念,最初内涵是在养殖生产过程中,预防和控制养殖病害采取的改造生产条件、改善生态环境和提高养殖生物自身健康状况的综合技术概括。随着对水产健康养殖认识的不断深化和发展,人们对健康养殖的概念也在不断完善。

低洼盐碱地池塘健康养殖技术,首先应该是根据水质类型选择适宜的养殖品种,选择和投放品质好、体格健壮、生长快、抗病力强的优质苗种,然后采用合理的养殖模式、养殖密度,通过投喂优质饲料、水质的科学管理和科学用药防治疾病,促进养殖生物的无污染、无残毒、健康、快速生长。

健康养殖技术还包括养殖设施、养殖品种、养殖环境以及养殖操作和动态监控,即对养殖系统内部动态变化及物质、能量加以科学管理,转化或消除养殖过程中产生的不利影响。因此,水产健康养殖不仅包括了养殖生产过程中病害防控的技术措施,更包括了整个水产养殖产业在解决面临的资源环境约束、提高产品质量安全水平等重大问题,努力构建资源节约、环境友好、可持续发展的低洼盐碱地水产养殖业进程中所采取的符合自然规律、经济规律的政策、法规、技术和监管等对策措施。

第一节 低洼盐碱地池塘健康养殖操作技术规程

一、池塘条件

池塘(图4-1)面积10亩左右,长方形东西走向,水深2米左右,池底平坦,无淤泥,池塘保水、保肥性能好,进、排水方便,且每个池塘配备有3千瓦增氧机1台,每30~50亩水面打一眼机井,配套1台水泵。养殖水源为农业引黄用水或地下水,水源充足,水质良好,无污染,pH为7.5~8.5,其他指标符合渔业水质标准。

图4-1 低洼盐碱地池塘

二、养殖品种的选择

选择盐碱地池塘养殖品种的原则是广盐性,且耐高碱度、高硬度,生长速度快,抗病力强。对于水质盐度0.1%~0.3%,碳酸盐碱度100~200毫克/升的微咸水池塘,适宜主养的品种有鲤鱼、鲢鱼、鳙鱼、草鱼、鲫鱼、团头鲂等;对于水质盐度0.3%~0.5%,碳酸盐碱度150~200毫克/升的咸水池塘,适宜主养的品种有鲤鱼、鲫鱼等。

三、养殖模式

(一)主养模式

采用"80:20 模式"养殖技术,其中产量80%左右是主养鱼,其余20%左右产量是搭配鱼,如鲢鱼、鳙鱼等,可清除池中浮游生物,净化水质。这种养殖模式产量较高,且经济效益较好。

1. 主养鱼类模式

主养鲤鱼模式,鲤鱼产量占池塘总产量的70%~80%,放养鱼种规格75~150克/尾,放养密度800~1 200尾/亩。可混养草鱼、鳙鱼、鲫鱼、团头鲂等,收获产量占池塘总产量的20%~30%。经过6个月的饲养,主养鱼可达到1千克以上的出塘规格。

主养草鱼模式,草鱼产量占池塘总产量的60%~80%,放养鱼种规格100~150克/尾,放养密度500~800尾/亩。可混养鲫鱼、团头鲂、鲢鱼、鳙鱼等,占池塘总产量的20%~40%。经过6个月的饲养,主养鱼可达到1.5千克以上的出塘规格。

主养团头鲂模式,团头鲂量占池塘总产量的60%~80%,放养鱼种规格75~150克/尾,放养密度1 200~1 500尾/亩。可混养鲫鱼、鲢鱼、鳙鱼等,占池塘总产量的20%~40%。经过6个月的饲养,主养鱼可达到0.75千克以上的出塘规格。

主养鲫鱼模式,鲫鱼产量占池塘总产量的60%~80%,放养鱼种规格50~100克/尾,放养密度1 500~2 000尾/亩。可混养团头鲂、鲢鱼、鳙鱼等鱼类,占池塘总产量的20%~40%。经过6个月的饲养,主养鱼可达到0.5千克左右的出塘规格。

上述几种模式中,主养品种放入池塘时间要早于其他品种,当主养品种被驯化完成而集中摄食后再投放其他品种,同时,为保证主养品种的摄食及正常生长,混养品种的鱼种规格不宜超过主养品种的鱼种规格。

2. 主养虾类模式

虾的放养密度以不超过4万尾/亩为宜,搭配少量淡水白鲳等鱼类,大规格鱼种的放养量20~30尾/亩为宜,若是放养鲢鱼和团头鲂,苗种的放养量可适当多一些,以不超过50尾/亩为宜。

(二)生态立体综合养殖模式

1. 渔-草结合(图4-2)

利用池坡、池埂、台面上种植苜蓿、苏丹草等饲草,以草养鱼,池塘养殖草食性鱼类为主。

放养模式以草鱼为主,多品种鱼混养。草鱼占50%~70%,鲢鱼、鳙鱼占20%~30%,鲤鱼、鲫鱼等占10%~20%。

放养密度,每亩放养鱼种500~1 000尾,规格为100~150克/尾。

图4-2 渔-草结合模式

2. 渔-粮结合(图4-3)

通过排盐降碱措施,充分利用台田来种植粮食作物,即用精饲料投喂养鱼,以养殖吃食性鱼类为主。

图4-3 渔-粮结合模式

放养模式,鲤鱼占70%~80%,草食性鱼类草、团头鲂占10%,杂食性鱼类鲤鱼、鲫鱼占10%~15%。

放养密度,每亩放养鱼种800~1 200尾,规格为75~150克/尾。

3. 渔-菜结合(图4-4)

在水面上种植浮床蔬菜,浮床材料为竹制结构,内用网绳编织且穿上直径3厘米的PVC管材当床体,蔬菜直接栽培在PVC床体内。单个浮床规格为3.0米×2.0米的长方形,使其覆盖率基本达到池塘面积的15%左右。各浮床用绳索串联起来固定在池埂上。

选择广盐性、耐盐碱、生长速度快、抗病力强的鲤鱼等品种,浮床底部如不放置防食网,不适宜放养食草性鱼类。

图4-4 渔-菜结合模式

4. 渔-畜禽结合(图4-5)

这种模式就是在池塘中养鱼,在池埂、台面上饲养牛、猪、鸡、鸭、鹅等。以畜禽粪尿发酵肥水养鱼,以养滤食性鱼类为主。

图4-5 渔-畜禽结合模式

放养模式，滤食性鱼类鲢鱼、鳙鱼占 50%～70%；草食性鱼类草鱼、团头鲂占 20%～30%；杂食性鱼类鲤鱼、鲫鱼占 10%～20%。

放养密度，每亩放养鱼种 600～800 尾，规格为 50～100 克/尾。

四、水质调控

低洼盐碱地池塘水质与淡水池塘水质相比具有两方面特征：一是水质盐度高，碱度高，磷的含量低；二是低温季节（水温低于 22℃），水中浮游植物以小型的蓝绿藻为主，高温季节，微囊藻和轮虫大量繁生。上述两方面的特征对鱼类产生的直接影响是鱼体生长速度减慢，抗病力降低，易缺氧浮头，易患氨氮中毒症和亚硝态氮中毒症。因此，在水质调控时应采取针对性的技术措施，以降低水质盐碱度，保持水中适宜的浮游生物种类和数量，并保持较高的溶解氧含量。

（一）养殖用水水质监控

1. 养殖水源水质监控

在养殖前按照无公害产地环境要求对水源按照渔业水质标准 GB 11607—1989 进行检验，并在养殖周期内，每隔 2 个月进行 1 次相关检测，以确保水源符合养殖用水标准。

2. 池塘水质监控

根据低洼盐碱地池塘碱度偏高的特点，为便于水质调节，需对池塘水质的 pH 进行监测，需每天定时检测 2 次，通过对监测数据的分析，总结盐碱地池塘水碱度变化情况，为调节池塘水质提供依据。

为防止养殖过程中水体富营养化、水产品受氨氮和亚硝态氮中毒，需对养殖水中氨氮、亚硝态氮等指标进行监测，每月抽样检测 1 次，以确保水质安全。

（二）低洼盐碱池塘水质调控技术

1. 物理方法

（1）注水调节　保持池塘高水位，在春季池塘定期注入新水，以弥补池水渗漏和蒸发。在高温季节，定期排出部分池塘底水，排水量为原池水量的 15%～20%，然后注入新水。池水深度保持 1.8～2.0 米为宜。

(2)适时开动增氧机　做到"三开两不开",晴天中午开动增氧机 2 小时,使上下水层溶解氧都达到 4~5 毫克/升。

(3)清除池底淤泥　采用水枪或挖泥机进行清淤,清除的淤泥加高池埂,增加池塘深度,使鱼池保持设计标准,控制返盐碱。

2. 化学方法

(1)施肥调节　常用的肥料有粪肥和化肥,粪肥以发酵和消毒后的鸡粪效果最好,使用粪肥的时间在 5~6 月。使用方法是将粪肥调成粪浆后全池泼洒,每次用量为 100~150 千克/亩,夏季应避免使用粪肥。化肥应使用中性或偏酸性化肥,不宜使用含钠、钾离子的肥料,以防水质中盐分的积累。常用的化肥种类包括尿素、碳酸氢铵、硫酸铵、过磷酸钙等,通常在夏季高温季节使用。化肥在充分溶解后全池泼洒,每次用量为 1.5~2.0 千克/亩。易发生三毛金藻中毒症的池塘,选用碳酸氢铵肥料效果好,铵离子可抑制三毛金藻的繁殖。

(2)生石灰调节　早春用生石灰清塘,每亩 75~150 千克,起到杀灭病虫害及为水体增加钙质的作用,因盐碱地池塘水质碱度较高,生长季节一般不使用生石灰。

(3)吸附剂调节　使用沸石粉、活性炭等吸附剂,吸附池水中部分盐碱、氨氮、亚硝态氮、硫化氢等,达到净化水质的目的。在养殖季节,每 30 天洒 1 次,使用量 15~25 千克/亩。

(4)生氧剂调节　应用硫酸铵、过氧化钙等生氧剂,施入池水后放出初生态氧,加快有机质氧化,消除氨、硫化氢、甲烷等有毒物质,增加水中溶解氧量。

3. 生物方法

(1)利用微生态制剂调节　利用有益微生物控制和改善盐碱地水质生态环境,采用由光合细菌、芽孢杆菌、硝化细菌为主和聚合氧化铁等物质组成的水质改良剂。在鱼类生长期内,每月施用 1 次,浓度达到 40~50 克/米^3。

(2)台面种植耐盐碱植物　在台面种植苜蓿、苏丹草、黑麦草、棉花等耐盐碱植物,以吸附土壤中的盐碱,从而起到间接调节水质的作用。

五、饲养管理

饲料以人工配合颗粒饲料使用效果最佳,选用的饲料要求营养均衡,营养价值高,物理性能好,不含违禁药品,饲料投喂应遵循"四定"原则。

(一)饲料投喂

1. 全年饲料量的确定

全年的饲料量必须通过计算的方法来确定,计算公式为:$Q = Pr \cdot KA$,其中Q:饲料全年的用量(千克);P:池塘的投饵鱼产量(千克/亩);r:该种饲料的搭配比例(%);K:饲料系数;A:鱼池面积(亩)。

2. 各月投饵计划和每天投饵量的确定

一年中各月的投饵计划,主要根据各月的水温、鱼类生长情况和饲料供应情况来制定。因此,投饵率(每天的投饵量占所喂鱼体重的百分数)随水温升高而增加,而在同样的水温下,一种鱼的适宜投饵率又随着个体的增长而减少。一年之中的投饵工作应掌握"早开食,晚停食,抓中间,带两头"的投喂规律,即将全年的各种饲料主要集中在6~9月鱼类摄食旺盛、生长最快的季节投喂,6月以前、9月以后投喂饲料的比例则较少。每天的实际投饵量,则主要根据季节、水色、天气和鱼类摄食情况而定,具体做法可根据实际情况灵活掌握,适当增减。鱼种配合饲料的日投饵量一般为鱼体重的3%~6%,每天投饵次数2~4次,每次投饵持续40分左右。

(二)日常管理

1. 勤巡塘

每天做到早、中、晚3次巡塘,发现问题及时处理。夏季高温季节严防浮头,冬季池塘封冰前,采取投喂药饵、水体消毒等措施消除鱼体疾病,杀灭水中致病菌,保证鱼类健康入冬、越冬。定期加注新水,每10~15天用20毫克/升漂白粉和1.5毫克/升石灰交叉消毒。

2. 水质检测

定期(每月)抽样检测1次水质,主要检测项目有盐碱度、亚硝酸盐含量和氨氮浓度等。

3. 做好养殖记录

每天巡塘时都要做好记录,如天气、水温、吃食情况和用药情况等。

六、病害防治

坚持"以防为主、防重于治"的原则,坚持"池塘消毒、食场消毒、饲料消毒、工具消毒"的方法,加强病害监控与测报,定期有针对性地预防鱼病,防患未然。发现病鱼、死鱼及时捞出挖坑掩埋,防止鱼病传播蔓延。

科学用药,关注国内外渔药使用动态,严禁使用违禁药物。选择"三证"(渔药登记证、渔药生产批准证、执行标准号)齐全的企业生产的渔药。科学诊断鱼病,正确使用渔药。使用两种以上药物时,要注意药物之间的协同作用和拮抗作用,严格按照操作规程配制、施药;尽可能地使用中草药和生物制剂防治鱼病,不用或少用抗生素,严禁使用违禁渔药,严格遵守休药期。用药后认真观察鱼类反应情况、疗效,发现问题,及时采取措施解决。

虾、蟹等甲壳动物和鲴鱼、黄鳝、泥鳅、蛙等无鳞水生动物施药时要特别注意施用药物的种类和施用方法。甲壳类动物严禁使用含磷药物如敌百虫等。

用药时不要将药物一次性全部对水稀释。而要根据水面大小分若干份对水稀释,使药物浓度在池水中均匀分布。施药时要泼洒均匀,施药后开启增氧机,搅动池水使药物与池水充分接触、搅匀,达到防治鱼病的目的。

认真记录鱼病防治的过程,主要内容有:预防和治疗鱼病的名称、渔药名称、批号、生产时间、生产商、给药方法(药饵投喂、吊袋、全池泼洒等)、时间、器皿、天气情况、水温、施药人员、治疗效果等。要与前几年同类时期相对比,要与附近同类池塘相对比,从中总结经验教训,找出规律,为做好鱼病防治工作提供技术和实践支撑。

(一)主要病害的种类

低洼盐碱地池塘养殖鱼类常见疾病主要有出血病、细菌性烂鳃病、肠炎、小瓜虫病、三毛金藻中毒症等。

(二)防治措施

1. 预防

鱼种放养前,用 20 毫克/升漂白粉和 1.5 毫克/升石灰彻底清塘;鱼种在拉网、运输和放养过程中,操作要小心谨慎,以免鱼体受伤,不用伤病、不健康的鱼种;鱼种放养时要经药浴或 3%~5% 食盐水浸泡消毒;定期对水体、食场进行消毒。

2. 治疗措施

出血等病毒病可在配合饲料中添加病毒灵等抗病毒药物进行防治或全池泼洒 1.5 毫克/升石灰;肠炎全池泼洒聚维酮碘(有效碘 1%)0.2~2 毫克/升,每天 1 次,连用 3~5 天,或每千克鱼口服大蒜素 0.1~0.2 毫克,每天 1 次,连用 4~6 天;烂鳃病可用中草药五倍子或大黄加以治疗;三毛金藻中毒症可全池泼洒硫酸铵,使池水浓度为 10~17 毫克/升或全池泼洒尿素使池水浓度呈 10~12 毫克/升进行防治;小瓜虫病可用 0.7 毫克/升的硫酸铜和硫酸亚铁(5:2)合剂溶于水,全池泼洒进行治疗或用食盐 10~30 克/升浸浴 5~10 分。

第二节 低洼盐碱地池塘"80:20" 模式化养殖技术

一、技术简述

"80:20"模式化池塘养殖技术是由美国奥本大学教授史密脱博士针对我国传统池塘养鱼技术的缺点而设计的。其基本概念是,池塘养殖 80% 的收获产量是主养的高价值吃食性鱼类,20% 搭配的是服务性鱼类,如滤食性鱼类(有助于净化水质)和掠食性鱼类(有助于控制野杂鱼类及其他竞争对象)。推广这项技术是为了引进投喂颗粒饲料养鱼技术,改革我国传统的池塘养鱼方式,提高吃食性鱼类的比例和饲养技术水平,最大可能地降低养殖成本,提高总体效益。

该技术可用于从鱼苗到鱼种或从鱼种到成鱼的养殖生产过程中。任何一种摄食性池塘养殖鱼类都可以作为占80%的主养鱼,如鲤鱼、草鱼、鲫鱼、团头鲂和斑点叉尾鮰等。

"80:20"模式化池塘养鱼的基本方法主要包括:符合养殖生产的标准化池塘;符合养殖鱼类的标准,即该鱼具有易养性、可得性和市场性;采用标准的方法,将规格均匀一致的主养鱼类品种和规格比较均匀的滤食性鱼类(鲢鱼、鳙鱼)的鱼种,放养到准备好的池塘内,使这些鱼在收获时的重量大致为80:20的比例,其他肉食性鱼类(如大口黑鲈、鳜鱼)也可放养一些,以控制野杂鱼的滋生;投喂的颗粒饲料要求营养完全、形状好,按规定的计划表和方法投喂占80%的那部分主养鱼类;池塘管理采用标准的方法,将水质维持在不使鱼产生应激反应,适合鱼类正常生长发育的良好水平;在养殖期结束时,一次性收获所有鱼类。在养殖中期,根据鱼类生长情况和市场行情,做到轮捕轮放,捕大留小,在市场价格较好的时候捕捞上市。

"80:20"模式化养鱼技术以一种摄食鱼为主(占80%),搭配鲢鱼、鳙鱼等滤食性鱼类或肉食性鱼类(占20%),是一种比较合理的生态养殖模式。这种模式充分利用了生物之间的食物链关系,不仅起到净化水质、改善环境的作用,而且增加了产量,提高了效益。商品鱼池塘养殖单产可提高100~200千克/亩,增加效益500~800元/亩。

二、技术要点

(一)池塘条件

面积5~10亩,池深2~2.5米。池底平整,易干塘及拉网操作,池底淤泥20厘米左右,保水性能好。水源充足无污染,电力有保障。排灌方便,每池配备3千瓦增氧机和投饵机各1台。

(二)放养前的准备

冬季或早春将池水排干,清除过多淤泥。让池底冰冻日晒,使塘泥疏松,减少病害。鱼种放养7~10天前用生石灰100~150千克/亩,进行干法清塘。清塘后第四天加水至1米左右后停止,进行晒水,准备放养鱼种。

(三)放养时间

鱼种放养宜早不宜迟。一般在深秋、初冬或2月下旬放养。鱼种放养前必须进行消毒。一般用3%~5%的食盐水浸浴鱼种5~10分。浸浴时间视水温、天气、鱼种忍受度而定。

(四)鱼种质量

最好放养经过驯化,规格整齐,色泽鲜艳,鳞鳍完整,活动能力强,体质健壮的鱼种。

(五)鱼种规格及密度

1. 主养鲤鱼鱼种规格及密度

鲤鱼鱼种100~150克、1 200尾/亩或当年夏花1 500尾/亩,鲢鱼、鳙鱼种100克/尾、150尾/亩,两者之比3:1。也可按照中华人民共和国水产行业标准《黄河鲤养殖技术规范》(SC/T 1081—2006)操作。

2. 主养草鱼鱼种规格及密度

草鱼鱼种150~250克/尾、1 000尾/亩,鲢鱼、鳙鱼种100克/尾、150尾/亩,两者之比5:1或8:1。草鱼鱼种最好经过疫苗注射。

3. 主养团头鲂鱼种规格及密度

团头鲂鱼种100克/尾、1 100尾/亩,鲢鱼、鳙鱼种50~100克/尾、200尾/亩。

(六)饲料投喂

选用养殖对象的专用颗粒饲料,营养、粒径、质量符合不同时期养殖鱼类的需要。

饲料投喂次数及投喂量一般视天气、水温、鱼摄食等情况确定。水温稳定在6~10℃时,日投饵1次,13点投喂;水温10~15℃,日投饵1~2次,10点、14点投喂;水温15~25℃,日投饵2~3次,9点、12点、15点投喂;水温25℃以上,日投饵3~4次,8点、11点、14点、18点投喂。投喂量随着水温的升高和鱼体增重而增加,随着水温的下降而减少。因此,每天早、中、晚要测定水温,每10~15天要抽样称鱼体重。根据水温、鱼体重确定投饵率、投饵量。每天投喂3~4次时,最后一次投喂量占该日投喂量的10%。

饲料投喂要做到"定时、定点、定质、定量"。边投喂,边敲击物体发出均匀信号,使鱼形成条件反射,逐步养成摄食习惯。

(七) 日常管理

1. 水质调节

鱼种放养前水深达到 1 米左右。用河水养鱼要过滤,防治野杂鱼等进入。5 月底至 6 月初加水至 1.8 米,以后逐步加至 2~2.5 米。7~9 月,每月最好换水 1 次,每次换水量不少于池水的 1/3。使池水透明度保持在 30 厘米以上,溶解氧量 5 毫克/升左右。

2. 合理使用增氧机

晴天中午开机 1~2 小时;阴天时适时开机,直到解除浮头;阴雨连绵有严重浮头危险时,要在浮头之前开机,直到解除浮头。在一般情况下,傍晚不开机,阴雨天白天不开机。鱼类生长旺季坚持晴天中午开机,池塘载鱼量大,开机时间长;反之开机时间短。

3. 定期抽样测定鱼类生长情况

从 5 月起每 10~15 天抽样测定鱼类生长情况一次,根据水温、天气情况,灵活掌握饲料投喂量,防止过量投喂或投喂不足,影响鱼类正常生长。

4. 坚持巡塘,做好池塘日志

坚持早晚和夏秋季夜间巡塘,注意天气、水质和鱼情,发现危险信号及时采取措施,避免造成损失。做好日志记录,日志主要内容有:天气、水温、投饵量及次数、鱼病防治、浮头起止时间、开增氧机起止时间、加水时间、排水时间、加水量、排水量等。经常分析、总结,及时调整管理措施。

5. 鱼病防治

坚持"以防为主,防重于治"的原则,坚持"池塘消毒、食场消毒、饲料消毒、工具消毒"的方法,定期有针对性地预防,防患未然。发现病鱼、死鱼,及时捞出、不乱扔、挖坑掩埋;分析病因,对症治疗;正确使用渔药,严禁使用违禁渔药。用药后认真观察鱼类的反应情况及疗效,发现问题,及时采取措施解决。

认真记录鱼病防治过程,主要内容有:预防和治疗鱼病的名称、渔药名称(批号、生产时间、生产商)、用药方法及时间(所用器皿)、用药时的天气、水温、治疗效果等。要与前几年同类时期相对比,要与附近同类池塘相对比,从中总结经验教训、找出规律,为做好鱼病防治工作提供技术和实践支撑。

第三节 低洼盐碱地池塘微孔增氧技术

一、技术概述

(一)提出背景

水体是水生动物生活的环境,水中的溶解氧是它们赖以生存的最基本的必要条件之一。在鱼、虾高密度养殖中,水中溶解氧的多少决定着水体容纳生物的密度,即使水质良好,但由于投喂饲料和动物排泄物带来的大量营养和有机物质,池塘也会出现低溶解氧,因此,增氧显得尤为重要。使用增氧机可以有效补充池塘中的溶解氧,但传统的水车式、叶轮式增氧机只能提高池塘上层水体溶解氧,难以提高池底水体溶解氧。

(二)拟解决的主要问题

微孔管道增氧技术采用在池塘底部铺设管道的方法,把含氧空气直接输送到池塘底部,从池底往上向水体散气补充氧气,使底部水体一样保持高的溶解氧,防止底层缺氧引起的水体缺氧。保证底部溶解氧含量的充足可有效抑制有害微生物的滋生,加快有机废物的降解,降低有毒物质的含量,活化池塘底质,保持水质理化因子的稳定,从而有效控制病害的发生,减少用药,降低用药成本,提高养殖品种的成活率、生长速度和养殖经济效益。

二、增产增效情况

微孔管道增氧技术 2005 年开始在全国部分省市的养蟹池塘进行试验,经过几年的示范和推广,已经在鱼、虾、蟹等多个品种上广泛应用,并取得了十分显著的效果。目前,经过微孔管道生产企业和水产养殖场、水产技术推广机构等的共同努力,已经在各种微孔管道的种类生产、配套材料、安装方式方法、功率配置、使用技术等方面都有了长足的进步,安装和使用成本明显下降,养殖经济效益有较大提升,使用范围和面积快速增加,已经成为多种类型水产养殖增产增效的重要技术措施,其重要性和应用价值已得到政府主管部门和广大养殖人员充分的肯定和认可。

微孔管道增氧与传统增氧机相比,节省电费约30%,池塘养殖的鱼、虾、蟹类等发病率降低约15%,鱼产量每亩提高10%,虾产量每亩提高15%,蟹产量每亩提高20%,综合效益提高20%~60%,也有利于提高养殖品种的成活率和生长速度。

三、技术要点

(一)材料与安装

微孔管道增氧系统包括主机、主管道和充气管道等部分组成。

1. 主机

罗茨鼓风机因为具有寿命长、送风压力高、送风稳定性和运行可靠性强的特点,在生产中应用较多。罗茨鼓风机国产规格有7.5千瓦、5.5千瓦、3.0千瓦、2.2千瓦4种;日本生产的规格一般有7.5千瓦、5.5千瓦、3.7千瓦、2.2千瓦等。

2. 主管道

主管道一般有镀锌管和PVC管两种选择。由于罗茨鼓风机输出的是高压气流,所以温度很高,可采用镀锌管和PVC管交替使用,这样既能保证安全,又降低了成本。

3. 充气管道

充气管道材料主要有3种,分别是PVC管、铝塑管和微孔管(又称纳米管),其中以PVC管和微孔管为主。从实际应用情况看,PVC管和微孔管各有优缺点,主要有以下几点:①PVC管材料容易获得,各种管道材料店都有经销,质量从饮用水级到电工用管都可以使用。②PVC管径打孔后曝气均匀度较差,而微气孔管曝气效果好。③PVC管成本低,与微孔管配置要求相比,每亩成本约减少300~400元(管子成本减少280元/亩,主机成本分摊后减少80元/亩)。

4. 安装

（1）空压机　空压机需要2台，一用一备。

（2）截止阀　截止阀用于连通或截断通道。

（3）排气阀　排气阀用于调整气压和开机时排气。

（4）主气管　主气管可根据需要选用PVC管或钢质材料管。

（5）控制阀　控制阀用于调节单管的出气量。

（6）轴管　轴管可选用橡胶管或增强塑料管。

（7）回路　回路安装时需在池底安装固定拉索。

（8）出气孔　PVC管的出气孔孔径太大，影响增氧效果，一般孔径以0.6毫米大小为宜。

微孔管道增氧系统的安装成本，大致可分为4个档次，一是高配置：新罗茨鼓风机与纳米管搭配，安装成本1 300~1 500元/亩；二是旧罗茨鼓风机与国产纳米管搭配，安装成本800~1 000元/亩；三是旧罗茨鼓风机与饮用水级PVC管搭配，安装成本500~600元/亩；四是旧罗茨鼓风机与电工用PVC管搭配，安装成本300~500元/亩。

（二）饲养管理技术要点

1. 水质、水位调节

在放养密度较大的低洼盐碱地池塘，营造一个良好的水域生态环境，确保鱼、虾、蟹等正常生长至关重要。因此，必须调节好池塘水质、水位。

在水质调节方面，保持"肥、活、嫩、爽"，每隔10~15天每亩施EM菌原露1 000毫升，维持藻相平衡，促进物质良性转化，增强养殖动物的免疫力。

在水位调节方面，以注水为主，尽量减少换水频率，换水不能超过池水的1/3。4月前，水位控制在50厘米左右，以提高池水温度，促进养殖品种生长；5~6月保持70~80厘米；夏秋高温季节应保持在1.5米以上，以降低池水温度，高温期结束后，保持适中水位。

2. 饲料投喂

饲料质量是影响养殖品种规格与品质的关键因素之一。低洼盐碱地池塘养殖中，在保证饲料质量的前提下，选择科学的投喂技术尤为重要。科学投喂应选择粗蛋白质含量较高的颗粒饲料。虾、蟹饲料,前期蛋白质含量 36% 以上,中期 30%~33%,后期 33%~35%。投喂量按虾、蟹的体重计算,前期 6%~8%,中期 5%~6%,后期 3%~5%。养殖河蟹的池塘,有条件的单位和养殖户,可适当多投喂小杂鱼,前期可以投喂新鲜小杂鱼,中期冰冻鱼,后期冰冻鱼搭配玉米、小麦。养殖鱼类的池塘,前期饲料蛋白质含量 32% 以上,中期 30%~32%,后期 28%~30%。饲料投喂要根据天气、养殖品种活动情况灵活掌握,发现有吃剩下的饲料时,第二天要减少投喂量。

3. 适时增氧

使用微孔增氧的池塘,由于池塘的载鱼量较大,应及时开启微孔管道增氧。闷热天气傍晚开机至第二天早晨 8 点,正常天气半夜开机至翌日上午 7 点,连续阴雨天气全天开机,以保证池水溶氧充足。南美白对虾养殖池塘,养殖中后期开机时间一般为上午 8~11 点,下午 2~4 点,晚上 10~12 点,凌晨 3~4 点,投喂饵料 2 小时内停止开机;鱼类养殖正常天气中午保持开机 2 小时左右。

4. 水草管理

养殖河蟹的池塘,前期应尽量控制水位,抑制伊乐藻快速生长。如果伊乐藻生长过旺,5 月采取刈割措施割去伊乐藻上部 20~30 厘米,以促进伊乐藻新的根系、茎叶生长。

5. 病害防治

每半月交替使用漂白粉和生石灰对养殖水体消毒 1 次,每月施用 1 次水质调节剂和底质改良剂等生物制剂,注意施用微生态制剂调节水质后 3~5 天内不要用消毒剂消毒,高温期禁用消毒剂。另外,每月可投喂 1 次药饵,以提高养殖品种的抗病力,药饵以中草药、免疫多糖、复合维生素为主。

四、注意事项

(一)主机发热问题

此问题主要存在于 PVC 管增氧的系统上。由于水压机 PVC 管内注满了水,两者压力叠加,主机负荷加重,引起主机及输出头部发热,后果是主机烧坏或者主机引出的塑料管发热软化。解决办法:一是提高功率配置;二是主机引出部分采用镀锌管连接,长 5~6 米,以减少热量的传导;三是在增氧管末端加装一个出水开关,在每次开机前先打开开关,等到增氧管中的水全部出尽后再将开关关上。

(二)管道铺设不规范

主要是充气管排列随意,间隔大小不一,有8米以上的,也有4米左右的;增氧管底部固定随意,生产中管子脱离固定桩,浮在水面,降低了使用效率;主管道安装在池塘中间,一旦管子出现问题,更换困难;主管道裸露在阳光下,老化严重等。通过对检测数据分析,管线处溶解氧与两管的中间部位溶解氧没有显著差异,故不论微孔管还是PVC管,合理的间隔为5~6米,管道铺设见图4-6。

图4-6 微孔管道的铺设

(三)管道功率配置不科学

一般微孔管的功率配置为0.25~0.3千瓦/亩,PVC管的功率配置为0.15~0.2千瓦/亩。许多养殖户没有将微孔管与PVC管的功率配置进行区分,笼统地将配置设定在0.25千瓦/亩,结果不得不中途将气体放掉一部分,浪费严重。

(四)出气孔孔径太大

PVC管的出气孔孔径太大,影响增氧效果。一般气孔以0.6毫米大小为宜。

(五)增氧设备配合使用问题

使用微孔管道增氧的池塘应适当增加苗种的放养量和饲料的投

喂量,充分发挥池塘生产潜力。采取高密度养殖鱼、虾的池塘,使用微孔管道增氧的同时,应配合使用水车式增氧机,使池塘水体的溶解氧分布均匀。

第四节 低洼盐碱地池塘草鱼人工免疫技术

一、技术概述

草鱼是我国主养品种,是四大淡水鱼类之一。近年来,草鱼养殖病害发生严重,其中病毒性草鱼出血病,死亡率可高达90%以上,无法用药物控制;另外,草鱼的细菌性败血症、赤皮和烂鳃病也是草鱼的主要病害,用化学药物等方法防控易产生药物残留和环境污染等问题。目前,水产疫苗免疫技术已成为水产疫病防控的主流方向,在中国水产科学研究院珠江水产研究所所长吴淑勤研究员的带领下,2011年研制多年的草鱼出血病活疫苗(GCHV-892株)获得我国首个水产疫苗生产批准文号[兽药生字(2011)190986021];淡水鱼类败血病细菌疫苗也获得生产批准文号[兽药生字(2011)190986013],这是我国历史上首批可用于草鱼的水产疫苗生产批文,开启了我国水产疫苗产业化应用的时代。

二、增产增效情况

草鱼出血病活疫苗可用于预防草鱼出血病;淡水鱼类败血病灭活疫苗可用于预防草鱼主要细菌病。采用疫苗免疫技术具有用量少、保护力强、效价高、免疫产生期快、使用安全方便等特点,克服了土法疫苗(组织苗)效果不稳定的缺点,可减少化学药物的使用,降低污染和能耗,提高经济、社会和环境效益,可广泛应用于养殖草鱼的免疫防病。草鱼出血病活疫苗自20世纪80年代在草鱼主养地区进行应用以来,成活率平均在80%以上,一些区域高达90%,平均成活率提高20%~40%,免疫保护效果良好。

三、技术要点

(一)注射免疫法

注射免疫的特点是用量少、效价高、保护力强、免疫产生期快、使用安全,因此是目前国内外水产疫苗免疫首选的方法。

1. 免疫时机

(1)注射季节 在冬末春初,气温在10~20℃时,放养草鱼鱼种期间适宜注射疫苗;夏季高温季节,鱼体发病高峰期不适宜注射疫苗。

(2)鱼体规格 注射规格通常为10厘米左右的鱼种,在操作熟练的情况下,小规格鱼种(体长在3厘米以上)也可以注射疫苗,但注射量要少。

(3)注射时间 通常选择在天气晴朗、水温适宜的早晨进行鱼体免疫。

2. 注射免疫前准备工作

(1)水质检测 注射前需按常规法取养殖池塘水样,检测水质的盐度、溶解氧、氨氮、亚硝酸盐等理化因子,并结合水色观察,判断水质质量,在确保水质对草鱼安全时再进行免疫。

(2)鱼体检查 在进行免疫前,首先要确认免疫鱼体健康,通过调查了解鱼种的生长、摄食、发病史与用药史等。抽查待免鱼种3~5尾,观察体表、摄食是否正常,显微镜检查寄生虫情况。免疫前鱼种要停饲1天。

(3)器具选择 注射免疫要选择合适型号的连续注射器,使用时须用75%的乙醇消毒或用开水煮沸消毒15~20分。一般来说,规格在3.33~13.32厘米的鱼种一般选用4号注射针头,规格在16.65厘米以上的鱼种一般选用5号注射针头。若采用腹腔注射,要防止针扎太深伤及鱼体内脏,可在注射针头上套一小截塑料管或剪短针头,暴露出的针尖长度略长于鱼体腹肌厚度。

3. 注射免疫操作技术

停止投喂1天后,拉网或者将运输到池塘的鱼种在池塘边围网暂养,准备注射。

(1) 药液配伍　草鱼出血病冻干苗 1 瓶用 100 毫升注射用水稀释,可免疫 500 尾份鱼,用于预防草鱼出血病;也可用 1 瓶草鱼出血病冻干苗配 1 瓶 100 毫升草鱼细菌联苗,用于预防草鱼出血病和主要细菌病。

(2) 注射部位和剂量　一般采用肌内注射和腹腔注射的方法。背部肌内注射,针与鱼体呈 30°~40°,向头部方向进针,进针深度约为 0.3 厘米,根据鱼体大小以不伤及脊椎骨为度。注射时,半斤以下鱼种每条注射 0.2 毫升,半斤以上鱼种每条注射 0.3 毫升。

技术熟练时,为确保药液不易漏出,可采用腹腔注射或胸腔注射法,将针头沿腹鳍内侧基部向胸鳍方向进入,与鱼体呈 30°~40°,向头部方向进针。各注射方式比较见表 4-1。

表 4-1　各注射方式比较表

注射方式	注射部位	特点	注意事项
背鳍注射	背鳍基部肌肉处	缓慢而较稳地扩散有效成分,适合不熟练的操作人员	要求针头锋利,拔针要轻,防止药液渗出
腹鳍注射	腹鳍基部腹腔	能使抗原快速吸收,适用于鱼种	进针要浅,防止伤及鱼体脏器
胸鳍注射	胸鳍基部胸腔	能使抗原快速吸收,适用于大规格鱼种	由操作熟练人员采用,注意不要伤及鱼体心脏

(3) 注射疫苗后管理　注射疫苗后最好用鱼菌清、二氧化氯等消毒剂消毒水体,预防细菌感染伤口。注射后必须加强日常管理工作,检测水质的理化因子,确保水质良好;同时观察免疫鱼的摄食,投喂新鲜的优质饲料,在免疫后的头 1~2 周内,每天投喂 1 次免疫多糖和维生素 C 等复合维生素。

(4) 操作注意事项　注射免疫操作整个过程要轻、快、稳,尽量减少对鱼体的损伤,密切注意鱼的活动状态。出现异常状况时,应及时采取早期安全防护处理。在注射过程中需将疫苗瓶遮光放置,忌暴晒。疫苗一旦开瓶,就要马上使用,而且要当天用完。当天开瓶但没用完的药液、用完的瓶、纸箱、泡沫箱等废弃物要做无害化处理,以免造成环境污染。

(二)浸泡免疫法

浸泡法使用方便,尤其适用于鱼苗、鱼种等规模化操作使用。浸泡免疫接种方法,生产操作方便,可降低劳动力强度,减少操作对鱼体的刺激,提高生产效率。

目前,适用于浸泡免疫的鱼嗜水气单胞菌败血症灭活疫苗已经获得生产批准文号,可用于草鱼细菌败血病的预防。浸泡接种试验鱼相对保护率为62%~66%,可达到有效保护。浸泡对象主要有草鱼、鲢鱼、鳊鱼、鲫鱼和鲤鱼等。

1. 浸泡操作前准备工作

水质和鱼体的检测同注射免疫法,浸泡水温12℃以上,在晴天使用,水温高效果好。

待免疫鱼要进行浸泡安全性测试。浸泡前随机抽样20~50尾鱼进行试验,在疫苗产品说明书规定的疫苗使用浓度、鱼苗密度和充氧等条件下,观察在规定的浸泡时间内其是否出现异常反应,还可以通过延长浸泡时间或提高疫苗使用浓度30%~100%或加大10%~50%的鱼苗密度等做法,以考验鱼体的高强度耐受性,这对批量免疫处理的安全防护措施的制定有更好的指导意义。

2. 浸泡免疫操作技术

首先要对放养的水体进行消毒,停止投喂1天后,拉网或者将运输到池塘的鱼种在池塘边围网暂养。准备好器具,使用的浸泡桶、渔网等要洗净。加好清洁水,放置好网箱。

将鱼嗜水气单胞菌败血症灭活疫苗用清洁自来水稀释100倍,每1升疫苗原液加2千克盐混合均匀,可分批浸泡鱼种100千克。水温高时,鱼种浸泡量要适当少加,鱼体质好可多加,同时使用增氧泵增氧,不能使鱼缺氧,浸泡10分左右。另外,可在技术人员指导下添加渗透剂,可以提高免疫效果。浸泡后的鱼种放入鱼池,留下的疫苗水溶液可再重复使用3次,最后的疫苗溶液可直接倒入鱼池中。

浸泡免疫减小了操作对鱼体的刺激,因此注射后管理相对注射免疫简单,注意保持科学规范的养殖生产操作即可。

3. 注意事项

(1)要注意病原特异性　不同地区的病原体有分型差异,不同时期毒种可能会发生变异。疫苗的优点在于它的针对性明确和预防性强,能特异性地作用于某种病原,充分发挥动物机体获得性的免疫保护机制。在发病季节前接种疫苗,机体可产生特异性免疫记忆,在受到病原侵袭时快速防御机体免于特定病原感染,从而达到预防某个疫病的效果。但如果病原发生变异或者不同地区毒种差异,免疫效果就要差很多,甚至无效。

（2）要正确保存和使用疫苗　接种剂量不够、免疫方式不正确或者疫苗保存不当,都可能导致免疫失效,冻干疫苗放在冰箱冷冻层中（-10℃左右）,水剂型疫苗需要放在冰箱冷藏层中（4~8℃）。不能使用超过有效期的疫苗产品。

（3）要保证免疫的鱼体健康　捕鱼时发现气压低、缺氧浮头或水质恶化,鱼体出现烂鳃、烂尾、烂鳍,体表或鳍条基部、吻端、鳃盖、眼圈等部位充血,肛门红肿,腹水等细菌或病毒感染等症状,以及有大量寄生虫寄生的鱼,都不能进行免疫操作。

（4）要注意水质等其他影响因素　水的透明度低,水色变差,鱼体缺氧（如溶解氧在3毫克/升以下）,pH在6.5以下或8.5以上等情况时,都不适宜进行疫苗免疫操作。

第五节　低洼盐碱地池塘微生态制剂调控水质技术

一、技术概述

微生态制剂又称微生态调节剂、益生素、益生菌、利生菌等,它是在微生态理论指导下,利用从养殖动物体内或其生活环境中分离出来的有益微生物,采用特殊工艺制成的活菌制剂。微生态制剂调控水质技术是基于有益菌生态功能的调控技术,通过向池塘中施加微生态制剂,促进有益菌形成优势种群,快速降解、转化有机物,使物质循环通畅，减少养殖代谢产物和有害物质的积累，有效降低养殖水体中氨氮、亚硝酸盐、硫化氢等有害因子浓度，促进优良微藻的繁殖，抑制有害藻，保持稳定的良好水色，达到改善养殖水体环境的作用。

微生态制剂具有无毒副作用、无污染、无残留和低成本等特点，可以抑制病原微生物的生长，提高养殖对象自身的免疫力，维持养殖生态平衡。采用微生态制剂调控技术可促进养殖动物健康成长，提高生长速度，降低发病率，降低饲料系数。平均可提高单产18%，养殖综合效益提高20%以上。

二、技术要点

（一）微生态制剂的特性

目前，研究比较系统而且可以规模化生产的用于水产养殖环境调控的微生态制剂主要有芽孢杆菌制剂、光合细菌制剂和乳酸菌制剂。

1. 芽孢杆菌制剂

芽孢杆菌制剂是以内生芽孢杆菌为菌种，经发酵培养而成的活菌制剂。芽孢杆菌属兼性好氧菌，环境条件不良下以内生孢子的形式存在，对不良环境的抵抗力强。芽孢杆菌能分泌活性强的胞外酶，降解大分子有机物如淀粉、蛋白质、脂肪等。市面上的芽孢杆菌制剂大多为粉状产品，使用方法如下：

（1）活化处理　芽孢杆菌粉状产品以休眠孢子的形式存在，使用前可用配置好的培养基活化、增殖，然后用池塘水稀释，全池泼洒。

（2）水质条件　芽孢杆菌制剂适用的水环境条件为 pH 6~9.5，水温 10~38℃，盐度 0~4‰。

（3）适时增氧　使用芽孢杆菌制剂应注意水体溶解氧变动，及时采取增氧措施。

（4）菌落数量　每次施用应使养殖水体中芽孢杆菌数量达到每毫升 1×10^3 个细菌菌落总数以上。

2. 光合细菌制剂

光合细菌制剂是以紫色非硫细菌所属的一种或多种光合细菌为菌种，经培养而成的活菌制剂，光合细菌为光能异养菌，大多数种类为厌氧或兼性厌氧菌，在无氧和光照条件下，利用水中的小分子有机

物进行不放氧的光合作用。市面上的光合细菌制剂大多为液态制品,使用方法如下:

(1)塘水稀释　光合细菌制剂产品使用时无须活化,可直接用池塘水稀释,全池泼洒。

(2)水质条件　光合细菌制剂适用的水环境条件为pH 6~10,水温10~38℃,盐度0~4%。

(3)施用时间　光合细菌菌液用沸石粉吸附后再泼洒可提高使用效果,施用时间宜选在晴天上午进行。

(4)菌落数量　每次施用应使养殖水体的光合细菌数量达到每毫升1×10^3个细菌菌落总数以上。

(5)注意事项　若光合细菌菌液发黑并有恶臭味,表明活菌已经死亡腐败,会影响使用效果,不可再使用。

3. 乳酸菌制剂

乳酸菌制剂是以乳酸菌、醋酸菌、酵母菌等为菌种,经发酵培养而成的活菌制剂,乳酸菌制剂的pH为3~5。乳酸菌兼性厌氧,有分解有机物、降低亚硝态氮的作用。市面上的乳酸菌制剂大多为液态产品,使用方法如下:

(1)红糖水活化　乳酸菌制剂使用时可用一定比例的红糖水活化、增殖,几小时后用池塘水稀释,全池泼洒。

(2)水质条件　乳酸菌制剂适用的水环境条件为pH 6~9.5,水温10~38℃,盐度0~4%。

(3)菌落数量　每次施用应使养殖水体的乳酸菌数量达到每毫升1×10^3个细菌菌落总数以上。

(二)微生态制剂调控技术措施

1. 芽孢杆菌制剂调控法

芽孢杆菌制剂多在放苗前"养水"时和养殖过程中施用。通过芽孢杆菌的作用,促进有益微生物形成优势群落,降解转化养殖代谢产物,促进物质循环利用。一方面源源不断提供营养元素,培养优良浮游微藻,优化水环境和培养活饵料;一方面形成有益生物絮团作为优质饵料,并有效抑制有害菌的繁殖,达到既优化养殖环境又降低饲料系数的作用。

(1)放苗前菌-藻协同调控法 放苗前同时施用芽孢杆菌和微藻营养素,两者协同既保证养殖水体营养水平,培养良好藻相,又调控良好菌相,建立生态平衡,促进物质良性循环。放苗前菌-藻协同调控法见图4-7。

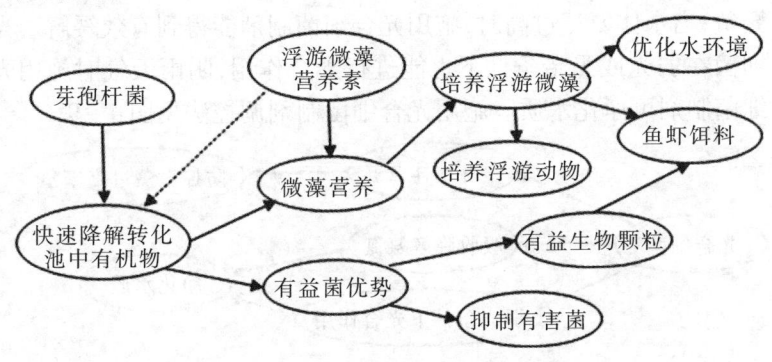

图4-7 放苗前菌-藻协同调控法

(2)养殖过程中施用芽孢杆菌调控法 养殖过程中,每隔7～10天定期施用芽孢杆菌制剂,不断强化有益菌群的功效,及时降解转化代谢产物,平衡藻相,削减富营养化,抑制有害菌,促进代谢产物再循环利用。施用芽孢杆菌制剂调控法见图4-8。

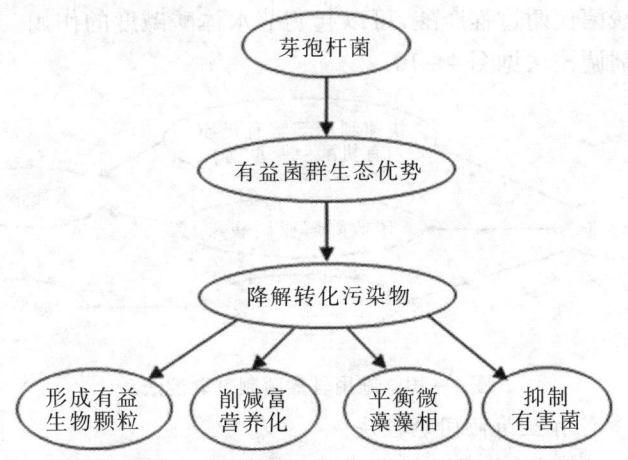

图4-8 施用芽孢杆菌制剂调控法

2. 光合细菌制剂调控法

养殖过程中出现浮游微藻繁殖过度、氨氮过高、阴雨天气等情况时,可施用光合细菌制剂进行调控。光合细菌可快速吸收利用水体营养元素,当浮游微藻密度过高时,施用光合细菌制剂可防止微藻过度繁殖;当水体氨氮过高时,施用光合细菌制剂能得到有效缓解。光合细菌在弱光或黑暗条件下也能进行光合作用,阴雨天气时施用光合细菌制剂可净化水质。施用光合细菌制剂调控法见图4-9。

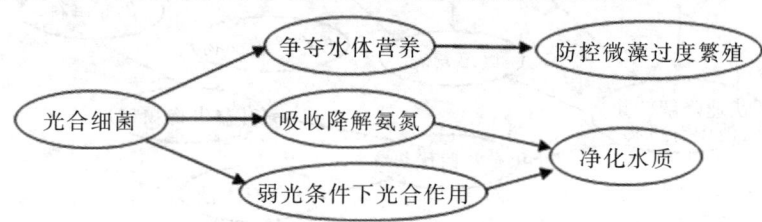

图4-9 施用光合细菌制剂调控法

3. 乳酸菌制剂调控法

养殖过程中出现水质老化、溶解有机物多、亚硝酸盐增高、pH过高等情况时,可施用乳酸菌制剂进行调控。乳酸菌可以快速利用有机酸、糖、肽等溶解态有机物,而且可以快速降解亚硝酸盐,使水质清新。乳酸菌代谢过程产酸,可以起调节水体酸碱度的作用。施用乳酸菌制剂调控法见图4-10。

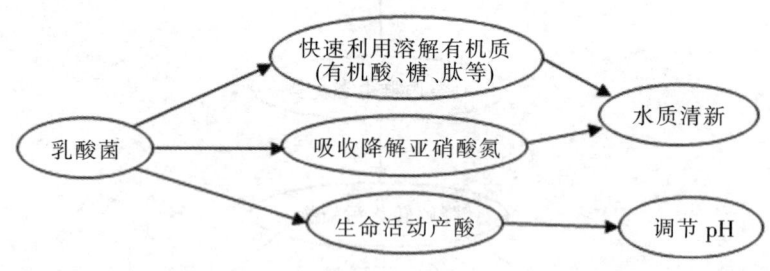

图4-10 施用乳酸菌制剂调控法

4. 多种有益菌协同调控法

养殖过程中,当浮游微藻类繁殖不良时,可同时施用乳酸菌制剂、光合细菌制剂或芽孢杆菌制剂进行调控。乳酸菌和光合细菌有净化水质作用,而且菌液中含有多种浮游微藻生长所需的营养成分,可促进浮游微藻快速繁殖;芽孢杆菌可快速降解池塘中的有机物,使之转化为浮游微藻生长所需的营养成分。两者协同作用,既净化水质和底质,又促进优良浮游微藻的稳定生长。多种微生态制剂协同调控法见图4-11。

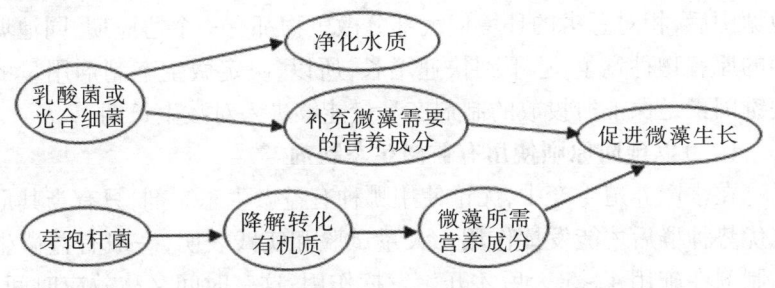

图4-11 多种微生态制剂协同调控法

5. 养殖过程菌-藻协同调控法

养殖过程中,因气候变化或操作不当发生"倒藻"时,可同时施用芽孢杆菌和微藻营养素,降解藻类残体,重新培养藻相。养殖过程菌-藻协同调控法见图4-12。

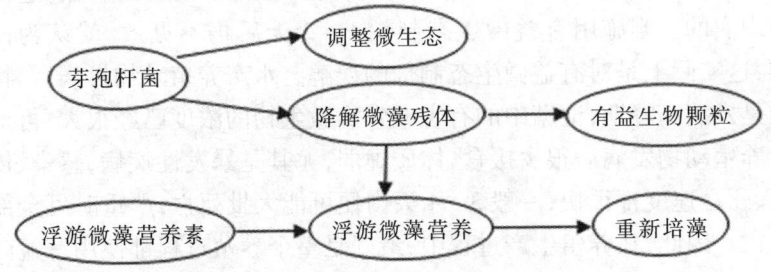

图4-12 养殖过程菌-藻协同调控法

三、注意事项

微生态制剂在施用时应选择有产品质量标准、质量检验合格证的产品。同时,要考虑微生态制剂的时效性和气候等环境条件。

(一)微生物繁殖与起效时间的关系

微生态制剂通过繁殖起作用。在适宜的条件下,所有的细菌繁殖一代的时间都在几小时以内;许多有益菌繁殖一代的时间多在1

小时以内,而在水产领域广泛使用的枯草芽孢杆菌,在合适的条件下繁殖一代则仅需几十分钟。因此,在水产养殖生产中加倍使用的意义不大。我们只要适时使用微生态制剂,一段时间后就会收到效果。

但应注意,在养殖生产上使用微生态制剂时,因为产品被投放到池塘中后,相对恶劣的环境使大部分微生物都有一个适应期,同池塘中的原有物种竞争,达不到快速增长,所以,决定微生态制剂用量的关键因素是保证所投放的制剂产品量能够进入对数生长期。

(二)以预防原则使用有益微生态制剂

在水产养殖生产中,无论使用哪种有益微生态制剂,只有当其形成优势种群后才能发挥作用。大量试验和实践表明,一般有益微生态制剂在施用4~5天后才开始发挥作用,这一时间又称效应时间,天气好时也可能2~3天就起作用,但一般要到7天左右效果最佳。因此,应用有益微生态制剂调节水质和底质,实际上是一种预防疾病的过程,一定要坚持以防为主、防治结合的原则。不少养殖生产者因不了解有益微生态制剂的基本作用机制,往往是水产养殖动物发病或疾病高峰期才使用,并且是将其当药物使用,希望药到病除,这是不现实的。当施用有益微生态制剂1~2天后仍不见效,就认为没用,这实际上是对有益微生态制剂的误解。水产养殖动物发病后,特别是发病高峰期,池塘中的有害或致病微生物的浓度已经很大,再加上养殖动物发病后很少摄食,体质虚弱,尤其是暴发性疾病,感染、传播、死亡速度都很快,一般3~4天内便可能大批死亡,严重时可全部死亡。因此,在养殖生产过程中,最好是整个养殖过程都使用有益微生态制剂,将养殖池塘的水质控制在较好范围内,以减少养殖动物疾病发生概率,也起到较好的预防作用。

(三)根据最佳效应时间使用有益微生态制剂

在水产养殖动物的不同生长阶段,适时、适种、适量使用有益微生态制剂可以起到较好作用。一是幼体开口摄食期,刚孵化的幼苗在开口时期投喂有益微生态制剂,可以改善幼体的消化道微生态环境,促进其摄食,增强动物的抗病能力;二是快速生长期,在水产养殖动物快速生长期,使用有益微生态制剂,可以抑制养殖环境中的病原体滋生,促进养殖动物的生长,减少疾病的发生;三是食物结构调整期,在水产养殖动物食性转换阶段,使用微生态制剂,可以使其安全度过食物转换而带来的影响及食物结构调整,避免疾病的发生;四是疾病治愈后的恢复期,在水产养殖动物发病后,经过药物治疗后,使用有益微生态制剂可以帮助其尽快恢复健康,起到明显的保健作用;五是应激反应期,环境条件发生急剧变化等,此时使用微生态制剂,可以起到帮助其安全过渡的作用,提高养殖成活率。

(四)根据水质状况使用有益微生态制剂

根据水质状况使用有益微生态制剂时主要参考以下几个因子。

1. 水体透明度

通常用透明度来表示养殖水质情况,水产养殖生产过程中一般要求透明度保持在30～40厘米。透明度太低,说明水质过肥或较浑浊。这时就要求少投喂,并立即使用有益微生态制剂,以改善水质环境,防止病原微生物的大量繁生;水质较浑浊时,应更换部分水,或使用增氧剂、腐殖酸钠、沸石粉等沉降悬浮物,再施用有益微生态制剂,以净化水质。

2. 溶解氧

溶解氧浓度的高低直接影响水生动物的呼吸和生长,也是影响使用有益微生态制剂的关键因素,大多数有益微生态制剂在作用过程中会消耗部分氧气,因此,溶解氧充足是有益微生物发挥正常作业的基本条件之一。在养殖生产过程中,如果水质较肥,溶解氧量就会偏低,不宜直接使用有益微生态制剂,而应先使用增氧剂,隔天再施用有益微生态制剂。

3. 氨氮和亚硝酸盐

养殖水体中的氨氮和亚硝酸盐等是养殖代谢产物未完全硝化所产生的代谢中间产物。在养殖密度过大的淡水养殖池塘中经常出现氨氮和亚硝酸盐过高的情况,从而影响养殖动物的正常生长。当出现这种情况时,可以先进行增氧,再施用硝化细菌、光合细菌、乳酸菌等有益微生态制剂。

(五)根据不同微生物特点搭配使用有益微生态制剂

不同的有益微生物种类有不同的作用,不同的有益微生态制剂所含有的微生物种类和数量也不相同,当然其功效也不同。因此,当使用有益微生态制剂改善水质时,要根据养殖水质情况和不同微生物的作用特点搭配使用,以起到作用互补的效果。如放线菌与光合细菌配合使用效果极佳,可从光合细菌中获得基质,产生抗生素及酶,直接抑制和杀灭病原微生物。水质过肥时,可搭配使用芽孢杆菌和光合细菌,既能分解大分子有机物,又能吸收有机酸和无机营养盐,有效改善水质。

随着科学技术的进步和研究的深入以及生物工程技术的迅速发展,微生物活性物质的分离、鉴定、保存、产生菌株的筛选、活性物质合成、培养技术、纯化技术与剂型研究等方向将有很大的研究空间和开发潜力。微生态制剂技术将迎来前所未有的发展机遇和强劲的发展势头,所获成果必将显示出巨大的经济效益和广阔的应用前景,对保护环境生态平衡,促进水产养殖业健康发展有着重要的意义。光辉的抗生素时代之后,将是一个崭新的微生物时代。

第六节 低洼盐碱地池塘浮性饲料应用技术

一、技术概述

浮性饲料是将饲料膨化处理后形成一种膨松多孔的饲料。膨化是对物料进行高温高压处理后减压,利用水分瞬时蒸发或物料本身的膨胀特性使物料的某些理化性能改变的一种加工技术,分为气流膨化和挤压膨化。饲料经膨化处理后,使淀粉糊化,蛋白质、脂肪等有机物的长链结构变为短链结构的程度增加,破坏软化纤维结构和细胞壁,破坏菜籽粕中芥子酶、棉籽粕中棉酶以及豆粕中抗胰蛋白酶等有害和抑制生长因子,更易消化。同时克服了传统粉状配合饲料和颗粒饲料存在的水中稳定性差、沉降速度快,易造成饲料散失浪费等弊端。膨化效果受原料配比、淀粉含量、水分含量以及膨化温度等因素影响,结合膨化特点,应保证原料配方中淀粉类原料在20%以上。

膨化浮性水产饲料能长时间漂浮于水面,便于饲养管理,有利于节约劳力;膨化饲料一般产生粉料在1%以内,优质浮性鱼饲料漂浮时间一般可达2小时。在通常情况下,与用粉状料或其他颗粒饲料相比,可节约饲料5%~10%,并且投饵上容易观察控制,可降低粉料、残饵等对水体的污染。

二、技术要点

(一)浮性饲料的优点

1. 提高了饲料利用率

原材料经过微粉碎或超微粉碎、高温膨化,饲料更容易消化吸收,提高了饲料的消化率(特别是淀粉类)和利用率。

2. 降低鱼类病害的发生

浮性水产饲料经过高温灭菌,并破坏了棉、菜粕中毒素,减少毒素对鱼体肝脏的损伤,降低了鱼类病害的发生。

3. 提高了饲料的适口性,有利于驯化摄食

饲料来源方便,可进行规模化生产,原料经膨化、喷涂鱼油,提高了饲料的适口性,有利于鱼类的驯化摄食。膨化制粒后喷涂鱼油,满足了鱼类,特别是幼鱼对高度不饱和脂肪的需求,更利于鱼类的健康生长。浮性饲料能让鱼均匀摄食,商品鱼出塘规格更整齐。

4. 投饵管理更容易

浮性水产饲料能在水面漂浮12小时以上,可根据鱼吃食情况有效地控制饲料投饵量,减少了饲料浪费,使投饵管理更容易。

5. 减少饲料对水质污染,有利于保持池塘良好水质

浮性水产饲料不易溶散,更易消化吸收,减少了饲料对水质的污染,有利于保持池塘良好水质,提高池塘载鱼能力。

6. 提高了饲料营养素浓度,更利于保存

浮性水产饲料中水分含量比沉性颗粒料少3%~4%,提高了饲料营养素浓度,更利于保存。

(二)浮性饲料的使用范围

从养殖方式上,池塘养殖、稻田养殖、流水养殖、网箱养殖、工厂

化养殖、大水面精养等可使用浮性鱼饲料,具有广泛的适用性。从养殖品种上,除了极难驯化到水面摄食的少数底栖性鱼类,都能很好地摄食浮性鱼饲料。养殖经验不足、管理粗放的养殖户宜选浮性饲料。有些喜暗怕光的肉食性鱼类,在使用浮性膨化饲料时,还需要夜晚驯食或投喂。

(三)浮性饲料投喂技术

1. 投喂量的确定

每天最适投喂量是鱼饱食量的90%,参考鱼类摄食情况,一般每天投喂1~4次,每次投喂控制在投喂后10~30分内吃完为宜。投饵量低可能会得到较好的饲料系数,但鱼的生长速度慢;投饵量过多时,鱼虽达到最大增重,但饵料转换较差,饲料系数高。每天最适投饵量为鱼饱食的90%时,其生产效率最高。

2. 投喂方法

选择在上风处定点投喂,可用毛竹或PVC管圈成正方形或三角形,将浮性饲料投入其中,以免造成饲料的浪费。对于面积较大的池塘可用网片围一饵料台,网片高50厘米,水面25厘米,水下25厘米,用竹子或PVC管固定,防止浮性水产饲料吹向池边或吹上岸。在网箱中投喂比网目规格小的浮性饲料,可在网箱露出水面部分加上密网布,防止饲料随水漂走。对于面积较小的池塘可以采用投饵机或鼓风机投喂。

在鱼种养殖过程中,由于鱼种口裂小,抢食不凶猛,若饲料颗粒规格大小不合适或投喂频率过快,易造成饲料浪费,可以选择浮性饲料喂养。特别是在鱼种养殖前期水温低,未驯化成功,鱼抢食不凶猛,难以掌握最适投喂量时,投喂浮性饲料或在颗粒饲料中掺入浮性饲料能缩短驯化时间,减少饲料浪费。

对于抢食较凶猛、摄食量较大、生长速度较快的鱼,如淡水白鲳、草鱼等,养殖前期水温较低且不稳定,可以投喂浮性饲料驯食,浮性水产饲料能保证12小时不下沉,可以随时根据鱼的摄食情况调节投饵量,一方面可以起到驯食的作用,另一方面可减少甚至杜绝饲料浪费。

在使用药物预防鱼病时,可将药物溶解水中,再与膨化饲料混合后使用。

第七节　低洼盐碱地池塘渔药规范使用技术

一、技术概述

在水产养殖生产中，因养殖生产者不了解基础的用药知识，不规范用药和滥用药的问题十分严重，不但增加了养殖成本，也给产品质量和环境造成了较大的危害。因此，规范的给药方法和技术是确保无公害生产，防止水产品药物残留超标，提高养殖效益和跨越"绿色壁垒"的根本措施。规范用药技术主要包括国标渔药的使用技术、治疗效果的评价、治疗失败的对策和产生耐药性的对策等方面。

二、技术要点

(一)国标渔药使用技术

1. 药饵的制作

(1)药物与饲料混合方法　为提高治疗效果，将药物均匀地拌在饲料内是非常重要的，这是保证水产养殖动物均匀摄食的前提。

1)固状饲料制作药饵　用颗粒饲料作药饵时，以水溶性药物为好，其次是脂溶性药物，而散剂最差。在制作药饵时，可以将水溶性药物用饲料重量的3%左右的水溶解后，将颗粒饲料加入其中，让水分被吸收即可。如果水分过多，不仅不能被饲料短时间吸收，还可能导致颗粒饲料的外层散落，使固状饲料中不含药物。药物只是吸附在散落的粉末中，这样的药饵投喂后治疗效果不佳。微粒饲料的粒较小，表面较粗糙，易于吸水而散失，不宜作为水溶性药物的吸附物。可用相当于饲料重量5%～10%的油与药物充分混合，然后再与微颗粒饲料混合，使其吸附在微粒饲料的表面。这种方法也适合于颗粒饲料。将颗粒饲料与药物混合时也可以用搅拌机搅拌。

2）粉状饲料制作药饵　用粉状饲料制作药饵较为简单,无论是水溶性或是脂溶性的药物均适宜。将水溶性药物用水溶解后,与粉状饲料充分混合,搅拌成块状后即可投喂。而对于脂溶性药物,可先将粉状饲料分成3等份,将药物添加第一份饲料中充分混合,再加入第二份饲料搅拌均匀,最后加入第三份饲料混合,这样可保证药物在饲料中均匀分布。若是制作少量药饵,还可以将饲料和药物放在塑料袋中,充入少量气体后,通过上下左右翻动塑料袋,使药物与饲料混合均匀后投喂。

3）鲜鱼和鱼糜做药饵　因鲜鱼和鱼糜中含有大量水分,药液与其混合后容易散失,一旦入水后,其中的药物可能很快散失到水体中,被鱼摄食的药量会很少。最好是将药物先混合在黏合剂中,再与鲜鱼或鱼糜混合投喂,这样效果会好一些。

（2）投饵量与投饵次数　在生产中要考虑投饵量与投喂次数,这也是影响鱼类摄食药饵的重要因素。一般情况是,水产养殖动物的个体越大,饲养水温越高,对饲料的摄入量也越大,但如果以水产养殖动物的单位个体重量考虑其摄入量,就会发现规格越小的个体按体重计算摄食量越大。通常水产养殖动物体内的药物浓度与治疗效果呈正相关关系,即体内的药物浓度越高,其治疗效果就会越好。所以,为提高对水产养殖动物疾病的治疗效果,药饵中饲料的比例越小越有利于水产养殖动物对药物的吸收。

投喂药饵的目的是治疗疾病,让患病的水产养殖动物均匀地摄食药饵是获得较好治疗效果的前提。在养殖过程中,当饲料投喂不足、饲料的品质不均匀或个体间的摄食不均匀时,均会导致水产养殖动物个体间出现较大的差异。投喂药饵时减少投喂量也是有一定限度的,以采用平时投喂量的50%左右为宜。

在日投喂量有所减少的情况下,就应该考虑日投喂次数。以治疗疾病为目的投喂药饵时,由于投饵量较平时减少,以1次投喂全天的饲料量为宜。空腹的鱼体更容易使药饵中的药物进入鱼体内而达到药物的有效浓度,所以,不是特别需要的话,投喂药饵的当天以不追加投喂饵料为好,必要时则以投喂不添加药物的饲料为宜。需要注意的是,投喂量越少,所饲养的水产养殖动物均匀摄食越困难,因此，必需精心投喂。

（3）投喂时间　发现水产养殖动物患病并确认其病原体后，就要尽量做到及时用药。及时用药主要是根据患病鱼类的摄食习性、死亡数量、游泳状态和外观病症等进行综合判断。在通常情况下，当每天的死亡量达到群体量的0.1%时，就应该投喂药饵治疗。

（4）投喂药饵的期限　渔药投药期限较短的为3天，较长的为10天左右。在各种添加了渔药的饲料说明书中都对药物治疗疾病的种类、投药量、投药方法、投药期限做出了明确记载。

在不同的国家和地区，因养殖的水产动物种类和环境不同，对渔药的投药期限也有不同的规定。例如投喂添加磺胺类药物的饲料治疗疾病时，在美国为患病水产养殖动物停止死亡后继续投喂药饵10天；在日本，将所有渔药的投药期限限定为5~7天，并在药物使用说明书中特别注明不能连续投药8天以上。我国的渔药和水产养殖动物种类较多，养殖方式差异也较大，不能简单地与国外用药期限相比，通常抗生素类药物的最短疗程为5~7天，对于一般急性传染性疾病，当病情缓解后还要投喂药饵2~3天。用杀虫类药物治疗水产养殖动物的寄生虫性疾病时，还应根据寄生虫的生活史及当时的环境条件，灵活掌握药物的用量与疗程。

2. 浸泡或药浴

浸浴消毒，即将药物在水中充分溶解后，把患病的鱼类放入药液中浸泡一定时间，以清除寄生在鱼类体表的病原体。药浴方式虽有不同，但主要操作过程大体相同，这种方法除能直接清除水产养殖动物体表的病原体外，药物还能被养殖动物的鳃和患病部位吸收，起到防治疾病的作用。

（1）水量的计算　因药物要用水稀释，并达到一定浓度，所以，要对水体的总量进行测定和计算。若是在某种小型容器中进行浸泡，只需准确向容器内加入一定水量即可；若是在养殖池中进行浸泡，则需测定养殖池的面积和水深，再准确计算出总水量。

（2）用药浓度　决定某种药物的使用浓度，主要以养殖动物安全为前提，再根据药物的种类而定。需要注意的是，药物的毒性与水温有密切关系，一般情况是水温越高，药物的毒性越大。因此，在高水温条件下通常要降低药物浓度。

(3)浸浴方法　根据药物的使用浓度和浸浴时间的不同,浸浴方法可分为瞬间浸浴、短时浸浴、流水浸浴和长时浸浴。

1)瞬间浸浴法　瞬间浸浴,即是将水产养殖动物放于盛有药液的容器中,浸泡10~60秒的方法。一般用高浓度食盐水浸泡患病水产养殖动物,以清除体表和鳃部的寄生虫,因浓度较高,要特别注意掌握好浸泡时间。

2)短时浸浴法　短时浸浴法是把进水阀门关闭后,将定量的药物溶解后均匀地泼洒到池中,此方法一般在流水养殖池使用。本方法多用于治疗水产养殖动物的体表下疾病和鱼类的细菌性烂鳃病。采用此法时要注意泼洒药液的均匀度,准备好增氧设备,如果池水中出现缺氧情况,要注意向池中充氧。

3)流水浸浴法　流水浸浴法是在药物处理过程中不停地向养殖池中注水,在一定时间内,用高浓度的药液从池塘的注水口加入,使药液均匀地分布于池水中。此法多用于鱼苗孵化池中受精卵水霉病的防治。

4)长时浸浴法　长时浸浴法一般适用于治疗水产养殖动物体表和鳃部的各种寄生虫性疾病。在静水饲养池中,全池泼洒等浓度的药液,浸泡后的药液在池中分解,一般不需要对药液的废液进行特殊处理。

3. 涂抹法

此法是在水产养殖动物体表性疾病的情况下,在患病部位涂抹浓度较高的药液以杀灭病原体。此法具有用药量少、方便、安全和无毒副作用等优点。但在涂抹时要注意将水产养殖动物的头部向上,防止药液进入养殖动物的鳃部和口腔。

4. 注射法

采用注射器将定量的药物经过水产养殖动物的腹腔或肌肉注入体内。此法具有用药量准确、吸收快、疗效快和用药量少等优点,但操作比较麻烦,也易于造成动物体的受伤,一般用于名贵水产养殖动物、亲鱼催产及注射疫苗等。

(二)药物治疗效果的判定

药物的具体治疗效果通常可以从以下几个方面进行判定:

1. 死亡数量

如果选用的药物适当,在使用药物后的 3~5 天内,患病水产养殖动物的死亡数量会逐渐下降,说明治疗有效,否则即可判定为治疗无效。

2. 摄食状态

患病的水产养殖动物食欲下降,摄食量减少,病情严重的往往不摄食。如用药物后有治疗效果,则其摄食状态会逐渐恢复到原有的水平。

3. 临床症状

不同疾病有不同的典型临床症状,如果用药后症状得到改善或逐渐消失,说明治疗效果有效。

4. 游泳状态

健康的水产养殖动物往往集群游动,且游动速度较快,而患病个体多是离群独游或静止不动。如果选用的药物有效,患病水产养殖动物的游动状态会得到逐渐改善。

5. 病原菌保有率

在发病前期和发展期,水产养殖动物群体中的病原菌保有率都很高,随着病症的逐渐改善,保菌率会逐渐下降。在判定药物治疗效果时,最好是结合动物群体死亡数量的计算和临床试验,再检查病原保菌率,从细菌学角度判定其是否已经痊愈。

6. 抗体效价的变化

患病水产养殖动物痊愈后,其体内会存在对引起该疾病的病原体抗体,通过测定这种抗体的效价,不仅可以对病情做出判断,也可了解水产养殖动物的患病历史。

7. 病理组织图像

通过组织切片,比较正常组织与患病组织的差异,以判定治疗效果。这种方法虽然有效,但操作过程较为复杂,一般很少使用。

(三)治疗失败后的对策

1. 对病原体的鉴定是否准确

对病原体的正确分离和鉴定是进行对症治疗和选好药物的基础。当对病原体的鉴定出现错误时,就可能会造成选用药物的失准,导致治疗无效或失败。因此,应重新分离和鉴定病原体。

2. 对病原体的鉴定正确而治疗失败

(1)由耐药性致病菌引起的疾病　从患病的水产养殖动物体内分离出病原菌,并进行药物敏感性试验,根据试验结果选用对致病菌敏感的药物。对于因产生耐药因子而形成的多种药物耐药性致病菌,要注意第二次用药选择。

(2)致病菌的二次感染现象　最初致病菌对抗菌药物敏感的已经被杀灭,但对所有的抗菌药有耐药性的菌株仍在繁殖,会引起更为严重的感染或菌群失调。这种现象虽不常发生,但如若发生则很难治疗。对于发生二重感染的水产养殖动物,需要再次选择新的病原菌敏感药物作为紧急治疗用。

(3)用药剂量和用药时间不足　若为节约用药成本或其他原因而使得用药剂量不足或用药时间缩短,会导致药物在水产养殖动物体内不能达到清除或杀灭致病菌的有效浓度,或不能彻底清除病原体所需要的维持有效浓度的时间,特别是对于只具有抑菌作用的药物更是达不到有效治疗的目的。因此,为获得理想的治疗效果,必须按药物说明书中规定的用量与给药方案使用药物。

(四)降低耐药性的对策

1. 病原菌产生耐药性的原因

耐药性又称抗药性。耐药性是病原菌适应环境和化学药物作用的结果,可分为先天耐药性和后天耐药性两种。先天耐药性是遗传学个体差异和种群差异的表现,同一种病原菌对不同药物的敏感性差异及同一群体中的某些个体对一种药物的敏感性差异均与先天耐药性有关,先天耐药性主要是病原菌对药物代谢过快所致。后天耐药性主要与用药有关,用药剂量不足、疗效不够、长期使用同一种药物或同一类药物、滥用药等都是导致后天耐药性的主要原因。

2. 减少耐药性对策

科学诊断鱼病,及时治疗;合理选用药物,对症下药;确保用药剂量,保证疗效;确定合理的疗程和投药次数;交替使用药物;联合用药(同时用两种以上药物);积极开发和利用中草药。

(五)渔药规范使用技术

1. 严格执行国家兽药法规

近几年,有关部门陆续颁布了《中华人民共和国动物防疫法》、《饲料和饲料添加剂管理条例》、《兽药管理条例》等法律法规。农业部193号公告明令禁止使用21类40余种兽药及化合物。国家把规范用药纳入法治轨道,有法可依,养殖者、消费者的利益都受到法律保护。

2. 科学、合理使用国标渔药

科学、合理使用国标渔药是保证水产品安全的重要措施,《水产养殖质量安全管理规定》第四章对水产养殖用药进行了规定:使用水产养殖用药应当符合《兽药管理条例》和农业部《无公害食品 渔用药物使用准则》(NY 5071—2002)。使用药物的养殖水产品在休药期内不得用于人类食品消费;禁止使用假、劣兽药及农业部规定禁止使用的药品、其他化合物和生物制剂。原料药不得直接用于水产养殖;水产养殖单位和个人应当按照水产养殖用药使用说明书的要求或在水生生物病害防治员的指导下科学用药;水产养殖单位和个人应当填写水产养殖用药记录,该记录应当保存至该批水产品全部销售后2年以上。

3. 严格遵守休药期制度

药物进入动物体内,一般要经过吸收、代谢、排泄等过程,不会立即从体内消失。药物或其代谢产物以蓄积、贮存或其他方式保留在组织、器官或可食性产品中,具有较高的浓度。在休药期间,动物组织中存在的具有毒理学意义的残留通过代谢,可逐渐消除,直至达到安全浓度,即低于允许残留量或完全消失。休药期随动物种属、药物种类、制剂形式、用药剂量、给药途径及组织中的分布情况等不同而有差异。经过休药期,暂时残留在动物体内的药物被分解至完全消失或对人体无害的浓度。由此可见,休药期的规定是为了减少或避免供人食用的动物源性食品中残留药物超量,保证食品安全。

4. 合理利用中草药

中草药具有无药物残留、无激素、毒副作用小、无耐药性、药源广、就地取材、价格低廉、疗效稳定等优点,是生产无公害水产品的重要生产资料。中草药不仅能抗菌、消炎、抗病毒、驱虫杀虫,还含有丰富的维生素、矿物质、微量元素,在抗生素、磺胺类药物的抗药性愈来愈强、耐药株日益增多的情况下,开发利用中草药防治水产养殖动物疾病显得非常重要,其剂型越来越多,用途也越来越广泛。

5. 正确使用渔用生物制品

渔用生物制品指应用天然或人工改造的微生物、寄生虫、生物毒素或生物组织及其代谢产物为原材料,采用生物学、分子生物学或生物化学等相关技术制成的,用于预防、诊断和治疗水产动物传染病和其他有关疾病的生物制剂。水产上应用最多的生物制品是疫苗,它的效价或安全性采用生物学方法检定并有严格的可靠性,渔用疫苗是具有良好免疫原性的鱼类病原处理后制成的、用以接种水生动物产生相应的特异性免疫力的渔用生物药品。

三、渔药使用中存在的问题

(一)不重视对病原体的诊断

由于渔药新品种不断投放市场,包括各种新型抗生素类新药,可选的种类较多,再加上经验性治疗也有一定效果。因此,许多养殖生产者不太重视病原体的检测,而只是凭经验随意选用药物和治疗方法,导致选用药物不对症,这也是造成治疗失败的原因之一,要特别注意。否则,不但造成用药成本的上升,也会造成治疗时机的延误,从而造成较大的经济损失。

(二)不了解病原菌的耐药状况

耐药性是指细菌与药物接触后,对药物的敏感性下降直到消失,致使药物的治疗效果下降或者无效。细菌产生耐药性是对多数抗菌药物长期使用后必然产生的现象。随着抗生素类药物在水产养殖中应用数量增多和时间的延长,水产养殖动物致病菌对各种抗菌药物的敏感性也在不断发生变化。因此,对养殖水域中致病菌对各种抗生素药物敏感性进行监测，及时了解致病菌耐药性的变化趋势，对于正确选用药物和确定各种药物的使用剂量都十分重要。

(三) 不重视提高养殖动物自身的免疫力

药物对控制疾病虽然非常重要，也是控制疾病的重要方法之一，但任何药物在治疗疾病的过程中都不是决定因素，决定因素是水产养殖动物机体内的免疫能力和抵抗能力，即健康状况。只有在水产养殖动物机体存在一定免疫力和抵抗力时，辅以药物治疗的效果才会更好更快，药物才会发挥治疗作用。因此，在治疗期间，采取一些具体措施，提高患病水产养殖动物的抵抗力和免疫力十分必要。具体方法有：

1. 增加营养元素含量

在饲料中添加糖类、蛋白质、多种维生素及矿物质等营养元素，使水产养殖动物在食量下降的情况下，仍能满足机体的营养需要，提高机体的抗病能力。

2. 使用免疫激活剂

如在饲料中添加葡萄糖、免疫多糖等具有免疫激活作用的物质，以激活水产养殖动物的自身免疫力。

3. 严格遵守休药期制度

渔药进入水产养殖动物体内后，均会出现一个逐渐衰减的过程。因药物的种类、使用时间、使用药物时的环境和养殖动物种类的不同，药物在水产养殖动物体内代谢过程所需时间的长短也有所不同。因此，为保证养殖水产品的质量，保证消费者的食品安全，避免在水产养殖动物体内残留的药物对消费者健康产生影响，每种渔药都有其相应的休药期。养殖生产者不得在休药期内上市养殖产品。

4. 减少人为干扰

在水产养殖动物患病期间要尽量减少人为干扰，如捕捞拉网操作、筛选分池、在池边进行其他活动等，防止因人工干扰而使其产生应激反应，从而降低抵抗力，加剧病情。

第八节　低洼盐碱地池塘多品种混养高产技术

一、技术概述

实行多品种立体混养,利用鲤鱼、草鱼高产的特性投喂颗粒饲料提高产量,其排泄物可肥水并带动鲢鱼、鳙鱼生长,既利用了废弃资源,又净化了水质,辅以人为措施干预,保障水质稳定,鲫鱼、乌鳢则更加充分利用了饵料资源。实行轮捕,保持池塘载鱼量稳定在一定范围,解决了单一品种高产养殖水质败坏等诸多不可调和的矛盾。该技术把握秋季鱼种放量足、质优、价廉的时节,放养大规格鱼种,抗病力强、生长快、出塘早,增值空间大。在7~8月淡水鱼缺货、价高和中秋节销售顺畅的有利时期,生产适销对路产品,掌握销售主动权,取得最高收益。在产品质量上执行国家养殖标准,严禁使用违禁药物,严格执行休药期规定,保障水产品质量安全。

二、技术要点

(一)池塘的清整

选择水源充足、进、排水通畅、水质符合渔业用水标准、电力供应有保障的池塘,面积一般5~10亩为宜,最大蓄水深度不低于2米。每年秋末冬初,成鱼全部出塘后进行彻底清塘,清除过多淤泥,修筑堤埂。选择晴好天气,每亩施用250千克生石灰或15千克漂白粉消毒清塘,晒池一月左右。准备放苗前10~15天加注池水,深度保持在1.5米以上,可施用少量腐熟鸡粪,施用生物菌肥时要按照说明书的使用方法。

(二)苗种放养

一般选择秋季投放苗种,在冰封前放足苗种。鲤鱼一定要选用当年培育的大规格鱼种,鲢鱼、鳙鱼、草鱼一般是收购其他养殖户当年未养成规格的 2 龄鱼。鱼种下塘前用 3%～5% 的食盐水浸洗 10～15 分,杀灭体表病原体。鱼种全部下塘后,可泼洒二氧化氯或二溴海因等消毒剂全池消毒。鱼种放养后可不投喂,封冰前加注水至 2 米以上水深。封冰后注意观察鱼类情况,出现异常,及时采取加水、增氧等措施,结冰后要及时在冰面上打洞。苗种放养情况见表 4-2。

表 4-2 低洼盐碱地池塘多品种混养放养情况表(以每亩计)

品种	数量(尾)	平均规格(克/尾)	放养重量(千克)	单价(元/千克)	投入金额(元)
鲤鱼	1 000	100～150	100	8.00	800
草鱼	500	60	300	10.00	3 000
鲢鱼	400	50	200	3.00	600
鳙鱼	100	50	50	7.00	350
乌鳢	20				100
合计	2 020				4 850

(三) 水质调控

1. 施肥培水

劳动节前可少量多次使用腐熟鸡粪化浆泼洒,培肥水质。也可以全部使用生物菌肥,一般 7～10 天使用 1 次,注意出塘前 15 天停止施肥,始终保持良好的藻相,水体透明度保持在 20 厘米左右。使用生物菌肥时要注意与使用杀菌消毒剂间隔 3～5 天。

2. 适时加注新水

养殖前中期只加水不排水,后期适量加、排水,每次加、排水量不超过池水的 1/3,保持水质稳定和一定的肥度。

3. 定期使用微生态制剂

定期使用微生态制剂,注重改善底质状况。劳动节至出塘前 20 天,可根据水质状况使用底质改良剂 3～5 次。

4. 常开增氧机

可配置 3 千瓦叶轮式 2 台,注意要自备发电机,以应不时之需。按照"三开两不开"的原则,延长开机时间,特别是中后期,晚上 9 点开机,直至次日太阳升高。阴雨天有时要保持 24 小时开机,保持水中溶解氧始终充足。

(四)投喂管理

投喂饲料要做到:一是早投喂。水温升高开始摄食后要早投饵,改善鱼体体质,提高免疫力,提早进入生长期;二是坚持"四定"投饵,足量投喂。以鲤鱼、草鱼的存塘量为基准,按不同时期的投饵率核算投饵量,按吃食情况调整投喂量,保持鱼吃八成饱为宜;三是保证草鱼青饲料供给。可根据实际情况在池埂、护坡等空地种植苏丹草、黑麦草等,或者一些蔬菜叶,每天下午投喂,作为辅助性饲料,不宜投喂过量;四是每天坚持早、中、晚巡塘。巡塘时密切注意池塘水质变化和鱼类吃食、活动状况。经常测量水温、透明度、pH、氨氮、硫化氢、亚硝酸盐等水质指标,每天坚持做好天气、投饵、用药、换水、水质变化和生长情况等养殖记录,做到水产品质量安全可追溯。

(五)病害防治

开春化冰后应及时做好病害防治工作。首先使用杀虫剂全池泼洒,2~3天后使用二氧化氯等消毒剂全池泼洒。在生产过程中尽量减少刺激性较大的氯制剂等消毒剂的使用,每半月使用1次碘、溴制剂等消毒剂、1次阿维菌素等安全性较高的杀虫药物。

三、养殖结果

整个养殖过程实行轮捕技术。8月底,出售大部分鲢鱼、鳙鱼和草鱼。中秋节前后鱼全部出塘,鲤鱼平均规格达到1.25千克以上。由于养殖措施到位,出塘成活率高,基本不出现死鱼现象,平均亩产量达3 357.5千克,亩收入为30 165元,亩效益为5 500元,支出为19 455元,其中包括饲料费11 550元、鱼种费4 850元、肥料及渔药费1 800元、电费915元、其他费用340元。投入产出比为1:1.6,具体养殖收获情况见表4-3。

表4-3 养殖收获情况表(以每亩计)

品种	数量(尾)	平均规格(千克/尾)	出塘重量(千克)	单价(元/千克)	金额(元)
鲤鱼	950	1.25	1 187.5	10.00	11 875
草鱼	480	2.5	1 200	12.00	14 400
鲢鱼	400	1.75	700	2.00	1 400
鳙鱼	100	2.5	250	9.00	2 250
乌鳢	20	1	20	12.00	240
合计	1 950		3 357.5		30 165

根据不同养殖生物间的共生互补原理,进行鱼类多品种立体健康养殖,采取轮放轮捕技术,能有效增加池塘的综合效益,在河南省低洼盐碱地地区对鲤鱼、草鱼、鲫鱼、鲢鱼、鳙鱼和乌鳢等进行混养并获得成功,取得了显著的经济效益、社会效益和环境效益,为低洼盐碱地地区渔民脱贫致富开辟了新的途径。

第五章 低洼盐碱地池塘水质特征及调控技术

开发水产养殖,先决条件是水,首先是水源,其次是水质。近年来,在低洼盐碱地池塘养鱼规模和产量不断提高的同时,因水质问题而引发的鱼病、鱼产品质量下降等现象较为普遍,低洼盐碱地水质复杂、特殊,水质调节成为盐碱地池塘养鱼健康发展的主要技术关键。我们在从事低洼盐碱地池塘养鱼的实践过程中对盐碱地养鱼池塘水质的主要特征、产生的不良影响及危害进行了总结和分析,并积累了一些具有实用性的水质调控措施。

第一节 低洼盐碱地池塘水质特点

一、低洼盐碱地池塘养殖相关水质因子

开展低洼盐碱地水产养殖,首先应考虑水质类型、特点,包括离子组成、碳酸盐碱度、pH、盐度等水质因子。一般来说,应选择广盐性的养殖种类,在养殖期间应注意尽量减少盐度的大幅变化,避免造成养殖种类的应激反应;其次是水温,最适温度是养殖生物快速生长的前提,在最适温度条件下,养殖生物代谢旺盛,摄食量增加,且消化的效率高,生长速度快,可以适当缩短养殖周期;还有就是养殖池塘水质中必须保持较高溶氧量,水中的溶解氧是养殖生物赖以生存的必要条件,是衡量水质好坏的重要指标,也是影响养殖产量的主要因素。此外,还必须注意水色、透明度、氨氮、亚硝态氮和高锰酸盐指数等水质因子。

水质的好坏是养殖成败和降低发病率的关键,加强对养殖池塘水质因子的管理和调控,是低洼盐碱地水产健康养殖技术的重点和难点。利用水质改良剂、微生态制剂进行综合调控,将水质各种因子维持在合理的水平,保持合理的藻、菌相系统,形成相对稳定的养殖水环境,最大限度地提高养殖效益。

二、低洼盐碱地池塘水质因子检测分析

(一)材料和方法

1. 池塘的选择

本次实验设在河南省沿黄的郑州、开封、新乡三地的低洼盐碱地池塘。

郑州:郑州市设3个采样点,分别位于惠济区石桥村和孙岗村。共计3个标准池塘,面积均为5亩,平均水深1.8米,水源主要为地

下水。

开封：开封市设4个采样点，分别位于金明区堤角村和马庄。池塘为标准池塘，均为8亩左右，平均水深1.5米。水源均为地下水。

新乡：新乡市设4个采样点，分别位于封丘县沿林庄村、辛店村、大里薛村和三合村。池塘为标准池塘，均为6亩左右，平均水深1.5米。水源主要为地下水。采样点具体设置情况见表5－1。

表5－1 低洼盐碱地池塘水质检测采样点设置

郑州	开封	新乡
石桥村刘小松鱼塘	堤角李志宏鱼塘	冯村乡大里薛村池塘水源
孙岗村王家鱼塘	堤角程家鱼塘	辛店村池塘水源
孙岗村张发旺鱼塘	马庄张家鱼塘	封丘沿林庄村池塘水源
	马庄汤家鱼塘	封丘三合村潘永朝池塘水源

2. 采样方法和时间

在池塘中选择1个固定的采样点，采池塘中层水样5升，以供水化学项目的测定。采水器是有机玻璃分层采水器，采样方法见图5－1。

图5－1 采样

从2008年8月到2009年10月，每月采样1次，采样时间均为上午10点，试验期间项目组发放给养殖户试剂盒（图5－2），可进行水温、溶解氧、亚硝酸盐等测定，可作为水质分析的参考数据。

图 5-2 试剂盒使用

3. 调查项目和方法

池塘水化学项目包括 pH、溶解氧、高锰酸盐指数、氨氮和亚硝酸盐氮。其中 pH 用 pHS-2C 数字酸度计测定,溶解氧和水温用 JPB-607 型便携式溶解氧分析仪测定,碱度、硬度、盐度、高锰酸盐指数、氨氮、亚硝态氮采用常规水化学方法测定。

(二)结果与分析

池塘水质检测采取养殖户定时检测和实验室专业检测两种方法,检测结果采用养殖户和实验室的综合平均数值,检测方法和判断标准按照渔业水质标准 GB 11607—1989 和《无公害食品 淡水养殖用水水质》(NY 5051—2001)执行。池塘水质检测结果见表 5-2、表 5-3。

表 5-2 盐碱地池塘水质检测结果(2008 年)

项目 \ 月份	8 月	9 月	10 月	11 月	12 月
水温(℃)	30.17	26.20	22.70	8.97	3.68
溶解氧(毫克/升)	7.70	2.78	6.02	10.24	8.89
pH	7.92	7.64	7.90	8.40	8.38
高锰酸盐指数(毫克/升)	14.31	20.44	17.18	5.19	15.81
氨氮(毫克/升)	4.23	3.57	3.36	3.11	2.05
亚硝态氮(毫克/升)	0.08	0.10	0.16	0.07	0.03

表 5-3 盐碱地池塘水质检测结果(2009 年)

月份 项目	4月	5月	6月	7月	8月	9月
水温(℃)	21.27	24.18	28.00	33.00	29.07	21.73
溶解氧(毫克/升)	7.85	9.79	7.27	4.53	6.80	4.55
pH	8.35	8.32	8.07	7.94	7.98	7.99
高锰酸盐指数(毫克/升)	16.67	39.08	30.83	26.85	26.41	30.65
氨氮(毫克/升)	2.60	2.27	1.74	2.76	2.35	2.43
亚硝态氮(毫克/升)	0.06	0.10	0.18	0.16	0.18	0.08

1. 水温

水温跟踪检测结果(图 5-3)表明,养殖池塘水温 4~6 月水温逐步上升,从 21.3℃上升到 28℃,7~9 月一般保持在 29℃左右,水温最高是在 7 月(达 33℃),9 月由于阴雨天气多,水温偏低,10 月水温下降至 23℃,11 月、12 月水温连续下降,直到最低 3.7℃。水温的变化受季节和天气状况的影响明显,连续的阴雨天可造成水温的剧烈波动。水温的动态监测范围为 3.68~33.00℃,4~7 月水温逐步升高,9 月以后逐渐降低,一直到 12 月温度最低。此水温变化范围符合天气温度的变化,适合鱼类生长。养殖鱼类最适生长温度为

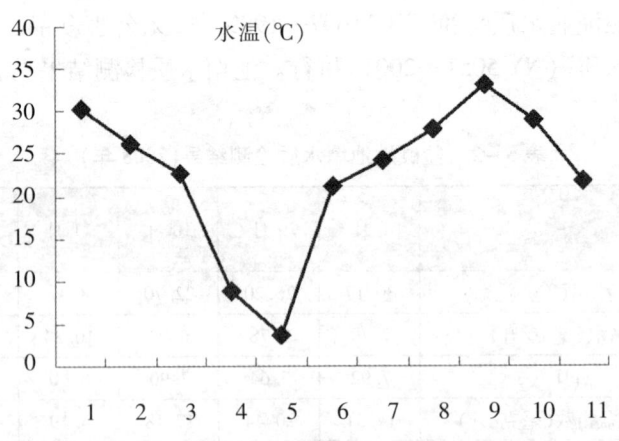

图 5-3 低洼盐碱地池塘水温检测结果示意图

注:1~5 为 2008 年 8~12 月的检测结果,6~11 为 2009 年 4~9 月的检测结果。

22~28℃,因此7~9月水温最适合鱼类的生长,这时就要加大投喂量,这一时期的投喂量要占到全年投喂量的70%;10月以后水温逐渐下降,鱼类的食欲减退,生长减缓,这时就要减少投喂量;当11月上旬水温下降到10℃以下时,鱼类处于越冬期,停止摄食,就要停止投喂饲料。

2. 溶解氧

溶解氧是养殖水体中最重要的水化学因子和生态条件,是好氧水生生物生长代谢的基础,溶解氧分布的结果影响着许多无机营养盐的溶解性及可利用性,进而影响水生生态系统的生产力。溶解氧在水体中的分布不仅取决于大气、光合作用的输入,而且取决于其中的化学、生物氧化的消耗。白天光合作用的增氧以及晚上呼吸作用的消耗,导致水体中的溶解氧在过饱和和不饱和之间快速波动。溶解氧检测结果示意图见图5-4。

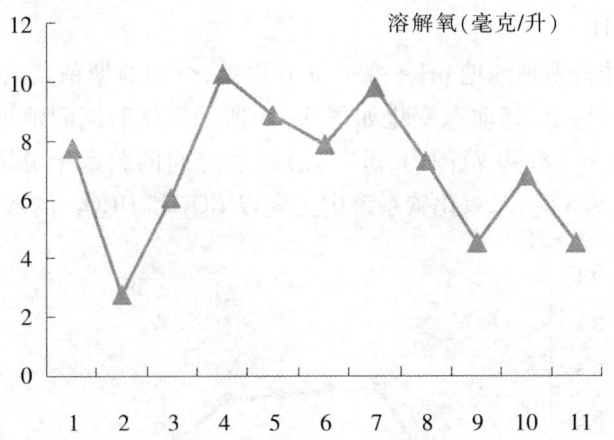

图5-4 低洼盐碱地池塘溶解氧检测结果示意图

注:1~5为2008年8~12月的检测结果,6~11为2009年4~9月的检测结果。

试验期间溶解氧平均值变幅为2.78~10.24毫克/升。在鱼类主要生长季节(7~9月),池塘溶解氧含量受鱼类与生物因素影响明显,经常出现低氧状况,其中以9月最为严重。此时期溶解氧虽然低于其他时期,但是基本能达到鱼类生长所需的4.0毫克/升以上。池水相对保持了"肥、嫩、活、爽",此溶解氧范围适合养殖鱼类的生长,丰富的溶解氧为高产奠定了基础。

由于溶解氧从大气扩散到水中以及在水中的扩散都是相当缓慢的过程,搅动混合对于水体中溶解氧的分布是必需的。在搅动的情况下,水体中氧的交换很快达到平衡。因此,在生产中选择适当的增氧方式及时间,对于节能、提高效率、增产均具有十分积极的作用。这要求我们合理使用增氧机,严格做到"三开两不开",即晴天中午开机,阴天次日清晨开机,连阴天有浮头征兆时开机,傍晚不开机,阴雨天白天不开机。

试验期间,我们发现开封史寨鱼池每周使用 EM 益生菌 1 次,其池塘溶解氧明显高于其他池塘,可达到 8.0 毫克/升。这说明 EM 益生菌对溶解氧的增加有一定的作用。因此,在使用增氧机等物理方法增氧的同时,每周可再施用 1 次 EM 益生菌,具体方法为对水稀释后全池泼洒,用量为 0.3 升/亩。

3. pH

低洼盐碱地池塘 pH 一般在 8.0 以上,个别池塘稍高或稍低,总体上比较稳定,其动态变化如图 5-5 所示。试验期间池塘的平均 pH 在 7.64~8.40 范围内,pH 与总碱度之间的关系十分密切。当 pH 低于 8.3 时,二氧化碳系统中主要以 CO_2 和 HCO_3^- 的形式存在;

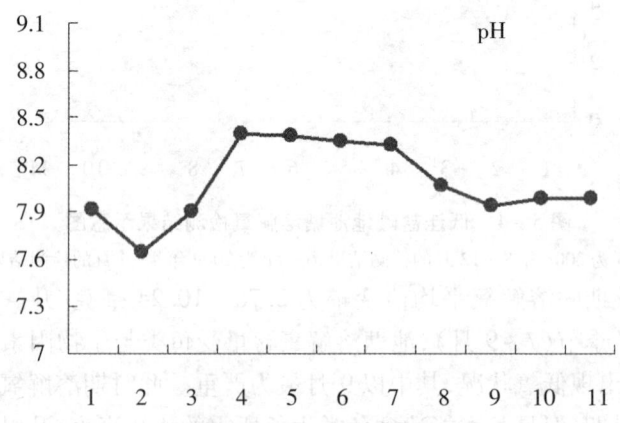

图 5-5 低洼盐碱地池塘 pH 检测结果示意图

注:1~5 为 2008 年 8~12 月的检测结果,6~11 为 2009 年 4~9 月的检测结果。

而高于 8.3 时,主要以 HCO_3^- 和 CO_3^{2-} 的形式存在。pH 越接近 8.3,水中 HCO_3^- 的含量越高,其他形式的含量越低。调查结果表明,绝大多数月份的 pH 在 8.3 以下,HCO_3^- 显示出明显优势,其浓度一般是 CO_3^{2-} 的几倍至十几倍。由于水域中含有较高浓度的 HCO_3^- + CO_3^{2-} 及 Ca^{2+} 离子,对鱼池的酸碱度都具有较大的缓冲作用,所以在此 pH 范围内鱼类没有发生不适应性。值得我们注意的是,由于低洼盐碱地池塘的碱度偏高,在清塘消毒或调节水质时尽量不要使用生石灰,尤其是生长季节。

4. 高锰酸盐指数(COD)

COD 检测常用碱性高锰酸钾法。COD 是水体中溶解的有机物、胶状有机物、浮游生物、有机碎屑及细菌有机负荷的定量反映。其检测结果如图 5-6 所示。

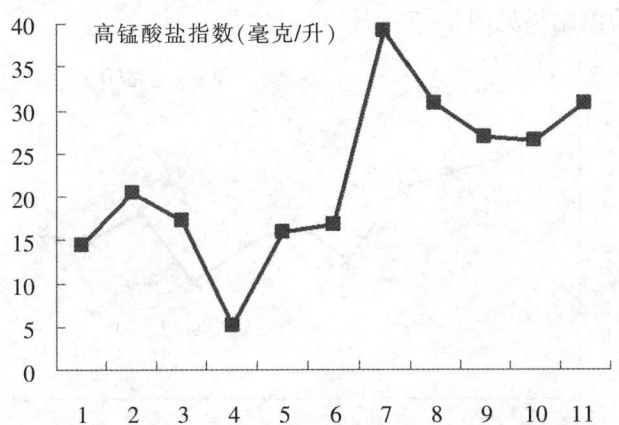

图 5-6 低洼盐碱地池塘高锰酸盐指数检测结果示意图

注:1~5 为 2008 年 8~12 月的检测结果,6~11 为 2009 年 4~9 月的检测结果。

本试验期间,COD 变幅在 5.19~39.08 毫克/升之间。养殖过程中,随着池塘有机负荷的不断增加,COD 明显呈现上升趋势,最高值近 40 毫克/升。据报道,淡水高产养鱼池 COD 可达 34 毫克/升,这表明在目前开展的池塘高效养殖系统中,COD 均普遍偏高。COD 的检测结果显示,盐碱地池塘 COD 含量明显高出鱼类健康养殖的标准,但鱼类生长并未表现出异常。因此,及时了解池塘的 COD 变化情况,通过综合利用增加水循环量、培养好微藻、施用水体消毒剂及调节投饵量等方法,对改善水质环境,促进鱼类健康生长具有很大作用。

5. 氨氮

氨氮以游离氨(NH_3)或铵根离子(NH_4^+)形式存在于水中,两者的组成比取决于水的 pH 和水温。pH 偏高时,游离氨的比例高,当 pH>11 时,几乎都以 NH_3 形式存在;反之,铵盐的比例高,在 pH<7 时,几乎都以 NH_4^+ 形式存在。水温则相反。NH_4^+ 及 NH_3 的优点是几乎所有的藻类都能直接迅速而且优先利用它们,其缺点是会发生硝化作用耗用氧气,抑制藻类对 NO_3^-、尿素的吸收利用,特别是 NH_3 毒性很强,即使浓度很低,也会抑制鱼类及水生生物生长,损害鳃组织,加重鱼病并被认为是水体老化的主要因素,对养殖生产有不良影响,因此,在养殖生产上规定 NH_3 的浓度不得超过 0.025 毫克/升。氨氮的检测结果见图 5-7。

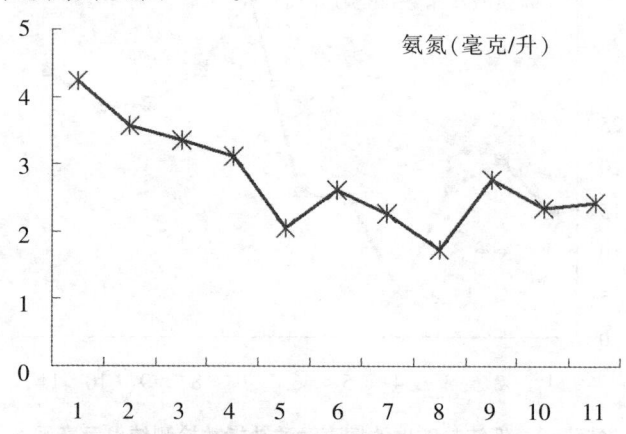

图 5-7　低洼盐碱地池塘氨氮检测结果示意图

注:1~5 为 2008 年 8~12 月的检测结果,6~11 为 2009 年 4~9 月的检测结果。

本试验检测结果氨氮含量变化在 1.74~4.23 毫克/升之间,2008 年氨氮含量高于 2009 年,鱼类主要生长期氨氮含量明显高于其他月份,2008 年 8 月最高含量更是达到 4.23 毫克/升,这明显高于鱼类健康生长的氨氮含量。但实际生产中鱼类仍保持正常生长。

水中氨氮的来源主要为生活污水中含氮有机物受微生物作用的分解产物,某些工业废水以及农田排水。此外,在无氧环境中,水中存在的亚硝酸盐亦可受微生物作用,还原为氨。因此分析,试验池塘氨氮含量过高的主要原因可能是生活污水、工业废水以及农田排水流入所致;同时随着鱼类的生长和投饵量的不断增加,水中有机物的大量积累,也会导致氨氮含量的上升。这在生产中要引起我们的重视。可以尝试换水或使用微生态制剂来降低氨氮含量。

6. 亚硝态氮

亚硝态氮是水体中含氮有机物进一步氧化,在变成硝酸盐过程中的中间产物,是有机污染的标志之一。水中存在亚硝酸盐时表明有机物的分解过程还在继续进行,亚硝酸盐的含量如太高,即说明水中有机物的无机化过程进行的相当强烈,表示污染的危险性仍然存在。引起水中亚硝态氮含量增加的因素有多种,如硝酸盐还原,以及夏季雷电作用促使空气中氧和氮化合成氮氧合物,遇雨后部分成为亚硝酸盐等。这些亚硝酸盐的出现与污染无关,因此在运用这一指标时必须弄清来源,才能做出正确的评价。亚硝态氮的检测结果见图5-8。

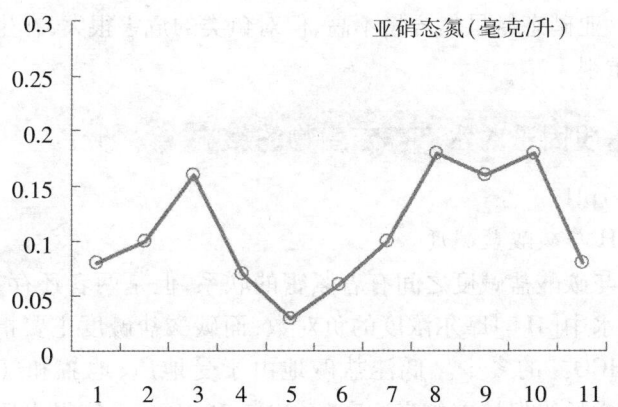

图5-8 低洼盐碱地池塘亚硝态氮检测结果示意图

注:1~5为2008年8~12月的检测结果,6~11为2009年4~9月的检测结果。

本试验检测结果显示,盐碱地池塘亚硝态氮含量较低,变化范围为0.03~0.18毫克/升,在鱼类适宜生长的范围内。

人们常认为,亚硝态氮为不稳定态,可被氧化为硝酸盐,不可能在水环境中存在。但本试验结果表明,在溶解氧充足的条件下,亚硝态氮仍然存在。这主要是因为总氮各形态之间的相互转化,除要受非生物活化的氧化还原作用外,还要由生物过程所控制。在鱼类的主要生长阶段,因投喂大量的饲料,导致残饵积累,而底淤又未及时清除,致使大量微生物滋生,导致了水体中亚硝态氮含量上升,严重时可对鱼类造成毒害。因此,在生产中,必须把好以下几关:①严把投喂饵料关,采用少量多次法,以减少残饵。②在生长期时,应多换水,在生长后期,要加大换水力度,必要时全池换水,同时要及时吸污,防止大量微生物滋生。③要保证充足的溶解氧。④可使用硝化宝,用量为1毫克/升。

综上所述,试验期间,池塘水温、溶解氧、pH、COD、氨氮、亚硝态氮等理化因子基本满足低洼盐碱地池塘鱼类的养殖要求。除冬季水温相对较低外,其他季节水温均在20℃以上,适合鱼类养殖。溶解氧在鱼类主要生长季节(7~9月)较低,但是能满足鱼类对溶解氧的要求。pH一般在8.0左右,总体上比较稳定。COD和氨氮检测出含量较高,明显超出鱼类生长的正常范围,但没有对鱼类正常生长造成影响。亚硝态氮虽然含量不高,但对鱼类的危害很大,在生产中应该引起重视。

三、水质因子对水产养殖生物的影响

(一)pH

1. pH与碳酸盐碱度

pH与碳酸盐碱度之间有着紧密的联系,但是两者还存在区别。pH是指水中[H^+]摩尔浓度的负对数,而碳酸盐碱度主要指水中CO_3^{2-}、HCO_3^-的多少。低洼盐碱地由于受地质、地貌和气候的影响,水质中始终保持着较高浓度的CO_3^{2-}和HCO_3^-,使得水质中的碳酸盐碱度和pH较高,pH一般在7.6~8.4变动。对于盐碱水质来讲,水体中CO_3^{2-}、HCO_3^-与其他主要离子相比,其变化比较复杂,除与水质中二价阳离子有关外,其两者之间的比例会影响pH的变化。碳酸盐总碱度相同时,pH越高,水中的CO_3^{2-}越多,对养殖生物的毒性作用越大。一般来说,碱度较高的咸水水域pH也较高。盐碱水质这种高碱度、高pH的特点,对生物的养殖有着重要影响。所以,在高 pH、高碱度水质条件下,若不进行水质改良,不适宜开展鱼、虾等的养殖。

2. pH 对养殖生物的影响

pH 表示水的酸碱度,在盐碱水质中是一个重要的化学及生态因子,pH7 表示中性,7 以上为碱性,7 以下为酸性。盐碱水的 pH 变动范围较大,对水质及养殖生物有着多方面的影响。pH 过高或过低,均对养殖生物有着较大影响。pH 偏低,会影响鱼类等动物血液中的 pH,削弱血液的载氧能力,易造成缺氧。因此 pH 降低时,大多数的养殖动物忍受低氧的耐力下降,生长发育受到抑制;pH 过高,也会影响养殖动物血液的 pH,对虾易脱壳死亡,pH 过高对养殖动物的鳃等呼吸器官有腐蚀作用。

pH 对养殖动物的影响,通常不是单独孤立起作用的。在高 pH 情况下,水质中碳酸盐碱度的毒性作用增强,毒氨增多;pH 降低时,水质中溶解氧减少,硫化氢、氨、甲烷等有害物质增多。由此可见,pH 对水产养殖的影响是多种因素综合作用的结果。因此,低洼盐碱地池塘养殖池水的 pH 一般控制在 8.5 以下为宜。影响水中 pH 变化的因素错综复杂,既有水中二价阳离子的影响,又有水生生物的作用。水生生物的呼吸作用和有机物分解释放出的二氧化碳,会使水质中的 pH 下降;反之,植物的光合作用吸收游离的二氧化碳,则使得 pH 升高。

3. 降低 pH 的措施

pH 较高是盐碱水质的一个显著特点,这是因为盐碱水质不像海水那样具有稳定的碳酸盐缓冲体系,在水质中缺乏限制性因子——钙离子,如Ⅰ型盐碱水质,pH 始终维持在9以上,会影响绝大多数生物的生存和生长,这种类型水质不适宜作为养殖用水。如果放养前水质中 pH 较高,可视具体情况,结合池底的改造,使用生石灰,以增加池塘水体的缓冲能力,降低水质中的 pH。如在养殖过程中,pH 始终维持在较高水平,一般有两个原因,一是水质中 CO_3^{2-} 量高,二是池底生长的大量维管束挺水植物进行的光合作用。如是维管束挺水植物光合作用造成的,采用清除的方法,可有效降低水质中的 CO_3^{2-};如是水中 CO_3^{2-} 量高造成的,可以通过往池塘中泼洒沸石粉、过氧化钙等水质改良剂,以降低 pH。

(二)溶解氧

1. 溶解氧与水产养殖的关系

溶解氧是水生生物赖以生存的生命线。溶解氧与水生动物的生存、生长关系密切,水生动物生活在水中,要进行新陈代谢,其前提就是溶解氧充足。池水溶解氧高,则水质具有"肥、活、嫩、爽"的特点,可以促进养殖动物的食欲,提高饲料的利用率,加快生长发育;反之,其摄食率就会受到不同程度的抑制,生长发育缓慢,缺氧浮头,诱发病害,甚至死亡。

溶解氧含量的多少是判断水质好坏的重要标准,满足水生生物对溶解氧的需求,是水产养殖的基本保证。不同的养殖生物对溶氧量的需求是不同的,一般来说,池水中的溶解氧量达到 4~5 毫克/升时,就可以满足养殖生物的正常生长需求。

溶解氧不仅是保证水生生物正常生理功能和健康生长的必需物质,也是改良水质和底质的必需物质,是维持氮循环顺利进行的关键因素。同时,溶解氧充足可促进水中各种物质的转化与循环。因此,溶解氧含量的多少,是判断水质好坏的重要标准。保证水中的溶解氧满足水生动物的要求,是水产养殖的基本要求。

2. 提高溶解氧的措施

在水产养殖中,主要通过物理、化学和生物的方法,来提高水体中的溶解氧含量。

(1)物理增氧法　物理增氧法主要是通过增氧机的搅动,增加水和气体的接触面,将水体表面丰富的氧气扩散到底层含氧量较少的水层中,以此迅速提高养殖水体的含氧量。在低洼盐碱地水产养殖中,使用增氧机是水质管理的主要手段。

低洼盐碱地水产养殖采取的是封闭式的养殖模式,不可能像海水养殖那样通过换水来改善水质。在养殖过程中,养殖池塘的池底沉积大量的饵料残渣、动物的排泄物和动植物尸体等。这些物质在降解过程中,需消耗大量的氧气,严重时会形成缺氧层,造成大量厌氧细菌繁殖,同时还会产生如硫化氢、氨氮等有害气体。因此,对养殖水质的维护尤为重要。增氧机能将池水表层丰富的溶解氧与池底的缺氧层进行交换,同时将有害的气体带到池水表层挥发到空气中,有助于改善底质和水产养殖生物的生存条件,使养殖生物得以很好生长。另外,尽管广盐性的养殖生物对不同类型盐碱水质的适应性较强,但在含氧量较低的水环境中,会降低养殖生物对水化学因子的耐受性,或引发病害,或影响生长。尤其是对于硫离子含量较高的硫化物水质,通过提高养殖水质中的溶解氧,可以有效避免硫离子向硫化氢转化。因此,低洼盐碱地池塘养殖配备增氧机,是科学管理养殖水质的一项重要举措。

(2)化学增氧法　将过氧化钙等化学物质投放到水体中,通过水化学作用产生氧气。此方法主要用于养殖生物严重缺氧、鱼虾浮头时急救用。

(3)生物增氧法　水生植物的光合作用产氧量约占水体中总氧量的90%。生物增氧法通过肥水促进浮游植物繁衍,以增强其光合作用。该方法主要用于养殖前的水质培养,在养殖中期,也可以通过追肥的方法,使浮游植物保持在较适宜的范围里,增强浮游植物的造氧能力。

(三)透明度

池水的透明度表示光透入水中深浅的程度,其计量单位用厘米表示。养殖水体透明度的大小,主要取决于水中悬浮物的多少,与池水浮游生物的出现时期和数量多少有关,与水质的肥瘦密切相关。故透明度大小不仅能影响水中浮游植物的光合作用,而且还能大致反映水中饵料生物丰歉和水质肥度。影响水体透明度的因素很多,如水体条件、季节气候和天气变化等,随着夏季水温升高,水中各种浮游生物大量繁殖,会使透明度降低;有时大风、强降雨等,会使养殖水体的透明度加大。

对于低洼盐碱地池塘养殖,透明度也是池塘水质状况的一项重要指标。一般池塘透明度在25~30厘米较为适宜。养殖水体的透明度过大或过小,均会对养殖动物的生长产生较大的影响。透明度过大,易使养殖生物处于不稳定状态,造成养殖生物的应激反应,也容易繁生水绵和维管束植物,通过植物的光合作用,使水质中的pH始终维持在较高的水平,使碳酸盐碱度的毒性增大;透明度过小,说明养殖池塘中的有机污染物增多,或是池塘水质富营养化,浮游植物繁殖过多,此时必须小心水质恶化,从而诱发病害现象的发生。

养殖池塘的透明度还与水温、养殖周期有关。在水温较低的时候,为增强太阳光的投射度,透明度在30厘米较为适宜,有利于提升池塘的水温。在养殖中后期,由于鱼类排泄物和有机质增加,池塘透明度有所下降,但不能低于25厘米,否则易引起鱼类的浮头。

在放养鱼、虾苗种前均要进行肥水,即培养浮游植物,使池塘水质的透明度保持在30厘米左右。池塘水太清瘦,不利于鱼虾的生长。如在养殖过程中,水质的透明度大于40厘米,始终肥不起来,很可能是水体中生长有大量维管束植物(水草)或大量原生动物,这就要采取刈割的方法,清除部分水草。如果不是水草的大量繁生,可采取追加肥料,尤其是可适当提高氮肥的施用量,加大氮磷比,以5:2或5:3为宜。以后酌情再追肥1次,用量适当减少。也可以施用有机肥,将发酵好的鸡粪装入编织袋,堆放在池水中,每天抖动数次,水肥起来后,再将装有鸡粪的编织袋拿出。

养殖中后期,因饵料的大量投入,养殖池中生物的排泄物大量积累,造成池水营养盐十分丰富,藻类会大量繁殖,养殖水体的透明度减小。使用生石灰可以起到改善水质的作用,但对于低洼盐碱地池塘养殖,池水往往偏碱,如用生石灰,会使池水pH持续上升,不利于养殖动物的生存。水色太浓,可选用漂白粉或一些水质改良剂。在使用漂白粉时,需在清晨、开启增氧机后使用,少量多次,可以取得较好的效果。

(四)亚硝酸盐、氨氮

养殖水体中亚硝酸盐、氨氮等含量的高低决定着养殖水质的好坏,与养殖生物的关系表现在两个方面:一方面,NH_4^+(NH_3)、NO_3^-、NO_2^-能直接被藻类吸收利用,在适宜的范围内,增加其含量,可促进浮游植物的生长繁殖,为养殖生物创造良好的水环境;另一方面,当养殖水体中的亚硝酸盐、氨氮含量过高时,容易导致水质富营养化,将给养殖生物带来很大的危害,氨氮的毒性表现在抑制养殖生物的生长方面。

对于盐碱水质,亚硝酸盐对鱼、虾的毒性较强,是养殖水域中诱发暴发性疾病的重要因素。当水中亚硝酸盐浓度积累到 0.1 毫克/升后,鱼的红细胞数量和血红蛋白数量逐渐减少,血液载氧能力逐渐降低,从而造成鱼、虾慢性中毒,严重时则发生暴发性死亡,pH 低时有利于亚硝酸盐形成。但对于 pH 较高的盐碱水质,往往氨氮的影响大于亚硝酸盐,这是因为 pH 愈高,氨氮毒性愈强。当养殖水体中 pH 超过 8.6,氨氮含量超过 0.2 毫克/升时,会对鱼、虾造成较大危害,其危害类似于亚硝酸盐。

生产中主要通过使用芽孢杆菌、光合细菌、硝化细菌等微生态制剂和延长增氧机开机时间等方法,降低水体中氨氮、亚硝酸盐的含量,或泼洒沸石粉,用量为 15~20 千克/亩,吸附氨氮等有毒物质,改善水质。

(五) 硫化氢

有机物质包括动物尸体、粪便和残饵等经厌氧分解生成的有机酸,当 pH 偏低时,有机酸在缺氧状态下会被分解为硫化氢,硫化氢的毒性较强,会直接影响养殖动物的生存。当水体中含有大量的硫化氢时,会降低鱼类血液的携氧能力,同时,硫化氢对鳃有很强的刺激和腐蚀作用,会使组织产生凝血坏死,引起养殖动物窒息死亡。

在硫酸盐型的盐碱水质中,因硫酸根离子含量较多,在高温季节缺氧的情况下,易生成硫化氢。因此,利用硫酸盐型水质进行水产养殖时,更应注意增氧机的使用。硫化氢的存在,是池底败坏、严重缺氧的标志,要防止硫化氢的产生,就必须维护好池底,使养殖水体中有充足的氧气。另外,在使用多年未清淤的池塘或利用硫酸盐型盐碱水进行养殖时,可施用一些铁钒土之类的矿渣,使硫化氢转化为无毒的单质硫及硫化铁。也可利用生物处理法,定期往池底施用光合细菌等微生态制剂,将硫化氢氧化成单质硫或硫酸根离子。

第二节 低洼盐碱地池塘水质类型

一、低洼盐碱地池塘水源水检测分析

(一)材料和方法

1. 池塘的选择

郑州:郑州市设2个采样点,分别位于惠济区石桥村和孙岗村,水源主要为地下水。

开封:开封市设3个采样点,分别位于金明区堤角村、马庄和史寨,水源均为地下水。

新乡:新乡市项目区内设4个采样点,分别位于封丘县沿林庄村、辛店村、大里薛村和三合村,水源主要为地下水。采样点具体设置情况见表5-4。

表5-4 低洼盐碱地池塘水源水检测采样点设置

郑州	开封	新乡
石桥村池塘水源	堤角程家池塘水源	辛店村池塘水源
孙岗村池塘水源	马庄汤家池塘水源	大里薛村池塘水源
	史寨村池塘水源	沿林庄村池塘水源
		三合村池塘水源

2. 采样方法和时间

在池塘中选择1个固定的采样点,采池塘中层水样5升,以供水化学项目的测定。采水器是有机玻璃分层采水器。

水源水检测分别于2008年8月、11月和2009年4月、6月,分4次进行。

3. 调查项目

测定的水源水理化指标包括碱度、硬度和盐度。

(二)结果与分析

低洼盐碱地池塘水体主要有 Cl^-、SO_4^{2-}、CO_3^{2-}、HCO_3^- 和 Na^+、K^+、Ca^{2+}、Mg^{2+} 阴阳 8 大离子组成,其数量约占水中溶解盐类总量的 90% 以上。

若按主要离子总量不同,天然水常分为以下 4 类:

含盐量小于 0.1% 为淡水;

含盐量介于 0.1% ~2.5% 为盐化水;

含盐量介于 2.5% ~5% 为海水即具有海水盐度的水;

含盐量大于 5% 为盐水。

若按主要离子数量不同,按照阿列金分类法:

首先,依阴离子当量数的多少分为 3 级:碳酸水(CO_3^{2-} + HCO_3^- 最多)、硫酸水(SO_4^{2-} 最多)、氯化水(Cl^- 最多)。

其次,依阳离子当量数多少,在每一级中分为 3 组:钙质水(Ca^{2+} 最多)、镁质水(Mg^{2+} 最多)、钠质水(Na^+ 最多)。

最后,依阴、阳离子当量数的相互关系,在每一组内细分成以下 4 种类型:

Ⅰ型:特点是 HCO_3^-(CO_3^{2-})> Ca^{2+} + Mg^{2+}

Ⅱ型:特点是 HCO_3^- < Ca^{2+} + Mg^{2+} < HCO_3^- + SO_4^{2-}

Ⅲ型:特点是 HCO_3^- + SO_4^{2-} < Ca^{2+} + Mg^{2+},或者 Cl^- > Na^+

Ⅳ型:特点是 HCO_3^-(CO_3^{2-})= 0

根据所含离子的不同可将水划分为氯化物水型、碳酸盐水型、硫酸盐水型和混合水型。河南低洼盐碱地池塘水质以碳酸盐水型为主,属于碳酸盐水Ⅰ型、镁质水和钠质水($C^{Mg}_Ⅰ$ 和 $C^{Na}_Ⅰ$)。

水型反映水体中主要离子的比例关系,低洼盐碱地池塘水体中的各类离子并不是恒定不变的,而是参与光合作用、呼吸作用、分解作用等复杂活动并在循环中不断发生量的变化,而且池塘水型与其相应的水源水水型也不完全一致。低洼盐碱地池塘水源水试验检测分析结果见表 5–5。

表5-5 盐碱地池塘水源水试验检测分析结果

项目 地点	水型	盐度(‰)	总碱度 （毫摩尔/升）	总硬度 （毫摩尔/升）
开封程家鱼塘水源	C^{Mg}_I	0.0725	7.998	3.515
开封史寨水源	C^{Mg}_I	0.0563	6.947	5.535
开封马庄汤家水源	C^{Mg}_I	0.0722	8.264	5.565
新乡大里薛村水源	C^{Mg}_I	0.0795	8.431	3.481
新乡辛店村水源	C^{Mg}_I	0.0963	9.658	4.314
新乡沿林庄村水源	C^{Na}_I	0.0967	10.870	4.583
新乡三合村水源	C^{Na}_I	0.0588	7.188	4.148
郑州孙岗村水源	C^{Mg}_I	0.0766	7.369	3.855
郑州石桥村水源	C^{Mg}_I	0.1016	9.709	4.953

二、低洼盐碱地池塘水型的主要特征

低洼盐碱地池塘水型主要表现在"三高"（高盐度、高碱度、高硬度）和离子组成复杂。

（一）高盐度

天然水是一个多组分、多相、运动变化的混合体系，含盐量是天然水的一项重要指标。反映天然水含盐量的参数，通常有离子总量、盐度和氯度，后两者主要用在海洋学中，离子总量、盐度多用来反映内陆水的含盐量。离子总量是指天然水中各种离子的含量之和，包括水质中主要离子、营养元素、有机物质和微量元素等，由于含量微小的成分对离子总量的贡献很小，通常忽略不计。故在计算离子总量时往往只考虑水中的主要离子，构成离子总量的主要离子包括Na^+、Mg^{2+}、Ca^{2+}、K^+、Cl^-、SO_4^{2-}、HCO_3^-和CO_3^{2-}。在特殊情况下，水中可能含有比较多的NO_3^-、NH_4^+或Fe^{2+}等离子，则应考虑。

盐度是指1000克水中所含溶解盐类的克数，测定方法通常采用重量法、电导法、阴阳离子相加法、离子交换法等。盐度高是低洼盐碱地池塘水型的首要特征，低洼盐碱地池塘盐度的高低主要取决于以下几个方面：

1. 水源水

水源水中含有一定量的金属离子,进入池塘后会逐步积累。一般水源为井水的池水盐度,比水源为河水等地表水的池水盐度要高。

2. 土壤盐渍化程度

它的高低是池水盐度的决定因素,土壤盐渍化程度越高则水质盐度越高,反之则低。

3. 蒸发量

盐度与蒸发量关系密切,春秋季节气候干燥,池水蒸发量大,池水盐度升高。实践证明,低洼盐碱地养殖池塘不宜太小,一般要大于5亩,池塘太小,池水与四壁接触面积大,易于蒸发,盐度上升速度快。

4. 药物和肥料

使用含有金属离子的肥料和药物以及含有氯离子的药物会增加池水的盐度。

受以上4种因素的影响,盐碱地池塘水质的盐度一般在1.0~15.0克/升之间变化,且春季、晚秋、冬季的池水盐度高于夏季到晚秋之前的池水盐度,夏季经常施肥和使用氯制剂较多的池塘池水盐度较高。

(二)高碱度

水的碱度是指水中所含氢氧根、碳酸氢根、碳酸根等弱酸离子的量,根据离子不同有总碱度、碳酸盐碱度等之称。水的酸碱度用pH表示,pH越高水的碱性越强,pH越低水的酸性越强,pH的范围是1~14,养殖用水pH应在6.5~8.5,低洼盐碱地池塘水质pH一般在8.0以上,有的超过9。pH的高低主要受3大系统的影响:

池水的缓冲作用: $CO_2 + H_2O = H_2CO_3 = H^+ + HCO_3^-$; $HCO_3^- \rightarrow H^+ + CO_3^{2-}$。

生物活动:动物的呼吸和植物的光合作用。

有机酸腐殖质系统:有机质腐败产生腐殖酸的作用。

其中起决定性作用的因素有2个:一是池水的缓冲作用,池水缓冲量越大,则pH变化幅度越小,稳定性越高;二是生物活动体系,主要是浮游植物的光合作用与呼吸作用、微生物的分解作用,生物活动过程越强烈,则 pH 波动的幅度愈大。

(三)高硬度

水的硬度是指水沉淀消耗肥皂的能力,从理论上讲它包括除碱金属以外的所有金属离子,淡水中含量最多的是 Ca^{2+},海水中是 Mg^{2+},因此 Ca^{2+}、Mg^{2+} 是构成天然水硬度的主要成分。我国渔业用水标准中没有规定硬度指标,但在生产实践中得出的结论是:硬度的适宜范围为 1.0~3.0 毫克当量/升。影响水体硬度的因素除自然环境外,人为因素(施肥、用药等)也会产生重要影响,例如使用漂白粉、生石灰等含钙(Ca^{2+})消毒剂会增加水体硬度;使用氨水等碱性肥料会降低水体硬度。

(四)离子组成复杂

养殖用水由 K^+、Na^+、Ca^{2+}、Mg^{2+} 和 Cl^-、CO_3^{2-}、HCO_3^-、SO_4^{2-} 8 种主要离子组成,简称八大离子。一般在沿海的低洼盐碱地池塘水中,$Na^+ > Mg^{2+} > Ca^{2+}$,$Cl^- > SO_4^{2-} > CO_3^{2-} + HCO_3^-$;天然海水中 Mg^{2+}/Ca^{2+} 约为 3,K^+/Na^+ 为 1/4;内陆低洼盐碱地盐碱水中 Mg^{2+}/Ca^{2+} 约为 2,K^+/Na^+ 为 1/6;天然淡水中 Mg^{2+}/Ca^{2+} 约为 3,K^+/Na^+ 约为 1/7。低洼盐碱地水质比较复杂,各种离子的成分和含量不稳定。

三、水型特征对养殖生物的影响

(一)高盐度的影响

养殖生物对水的含盐量都有一定的要求和适应范围,水中的含盐量维持着水生生物体内的正常渗透压。不论是淡水生物还是海洋生物,如水质中的含盐量超过了生物渗透压的调节能力,便会使养殖动物出现死亡现象。池水高盐度对鲢鱼、鳙鱼的生长影响较大,使鱼体抗病力下降。盐度较高的水质破坏了鱼类渗透压平衡,鱼类要消耗较多的营养物质来维持渗透压平衡,因此用于生长的营养物质相对减少,影响鱼体正常生长。高盐度水质对鱼体鳃的表皮组织破坏性较大,鱼体内外的气体交换受到影响,降低了饲料的消化吸收率,鱼体体质较弱,抗病力下降,易发病。此外,养殖动物的耐盐限度与水中各主要离子的组成有关,在离子系数和碳酸盐碱度较高的水质中,养殖动物的耐盐性降低。由于天然盐碱水质的含盐量相差悬殊,在利用盐碱水开展水产养殖时还须注意,只有一定的离子浓度和离子比值,才能保证鱼类生理机能活动的需求。

降低池水盐度主要从水源、肥料及药物等3方面采取措施:

1. 换水或补充新水

水源水以地表水,如河水或水库水为宜,尽量减少井水的使用量,夏季降水量较多时要适当加大池水的排出量。

2. 少施无机肥料

尽量少使用含有金属离子(钙、钾、钠离子)的无机肥料。

3. 有选择性地使用药物

氯离子可以与某些重金属离子形成络合物,使其溶解度增大,硫酸铜和硫酸亚铁中分别含有二价铜离子和二价铁离子,施入水体后会增加水体盐度。因此,在低洼盐碱地养殖中应避免使用或最低限度使用氯制剂、硫酸铜和硫酸亚铁等药物,尽量使用中草药制剂。

(二)高碱度的影响

1. 影响血液的酸碱平衡

pH高或低本身是一种毒性,会影响血液的酸碱平衡,使血红蛋白结合氧的能力下降。

2. 影响多种生物的转化

pH是池水化学因子和生物因子的综合反应,能影响多种生物的转化。

3. 影响非离子氨(NH_3)的含量

pH高的池水中分子氨的含量升高,相反pH和温度降低,非离子氨态氮的比例降低。相对来说离子铵(NH_4^+)对生物的毒性较小,而非离子即分子氨(NH_3)则具有很强的毒性。因此一般养殖水的氨氮应保持在0.5毫克/升以下,不同的pH和温度下,非离子氨的比例见表5-6。

表 5-6 不同的 pH 和温度下非离子氨的比例

pH	温度		
	20℃	26℃	32℃
7.0	0.4%	0.6%	0.9%
8.0	3.8%	5.7%	8.8%
8.6	13.7%	19.4%	27.7%
9.0	28.5%	37.7%	49.0%
9.4	50.0%	60.3%	70.7%
10.0	79.9%	85.8%	90.6%

降低水体中的碱度,可采取以下措施:

1. 直接施酸

当池水 pH 过高(>9.0)有可能使鱼类致死时,可以直接使用 0.5 千克/亩的醋精全池泼洒。

2. 施用微生态制剂

池水碱度过高时,可以施用硝化细菌、酵母菌和乳酸菌等有益产酸菌,促进有机成分酸化,降低水体的 pH。

3. 科学施肥

科学施肥一是要选择酸性肥料;二是要少量多次,使水体保持适当肥度,避免由于浮游植物过度繁殖,光合作用过强,大量消耗二氧化碳引起 pH 升高。同时,可防止浮游植物的过度繁殖形成水华,保持养殖水体较强的缓冲能力,从而保持水体 pH 的稳定。对已发生水华的池水应采取直接换水或用消毒剂全池泼洒后再换水的方法加以处理,处理后全池施入过磷酸钙、磷酸氢钙等磷肥,每次用量为 1 千克/亩。

(三)高硬度的影响

适当的硬度对养殖有利,能增加水体的缓冲作用,减少生物对重金属离子的吸收,还能促进浮游植物的生长。Ca^{2+} 和 Mg^{2+} 能够拮抗 K^+ 的毒性,但是高硬度,即水体中 Mg^{2+}、Ca^{2+} 含量过高,容易造成藻类的过度繁殖,夏、秋季节螺旋藻、绿球藻、微囊藻、隐藻、绿裸藻容易成为优势种群。尤其是在夏季,微囊藻易形成水华引起鱼类缺浮头,从而使摄食与生长受到影响,严重时造成泛池死亡。另外,死亡的微囊藻分解散发的腥味也会使鱼肉产生异味,影响鱼类产品品质。低洼盐碱地高硬度鱼池,在夏季池水中还容易出现浮游动物和轮虫的过度繁殖,轮虫密度一般 5 个/毫升左右,最高可达到 10 个/毫升,极易引起鱼类缺氧浮头。

高硬度的调节主要有化学和生物 2 种方法:

1. 化学调节法

通过水质化验、分析,了解水体离子组成和含量,对于缺少的成分直接施入适量的化学物质进行调节,如缺钾可直接补入氧化钾;结合 pH 调节,可直接施入酸,通过调节水体的酸碱性,调节离子的溶解度,起到调节离子组成的作用。

2. 生物调节法

提高池塘水体的肥度,通过配方施肥或接种有益藻类,使有益藻类成为优势种群,通过藻类对水体中各种离子的同化吸收,起到调节水体离子组成的作用;施微生态制剂,改善水体内部循环,通过调节物质代谢起到调节离子成分的作用。

(四)离子成分复杂的影响

离子比例失调可直接产生毒性,阳离子的比例与养殖有十分密切的关系,通常用离子系数评价水质的毒性,$K^+ + Na^+/Mg^{2+} + Ca^{2+}$ 称为离子系数,用 K 表示,K 值越高水体毒性越大,超过 6 以上鱼类难以生存。其他离子间的关系对养殖生物的影响仍待研究。

第三节　低洼盐碱地池塘水质综合调控技术

水是水产养殖生物生存的介质,为养殖生物提供氧气和养分,满足养殖生物成长时的物质需要与能量需求。水体还会滋生病害和毒物,直接影响到养殖效果,造成养殖生物的疾病和死亡,因此,水质也是影响养殖生物生长和健康的一个最为重要的环境因子。生物在不良水质中摄食量下降,甚至停止摄食,水质严重恶化时病毒和细菌就会大量滋生,导致病害发生,致使死亡,造成养殖生产失败。目前在对一些病毒病还没有有效治疗方法的情况下,搞好水质管理就显得尤为重要,即人们中常说的"养鱼先养水"。

养水的关键是人为调控水环境,放苗前的肥水即是养水的开始,目的是促进浮游生物和底栖生物的生长,特别是浮游生物,既能为池塘提供充足的氧气,减少水环境的波动,保持水环境相对稳定,又能在养殖初期,为养殖生物苗种提供一定的动物性饵料,加快其生长。而养成期间,更应加强水质调节,注重增氧机、水质保护剂和微生态制剂的使用,减少或避免病害的发生,维持良好的池塘生态环境,保持水质"肥、活、嫩、爽",为养殖生物生存与生长提供有利的条件。因此,优化和改善养殖环境是养殖成功的关键,也是防治病害的重要技术措施之一。

一、盐碱水质调控管理要素

低洼盐碱地开展水产养殖要了解水质类型、特点,掌握不同盐碱水质对养殖生物的影响及主要的制约因子,以危害分析与关键控制点(HACCP)作为水质改良的重点,针对不同水质类型,选用不同类型的盐碱水质改良剂进行改良,使盐碱水质符合水产养殖用水的要求。

好的水质是降低发病率,保证养殖成功的关键。要保持良好的水环境关键是将盐度、碳酸盐碱度、pH、主要离子比值、营养盐因子和有益微生物维持在合理的水平,避免出现应激反应造成养殖生物的伤害,从而导致各种疾病的发生。水质的调控管理包括以下几个要素:

(一)水质关键控制点

在养殖过程中要注意低洼盐碱地水产养殖的关键控制点,包括盐度、碳酸盐碱度、主要离子比值和pH的变化,使其维持在合理的水平,这是低洼盐碱地水产养殖成功的关键。因此,养殖期间必须经常监测水质的变化,为养殖水质的调控提供参数,尤其是碳酸盐碱度和pH。一般pH须控制在7.8~8.8,碳酸盐碱度须低于5毫摩尔/升。盐度则根据养殖品种而定,淡水养殖品种盐度须低于0.8%。

（二）水色

水色是指池水在阳光下所呈现的颜色,其主要受浮游生物种类和数量的影响,而各种浮游生物对水温和环境的要求也有所不同,因此,浮游生物种类和数量常随着季节的变化而变化。一般规律是,春季水色多呈褐色,喜低温的硅藻居多,随着水温的升高,绿藻逐渐取代硅藻成为优势种群,水色转化为黄绿色。硅藻和绿藻中含有多种单细胞藻,单细胞藻类是养殖动物的优质饵料,这样的水质具有"鲜、肥、活、嫩、爽"的特点。

"鲜"是指养殖水的来源要新鲜、没有污染、不陈腐。"肥"是指水的肥度。值得注意的是,低洼盐碱地池塘水体由于缺乏氮等营养物质,对于新开挖的池子,水质较难肥起来,因此要施用有机肥,并增加磷肥,可达到池塘水体快速肥起来的目的。"活"是指池塘水随着日光照射强度,而发生的周期性变化。清晨因光合作用池塘中浮游植物易上浮到池塘表层,中午前后随着日照强度的增强而下移到水的中下部。池塘水质出现月变化、日变化、上午变化和下午变化等,表明池塘中的藻类种类较多,优势种群交替出现,水质良好。"嫩"是指池塘水肥而不老,浮游植物处于指数生长期。养殖中良好的水色为黄褐色、黄绿色、鲜绿色和褐色,具有新鲜感,无异臭味。"爽"是指池塘水清新爽亮,浮游植物生长量在100毫克/升以内,水中溶解氧条件较好。

俗话说"养鱼先养水",好的养殖水质是养殖成功的关键。水体是鱼类赖以生存的外部环境,养殖水环境的优劣,决定着养殖的成败、养殖产量的高低以及养殖过程的健康及安全与否。在生产中常根据养殖水体的颜色推断水质情况。因此,对水体的要求:一是要确保盐碱水质符合水产养殖的要求;二是要注意观察水体的颜色,不同的水体颜色体现了养殖池塘的水质条件和生态情况,通常绿色、黄绿色是水质良好的表现;三是水体的色泽,通常水体的色泽鲜活,不发黑是水质良好的表现;四是透明度,养殖池塘的透明度是养殖水体质量好坏与否的指标,养殖水体的营养化程度,随着透明度的下降而上升,通常透明度在25～30厘米时水质较好,常见的水体颜色主要有以下几种:

1. 黄绿色

水体呈黄绿色是比较适宜的养殖水色,表明养殖水体中的藻类数量较多,以处于快速生长期的绿藻为主,属于较好的水质,但仍需要密切注意水色的变化发展,适时调整。

2. 褐色

水色呈褐色,表明池水中有机物质含量较多,池塘水色较浓,不利于鱼类生长,应考虑换水和加注新水,防止水质老化和鱼类浮头。

3. 灰白色

灰白色水色的主要原因是池水施放有机肥不久,或者是池塘老化,这说明水体中有大量原生动物繁殖或浮游动物含量较多。出现这种水色,可以泼洒二氧化氯等消毒剂或沸石粉等水质改良剂。

4. 黄白色

二氧化碳不足引起的水色变化,表层池水呈黄白色。这种水色一般出现在夏季无风的中午,由于藻类光合作用旺盛,池水中的二氧化碳被消耗殆尽,藻类因代谢紊乱而死亡。此时,应及时开启增氧机,泼洒沸石粉等水质改良剂,以提高水中的氧气,改善水质。

稳定水色,保持合理的藻、菌相系统,形成相对稳定的养殖水环境,是低洼盐碱地水产养殖中的一个不可缺少的环节。在低洼盐碱地池塘养殖中,水色呈绿色,则表明鞭毛藻占优势;水色呈红色,表示原生动物繁殖旺盛;水色呈乳白色,表明细菌大量增生;水色呈蓝绿色,表明蓝藻大量出现;如水体突然变清,则表明水中浮游植物突然死亡,水质出现异常。在养殖过程中,要根据养殖池塘水色的变化追加肥料。另外,每 10~15 天使用 1 次光合细菌、芽孢杆菌和枯草杆菌等微生态制剂,维持养殖池塘微生态的稳定和平衡。

(三)水质的浊度和黏度

在整个养殖期间,尤其是中期最容易发生水质败坏。此时,池塘中各种有机物沉积量增多,水中有害物质的浓度升高,毒性增强,致病生物也容易大量繁殖。因此,控制好养殖池水的透明度,定期、适时使用沸石粉等水质改良剂,以降低水质的浊度和黏度,也可酌情使用 50~80 毫克/升的漂白粉,减少有机耗氧量,减少和防止病害发生。

二、盐碱水质综合调控技术

盐碱水由于水化学组成的多样性和复杂性，养殖性能较低，而且低洼盐碱区域干旱少雨，池水蒸发量大，加剧了盐碱水质对养殖生物的影响。池塘水环境的质量直接影响鱼类的生存、摄食和生长。池塘养殖要想达到高产、高效的目的，理想的池塘条件、优质的饲料、健康的鱼种和合理的放养密度固然重要，但还必须具有良好的水质。因此，调节盐碱水质，使其达到健康养殖的水质标准是非常重要的。

通常盐碱水质改良可根据养殖的具体情况，如养殖水源是否丰富、是否有淡水水源、底质和池塘水的化学特点等，选择物理、化学和生物的方法进行综合调控。

(一)物理方法

1. 注水调节

保持池塘高水位，春季池塘定期注入新水，以弥补池水渗漏和蒸发。在高温季节，定期排出部分池塘底水，排水量为原池水量的15%～20%，然后注入新水。池水深度保持在1.8～2.0米为宜。

2. 机械增氧

通过增氧机的运转，加速池水的对流，增加氧气和散发水中的有毒气体，达到防止池水老化的目的。由于增加了溶解氧，从而改变了池水的化学性状，又不降低池水的肥度。使用增氧机要做到"三开两不开"，即晴天中午开机，阴天次日清晨开机，连阴天有浮头征兆时开机，傍晚不开机，阴雨天白天不开机。

低洼盐碱地水产养殖多采取封闭的养殖模式，不可能通过换水来改善水质，因此养殖水质的保护尤为重要。在养殖过程中，池塘的池底沉积大量的饵料残渣、动物的排泄物和动植物尸体，这些产物在降解过程中，需消耗大量的氧气，严重时会形成缺氧层，造成大量厌氧细菌繁殖，同时，还会产生如硫化氢、氨氮等有害气体。因此，在低洼盐碱地水产养殖中增氧机的作用非常重要，其功用主要有两方面：一是增加气、水的接触面积，让更多的氧溶入水中，增加养殖水体的溶解氧；二是搅动水体，形成水流，能将池水表层丰富的溶解氧与池底的缺氧层进行交换，提高底层水的溶解氧水平，促进池内有机物的氧化分解，减少底层水中硫化氢、氨等有害物质的含量。同时，还能将有害的气体带到池水表层挥发到空气中，有助于改善底质水产养殖动物的生存条件，使养殖动物得以很好生长。因此，增氧措施是改善水质、底质，增强养殖生物体质，预防病害发生和提高养殖产量的最有效手段。

增氧机的使用应在了解增氧机的功能、作用原理的基础上，根据养殖池塘的条件、放养密度等进行选配。对于比较浅的池塘（水深1.5米以下），可选用水车式或功率小的增氧机（图5-9）；水深1.5米以上或养殖密度较高、面积较大的养殖池塘，最好同时选用水车式增氧机和叶轮式增氧机（图5-10），按1:1的比例搭配使用，或考虑多配置几台增氧机。

图5-9　水车式增氧机

3. 清除池底淤泥

池塘淤泥主要是由养殖池塘中死亡的生物体、养殖动物的粪便、残剩饲料等不断积累，加上在夏秋雨水季节冲刷塘基的泥沙掉落池塘，逐渐在池底形成的。池塘淤泥对养殖池塘水质和水产养殖有利有弊，池塘淤泥有供肥、保肥和调节水质的作用。由于淤泥中含有大量的无机营养物质，通过细菌分解或离子交换，在适当条件下可以释放出氮、磷、钾等养分，供应浮游植物等生长需求。另外，淤泥中的胶体物质能吸附大量的无机盐和有机物质，当池塘营养成分过剩时，淤泥就通过吸附作用暂时把肥效保存起来，然后再逐步释放到水中供

图 5-10　叶轮式增氧机

浮游生物利用。因此,淤泥能起到供肥、保肥及调节和缓冲池塘水质突变的作用,低洼盐碱地池塘有一定的淤泥,可以缓冲底质土壤对水质的影响,稳定水质。

但淤泥过多会对养殖产生不利的影响。淤泥中含有大量的有机物,大量的有机物经细菌作用,氧化分解,消耗大量的氧气,往往使池塘下层水中本来不多的氧气消耗殆尽,造成缺氧状态。在缺氧条件下,厌气性细菌大量繁殖,对有机物进行发酵,产生较多的还原性中间产物,如氨氮、硫化氢、甲烷、一氧化碳、二氧化碳、氢、有机酸、低级胺类和硫酸等。这些物质大都是有害的,它们在水中不断累积,会影响养殖生物的生长。池塘淤泥过多,易使水质恶化,酸性增加,病菌容易大量繁殖,同时在不良环境中,有害物质容易造成养殖生物慢性中毒,如麻痹、窒息、抵抗力减弱,增加了病害发生的概率。因此,池塘的淤泥多,可以采用水枪或挖泥机进行清淤,清除的淤泥加高池埂,增加池塘深度,使鱼池保持设计标准,控制返盐碱。另外,可以采取泼洒生石灰对池塘淤泥进行翻耕清理、暴晒,消除淤泥过多带来的不良影响。

(二) 化学方法

1. 池塘测水配方施肥技术

该技术是根据营养元素不同配比,使用挂瓶测生氧量的方法,确定不同池塘藻类生长的限制元素,然后对池水施加相应的化学肥料,从而避免了施肥的盲目性。缺点是操作较复杂。

除了极少数废旧池塘中常年累积的盐碱水有一定量的浮游生物量外,盐碱水中缺少藻类和浮游生物,尤其是新挖池塘中的渗透水,常常清澈见底,因此只有通过肥水,才可以充分发挥池塘的初级生产力,形成稳定有益的藻相,建立起适宜水产养殖的池塘生态体系。养殖池塘内繁殖基础饵料生物,主要是浮游动植物,是解决鱼虾苗种早期饵料,促进苗种生长的一项有效措施。利用天然饵料既能降低生产成本,改善养殖生物的环境条件,促进池水中的物质循环,又能为苗种提供优质的饵料,有效地预防病害的发生。因此,养殖前池塘肥水不但可以强壮鱼虾的体质,降低病害的发生,而且可以降低养殖成本,增加养殖效益。

肥水的整个过程实际上应包括清池、进水、施肥和引种等几个方面。在放苗前1个月应做好清池工作,然后用60目筛绢网过滤进水,一般视水温、池塘的深浅进水60~80厘米,进水后即可进行施肥。肥料可选用无机肥或有机肥,一般使用化肥,而有机肥在使用前应经过充分发酵。常用的化肥种类包括尿素、碳酸氢铵、硫酸铵、过磷酸钙等,通常在夏季高温季节使用。化肥在充分溶解后全池泼洒,每次用量为1.5~2.0千克/亩。易发生三毛金藻中毒症的池塘,选用碳酸氢铵肥料效果好,NH_4^+可抑制三毛金藻的繁殖。以后可根据水色情况,不定期地追加肥料,使池水保持浅绿色或褐绿色,透明度保持在25~30厘米。低洼盐碱地新开挖的养殖池,适宜施用有机肥,但在施肥前必须经过充分发酵,以免污染池底,使用多年的养殖池,最好不用或少用有机肥,有机肥具有肥效释放慢但持久的特点,对培养底栖生物的效果较好,故首次施肥时,也可与无机肥同时使用,以促进浮游生物的生长。有机肥中以发酵鸡粪为好,可以直接撒入池中,用量为25~50千克/亩,也可以采用挂袋法,将鸡粪装入编织袋,堆放在池子里,等水质肥起来后再取出。

2. 使用水质改良剂调节

水质改良必须根据每个水样的测定结果,选择适用的改良剂型号及所需使用的数量,使盐碱水质中的主要因子满足养殖生物的生长需求。目前,养殖中使用的水质改良剂,一般分为3大类。第一种类型主要是降pH、降碳酸盐碱度，如水质改良剂Ⅱ、水质改良剂Ⅲ（中国水产科学研究院盐碱地渔业工程技术研究中心研制）；第二种类型主要是促进水产动物的生长，如水质改良剂Ⅰ；第三种类型是降低水质中有机物含量，如水质改良剂Ⅳ和水质改良精（中国水产科学研究院盐碱地渔业工程技术研究中心研制）。还有在水产养殖上使用较普遍的沸石粉，或以沸石粉、过氧化钙为主要成分的水质保护剂，均能起到改善水质的作用。水质改良剂种类繁多，因此，在使用水质改良剂时，一定要弄清水质改良剂的性质，在科技人员的指导下，正确选用水质改良剂。

（1）生石灰　当池塘代谢产物积累造成水质老化时，应及时泼洒 $10\sim15$ 克/米^3 的生石灰水。生石灰除了起到杀菌消毒防治鱼病的作用外，还是一种良好的絮凝剂，泼洒生石灰水可破坏池塘表膜，还可把池塘表面衰老的、比重较轻的藻类沉于池底或形成有机腐屑，清除了营养的竞争者，使水质保持"肥、嫩、活、爽"，使藻类细胞保持幼嫩状态，提高营养价值。此外，低洼盐碱地池塘经常泼洒生石灰水可增加水体中的 Ca^{2+}，改变池水中的 Mg^{2+}/Ca^{2+} 值和离子系数。Ca^{2+} 还可与池水中的 CO_3^{2-} 形成 $CaCO_3$ 沉淀，降低 CO_3^{2-} 离子浓度，限制pH上升的上限值，降低碱度和pH，增加水体的缓冲作用，对培育优质藻类，提高浮游植物生物量和鱼产量十分有利。因此，低洼盐碱地新池塘泼洒生石灰水是改善池塘理化因子和生态条件的不可取代的重要技术措施。因低洼盐碱地池塘水质碱度较高，生长季节一般不使用生石灰。

（2）吸附剂　在养殖季节，使用沸石粉、活性炭等吸附剂，每30天洒1次，使用量 $15\sim25$ 千克/亩，可以吸附池水中部分盐碱、氨氮、亚硝态氮、硫化氢等，达到净化水质的目的。沸石粉的主要成分为二氧化硅，它的结构空旷、疏松，具有许多排列整齐的晶穴和孔道，除可以改善水质外，也可以用于改善底质，吸附池底的有害物质，增加池底的通透性。

（3）生氧剂　常用的生氧剂有过二硫酸铵、过氧化钙等，生氧剂施入池水后放出初生态氧，从而加快有机质氧化，消除氨、硫化氢、甲烷等有毒物质，增加水中的溶解氧量。

(三)生物方法

1. 使用微生态制剂调节水质

微生态制剂是一种活菌制剂,是人们根据微生态学的原理,运用优势菌群,对水产动物体内或生活环境中的有益微生物菌种或菌株经过鉴别选种、人工培养、干燥等系列加工手段制成的。它具有成本低、无毒副作用和无环境污染等特点,在低洼盐碱地池塘养殖中大力提倡使用微生态制剂,其主要作用是:①净化池塘的水质和改善底质,微生态制剂可以在低氧或缺氧的状态下,分解水中的有机物,如氨氮、有机酸及硫化氢等有害物质,使之转化成为自身生长必需的无机盐,能够有效减少水质中的有机耗氧。因此,定期在养殖池塘中添加光合细菌,可以达到净化养殖水质和改善底质的作用。②促进有益浮游生物的繁殖,维持池塘水质稳定。有益菌分解有机物产生的无机盐,可以促进养殖水体中单细胞藻类的繁殖,使水质维持藻相和菌相平衡,减轻环境变化对养殖生物的刺激。③抑制病原性细菌的生长,防止养殖生物病害的暴发。有益菌在养殖池塘中,通过与病原菌竞争生长所需营养以及生存空间等,形成优势种群,使病原菌失去繁衍和暴发的条件,从而减少养殖生物染病的概率,达到防病治病的目的。④可以作为生物饵料,促进生长。有益菌含有丰富的蛋白质、胡萝卜素、B族维生素以及抗病因子(生物活性物质、非特异性免疫调节因子)等,可使水产养殖生物体内(如肠道)、生活环境中的微生物得到菌群平衡,并能在水体中形成生物团,增加养殖水体中的饵料生物量,可以促进养殖生物健康生长。

微生态制剂主要包括微藻及细菌、真菌等,这些生物可以分解养殖过程中产生的有机质等有害物质,保持良好的养殖水质。浮游微藻主要通过光合作用,吸收水体中的二氧化碳,提供水生动物呼吸所需要的氧气,提高水体的溶解氧量,避免水体因缺氧而导致有害物质的滋生。在光合作用的过程中,浮游微藻还可利用水体中的无机氮和磷,防止养殖水体的富营养化。细菌和真菌在水体中主要是分解水体中积淀的有机物,产生无机盐类等供浮游藻类吸收利用,从而保持良好的养殖水质。但在缺氧条件下,细菌和真菌则进行无氧分解,产生有害物质,败坏养殖水质。因此,必须保持养殖水体有充足的氧气。

微生态制剂大多由不同种类的微生物组成,微生物可分为两大类,一类是有害微生物,另一类是有益微生物。微生态制剂则是由有益微生物组成,不仅不会导致养殖动物生病,而且会降低养殖动物的发病率。使用微生态制剂可以有效提高鱼、虾幼体成活率,而且病原体显现的种类、数量和危害程度均显著减少。这种作用的原因主要是:①微生态制剂可以利用水体中的氨氮等有害物质,减少水体中及水生动物体内溶解有机物的含量,预防有害物质如氨和胺的产生,改善水体和体内环境。②微生态制剂在水体中能形成生物团,扩充基础饵料的数量,促进水生动物的生长。同时,微生物在动物消化道中起到提供营养、促进吸收、提高饲料转化率的作用。③微生态制剂在养殖水体中可以形成优势种群,与病原菌竞争生态环境,抑制有害菌的繁衍,维持机体微生态平衡。

目前,市场上常见的应用于水产养殖的微生态制剂产品分为两类:一类是用于改良水质的,即水质微生态调控剂;另一类是内服以提高水产动物抗病力的,即饲料微生态添加剂。根据微生态制剂的作用,在水产养殖中主要是作为养殖水质的调控稳定剂和饲料添加剂。微生态制剂调控水质时,一是要选择适宜的微生态制剂,现在市场上用得最广泛的是光合细菌,其他还包括枯草杆菌、芽孢杆菌、硝化细菌和酵母菌等,光合细菌、芽孢杆菌等微生态制剂适宜在养殖前中期使用,因为这些微生态制剂不仅能够在养殖水体中形成优势种群,抑制致病菌,保持良好的养殖水质,还可以增加基础饵料量;二是要注意不能和消毒剂、抗菌药同时使用,因为消毒剂在杀死水体中有害微生物的同时,也会将有益微生物杀死,若使用了消毒剂、抗菌药,则必须在3天后再使用微生态制剂;三是微生态制剂要定期使用,保持水质中有一定的菌群数,另外,微生态制剂可与沸石粉充分混合,使用效果更佳。

EM益生菌为一类有效微生物菌群,是一种新型复合微生物活菌剂,其主要成分有光合细菌、芽孢杆菌、乳酸菌、酵母菌、放线菌、发酵丝状菌、维生素和氨基酸等,含菌量$\geq 1 \times 10^9$个/毫升。作为一种水质改良剂在水产养殖中有广泛的应用,光合细菌可与其他细菌产生协同作用,能有效抑制致病菌的生长繁殖,迅速形成有益微生物优势种群,创造良好的生长环境,提高鱼苗的成活率和养殖水体的生态能量转换效率。在鱼种期 7~8 月使用效果最佳,浮游生物数量和生物量都达到峰值。可每周施用 1 次,对水稀释后全池泼洒,用量为 0.3 升/亩。施用 EM 益生菌前 3 天不要用消毒剂。

2. 种植耐盐碱植物

在水面种植水葫芦、水花生等漂浮植物,水中适当保留一些挺水植物以吸附水中的氨氮、盐分等。台面种植苜蓿、苏丹草、黑麦草、棉花等耐盐碱植物,以吸附土壤中的盐碱,从而达到间接调节水质的作用。

盐碱地池塘水质调控的方法并不是绝对的,渔业生产中应根据不同池塘的具体生态条件,采取相应的技术措施,也可以几种方法结合使用,力保在养殖季节使池水水质达到较为理想的标准,即传统的四字标准"肥、活、嫩、爽"。

第六章　低洼盐碱地池塘养殖病害的诊断与防治

对于水产养殖生物来说,水环境既是其生存的空间,又是其生活的场所。如水环境不好,易使养殖的水产生物得病从而影响养殖效果。任何水产养殖生物疾病的发生都有一定的原因和条件,主要是外界环境的各种致病因素和机体自身反应特性这两方面相互作用的结果。致病因素作用于机体时,扰乱了养殖生物的正常生命活动,表现为对外界环境的适应能力降低,以及产生一系列的不适症状。但疾病是否发生,不仅取决于致病因素或致病刺激物的质和量,更取决于机体自身对各种刺激物和周围环境的承受能力。

第一节 低洼盐碱地池塘养殖病害种类

一、低洼盐碱地池塘养殖致病因素

(一)外界因素

引起疾病的外界因素很多,基本上可以概括为生物、理化和人为三大因素。水环境中的致病因素很多,主要包括生物因素和理化因素等。前者所导致的疾病有发生、发展的过程;而后者一般只在疾病发生的最初阶段起作用,不参与疾病的发展过程,带有突发性质。

1. 生物因素

生物因素是引起水生动物疾病的最重要因素之一。一般水生动物疾病多由各种病原微生物感染、寄生和侵袭而引起。引起水生动物疾病的生物因素大致可分为传染类生物、侵袭类生物和敌害生物。

传染类生物主要有细菌、病毒、真菌等病原体。水生动物受到病原体感染后引起传染性疾病。此类疾病的特点是发病速度快、来势猛、死亡率高,是鱼、虾类的主要疾病。

侵袭类生物引起的疾病主要是指由原生动物、扁形动物、线形动物和甲壳动物侵袭养殖水生动物引起的疾病,也称为寄生虫病。

凶猛鱼类、鸟、水蛇等直接吞噬鱼类,水生昆虫及其幼虫伤害幼苗,水绵、青苔等危害鱼苗,这些称为敌害生物。

2. 理化(环境)因素

在自然条件下,环境因素是复合性的,它不但影响养殖生物,也可直接影响致病生物,或间接通过养殖生物影响致病生物。水温、盐度、pH、溶解氧等都是水生环境中的非生物因素,其中温度、水流、机械性损伤等都属于物理性致病因素;而盐度、pH、溶解氧和氨氮、硫化氢等有毒气体,汞、铅等重金属盐类以及有机磷农药、氰化物、酚、氯仿等,都属于化学致病因素。

3. 人为因素

在养殖过程中由于饲养不当等人为因素,往往也会导致疾病的发生。如不合理的放养密度,溶解氧量不足,饵料投喂不当,投喂变质饲料,会引起饲料性中毒或水质恶化,饲料中缺乏某些维生素、矿物质所导致的营养失调或代谢障碍等,以及由于操作所导致的机械损伤等,都属于养殖管理方面的致病性因素。

(二)内在因素

疾病的发生都有一定的原因和条件,外因必须通过内因产生变化,因此内因是变化的关键。同种或不同种的鱼类,由于它们的年龄、机体结构、分泌系统的不同,其免疫能力有很大的差异,如草鱼、青鱼患出血病时,同一池塘的同种同龄鱼中有的病死,有的根本不发病,这明显地表现出个体差异。同科鱼类也存在种的差异,如白鲢不易感染或较少感染细菌性肠炎,其鳃上可大量寄生鳃隐鞭虫而不发病;草鱼、青鱼则恰恰相反,极易感染鳃隐鞭虫而患病。因此,水生动物对病原的敏感性强弱与自身的遗传性质和免疫力有关,而生理状态、营养条件、生活环境等也都能影响水生动物对病原的敏感性。

二、低洼盐碱地池塘养殖疾病类型和常见种类

水产养殖动物的疾病一般可以分为生理性疾病和非生理性疾病两大类型:

(一)生理性疾病

1. 营养性疾病

由于动物蛋白长期摄入不足、过多或所含必需氨基酸不完全、配比不合理,碳水化合物不足或过多,脂肪不足或变质,以及维生素、钙、磷等矿物质缺乏等因素,会造成营养不良,引起疾病。

2. 应激反应

由水环境突变造成的养殖生物应激反应,会造成养殖生物机体抵抗力下降。

3. 机械损伤

当水产养殖动物由于压伤、碰伤、擦伤和强烈的振动等因素受到严重损伤,可引起大量死亡。当水中含氧量较低时,会引起养殖生物

到水面呼吸,这叫浮头,当含氧量低于其最低限度时,就会引起窒息死亡,又称泛池。

4. 气泡病

水体中某种气体过饱和,可以引起养殖生物患气泡病。个体越小越敏感,主要危害幼苗,如不及时抢救,可引起大量死亡。引起气泡病的主要原因有两方面:一是水中浮游植物过多,在光合作用下,水中溶解氧过饱和,某些地下水中氨或沼气过饱和;二是池塘中有较多未发酵的肥料,消耗大量氧气,在缺氧情况下分解出大量甲烷、硫化氢等气体,养殖动物误食造成气泡病等。

5. 中毒

主要是微囊藻和三毛金藻大量繁殖,导致水体中藻类毒素含量增加,导致养殖生物中毒大量死亡。

6. 病因不明的疾病

如肌肉坏死病、痉挛病和黑鳃病等一些不明病因的疾病。

(二)非生理性疾病

1. 细菌性疾病

由水中的弧菌、霉菌、气单胞菌等细菌引起的烂鳃病、肠炎病、细菌性败血症、溃疡病等疾病。

2. 病毒性疾病

由病毒引起的白斑综合征、桃拉病毒病、草鱼出血病和病毒性出血败血症等。

3. 由真菌和藻类引起的疾病

危害养殖生物的真菌主要有水霉、鳃霉等,引起养殖生物疾病的藻类主要有卵甲藻和三毛金藻等。

4. 寄生虫病

如固着类纤毛虫、孢子虫和车轮虫等寄生虫寄生而引起的疾病。

第二节　低洼盐碱地池塘养殖病害的诊断

养殖生物发病有多种原因，往往与水环境因素密切相关。为了准确诊断养殖生物的病害，一旦发病，要对发病情况进行仔细调查，包括发病数量、个体大小、病体活动与症状、病程的长短、死亡高峰以及养殖情况、气候条件等。再选择有代表性的病体进行解剖，采取从外到内、由表及里的顺序，对病体进行全面检查。并对病体的血液、鳃、皮肤、鳍、内脏器官等涂片或压片镜检，观察是否有细菌、寄生虫等。疾病的诊断是较复杂的过程，有的疾病单凭目测就可以作出诊断，而大多数疾病需要通过镜检才能做出判断。而对细菌及病毒病的确诊还需要进行免疫学、病理学的诊断，或进行病原体的分离、鉴定以后才能确诊。

一、诊断的基本方法

（一）肉眼观察

有经验者通过肉眼观察可大致判断出结果，肉眼观察主要是观察养殖生物发病体型是否异常和畸形，体色是否正常，体表是否有污物附着，机体有无充血、肿胀和溃疡等现象；鳃丝颜色是否正常，有无缺损或腐烂；内脏有无出血，腹腔内是否有腹水等。

（二）显微镜检查

在肉眼观察的基础上，从体表和体内出现症状的部位，取少量组织或黏液，涂片或压片后镜检，特别应对肉眼观察时有明显病变的部位进行重点检查，有助于对原生动物等微小寄生虫的确诊。

（三）免疫学诊断或病原鉴定

如怀疑是细菌、病毒等引起的疾病，则利用各种血清学反应（如酶联免疫法等）对细菌、病毒引起的疾病进行诊断，或通过病原体分离、鉴定的方法直接确定病原。

养殖生物患病后会出现各种各样的异常症状,一般有体色发黑、溃烂、黏液增多、肿胀、出现斑点、充血、出血等,以及游动异常(如游动缓慢、逛游、旋转等),呼吸加速或变慢,呼吸困难,摄食量少或不摄食,对外界反应迟钝,生长缓慢甚至停止生长。不同疾病引起的症状可能相似,如鱼类细菌性肠炎、草鱼出血病和细菌性败血症等均可引起肠壁充血,对虾的桃拉病毒和弧菌病均可导致红体。因此,症状不能作为判断疾病的唯一依据,需要正确诊断水产养殖的病害,切勿盲目治疗,以免延误治疗时间,给养殖生产带来重大损失。

细菌性和病毒性疾病仅仅依靠肉眼观察和镜检是无法确诊的,特别是由于两者有时引起的疾病症状极为相似,但治疗方法却截然不同。所以,细菌病和病毒病的诊断必须采取免疫学诊断、病原学诊断、人工感染实验以及病原体的分离、培养、鉴定等工作结合,才能最后确诊。

真菌病一般采用显微镜检查患病机体,即可做出诊断,但需要确定真菌种类时,必须进行培养,观察其繁殖方式及产生的有性孢子或无性孢子的特征等情况。

寄生虫少量寄生在养殖生物体上时一般无多大危害,感染严重时,有些寄生虫可在短期内引起养殖生物大量死亡,给生产带来极大的损失。寄生虫病一般采用显微镜检查患病机体,即可做出诊断。但要鉴定寄生虫的种类时,还需要通过染色、切片、培养及查明生活史等进行诊断。在诊断时一定要查明该寄生虫的数量及其对寄主的危害性,因为不是什么寄生虫寄生就是患什么寄生虫病的。所以,还要查明病体是否还患有其他疾病。

根据调查及解剖结果,在排除生物性病原的前提下,怀疑是由于水环境不良引致的,如水浅、密度偏高、溶氧太低、水温过高或过低,或突然变化太大,应对水质、底泥及患病机体进行分析测定,最后再判定具体原因。推测可能患营养性疾病时,则需要对所投饲料做出有关成分含量的测定,或对患病机体的相关内脏、肌肉、血液等进行测定后确定。

二、诊断注意事项

调查和病体的解剖检查必须交替进行，否则会由于调查时间较长，病体发生腐败变质，使查明病因难度增加；供检查用的病体必须症状明显，尚未死亡或死亡后不久；要增加病体的检查量，以保证检查结果的正确全面；肉眼检查应由外及里，先对发生病变组织镜检；检查工具必须干净，不弄破内脏，以免交叉污染；如池塘中同时发生几种疾病，应设法先解决危害较重的疾病。

第三节 低洼盐碱地池塘养殖病害的防治

一、低洼盐碱地池塘养殖病害防治原则

做好水产养殖疾病的防治工作，是提高养殖产量，保证经济效益的重要措施之一。由于水产养殖动物生活在水中，人类不易察觉其活动，一旦得病，及时和正确的诊断比较困难，治疗也比较麻烦。水产养殖动物的病害基本上都是进行群体治疗，多是采用全池消毒处理方法，这种方法在杀灭有害病原的同时往往会杀灭大量有益的藻类和细菌，破坏全池的藻类和微生物组成，对养殖生物十分不利。内服药一般只能由养殖动物主动摄入，所以当病情较重、机体已失去食欲时，即使再有效果的药物，也不能达到治疗效果。而尚能摄食的病体，由于抢食能力差，往往由于没有吃到足够的药量而影响疗效。外用药一般采用全池泼洒或药浴的方法，这种方法仅仅适用于小水体，且当疾病较轻时才有明显的疗效。而在大水体中使用较少，主要是用药量过大，在经济上不划算。

目前，水产养殖很多疾病仍无有效的治疗方法或根本无法治疗。只有贯彻"全面预防，积极治疗"的原则，采取"无病先防，有病早治"的方法，才能达到减少或避免疾病发生的效果。在预防措施上，既要

注意消灭病原、切断传播途径,又要十分重视改善生态环境,提高机体抵抗力。因此,只有采取全面的综合预防措施,才能达到防病效果。

二、渔药及其使用技术

水产养殖用药统称渔药,是指用于预防、治疗、诊断水产养殖动物疾病或者有目的地调节水产养殖动物生理机能的物质。根据使用的目的,可分为环境改良剂、消毒剂、抗微生物药、抗寄生虫药、代谢调节药、生物制品、微生态制剂、中草药和其他(抗氧化剂、麻醉剂、增效剂)等9类。国标渔药是以国家兽药典委会拟定的、国务院兽医行政管理部门发布的《中华人民共和国兽药典》和国务院兽医行政管理部门发布的兽药质量标准为兽药国家标准,2004年11月1日起施行。国标渔药名录见表6-1。

表6-1 国标渔药名录

序号	药品通用名称	出处
一、抗微生物药		
(一)抗生素		
氨基糖苷类		
1	硫酸新霉素粉	农业部1435号公告
四环素类		
2	盐酸多西环素粉	农业部1435号公告
酰胺醇类		
3	甲砜霉素粉	农业部1435号公告
4	甲砜霉素粉	《兽药典》-兽药使用指南化学药品卷(2010版)
5	氟苯尼考粉	农业部1435号公告
6	氟苯尼考预混剂(50%)	《兽药典》-兽药使用指南化学药品卷(2010版)
7	氟苯尼考注射液	《兽药典》-兽药使用指南化学药品卷(2010版)
(二)合成抗菌药		
磺胺类药物		
8	复方磺胺嘧啶粉	农业部1435号公告

续表

序号	药品通用名称	出处
9	复方磺胺甲噁唑粉	农业部 1435 号公告
10	复方磺胺二甲嘧啶粉	农业部 1435 号公告
11	磺胺间甲氧嘧啶钠粉	农业部 1435 号公告
12	复方磺胺嘧啶混悬液	《兽药典》–兽药使用指南化学药品卷(2010 版)
喹诺酮类药		
13	恩诺沙星粉	农业部 1435 号公告
14	乳酸诺氟沙星可溶性粉	农业部 1435 号公告
15	诺氟沙星粉	农业部 1435 号公告
16	烟酸诺氟沙星预混剂	农业部 1435 号公告
17	诺氟沙星盐酸小檗碱预混剂	农业部 1435 号公告
18	噁喹酸	《兽药典》–兽药使用指南化学药品卷(2010 版)
19	噁喹酸散	《兽药典》–兽药使用指南化学药品卷(2010 版)
20	噁喹酸混悬溶液	《兽药典》–兽药使用指南化学药品卷(2010 版)
21	噁喹酸溶液	《兽药典》–兽药使用指南化学药品卷(2010 版)
22	盐酸环丙沙星、盐酸小檗碱预混剂	《兽药典》–兽药使用指南化学药品卷(2010 版)
23	维生素 C 磷酸酯镁、盐酸环丙沙星预混剂	《兽药典》–兽药使用指南化学药品卷(2010 版)
24	氟甲喹粉	《兽药典》–兽药使用指南化学药品卷(2010 版)
二、杀虫驱虫药		
(一)抗原虫药		
25	硫酸锌粉	农业部 1435 号公告
26	硫酸锌、三氯异氰脲酸粉	农业部 1435 号公告
27	硫酸铜、硫酸亚铁粉	农业部 1435 号公告
28	盐酸氯苯胍粉	农业部 1435 号公告
29	地克珠利预混剂	农业部 1435 号公告
(二)驱杀蠕虫药		
30	阿苯达唑粉	农业部 1435 号公告
31	吡喹酮预混剂	农业部 1435 号公告

续表

序号	药品通用名称	出处
32	甲苯咪唑溶液	农业部 1435 号公告
33	精制敌百虫粉	农业部 1435 号公告
34	复方甲苯咪唑粉	《兽药典》-兽药使用指南化学药品卷(2010 版)

三、消毒制剂

(一)醛类

序号	药品通用名称	出处
35	浓戊二醛溶液	农业部 1435 号公告
36	稀戊二醛溶液	农业部 1435 号公告

(二)卤素类

序号	药品通用名称	出处
37	含氯石灰	农业部 1435 号公告
38	高碘酸钠溶液	农业部 1435 号公告
39	聚维酮碘溶液	农业部 1435 号公告
40	三氯异氰脲酸粉	农业部 1435 号公告
41	溴氯海因粉	农业部 1435 号公告
42	复合碘溶液	农业部 1435 号公告
43	次氯酸钠溶液	农业部 1435 号公告
44	三氯异氰脲酸粉	《兽药典》-兽药使用指南化学药品卷(2010 版)
45	蛋氨酸碘	《兽药典》-兽药使用指南化学药品卷(2010 版)
46	蛋氨酸碘粉	《兽药典》-兽药使用指南化学药品卷(2010 版)
47	蛋氨酸碘溶液	《兽药典》-兽药使用指南化学药品卷(2010 版)

(三)季铵盐类

序号	药品通用名称	出处
48	苯扎溴铵溶液	农业部 1435 号公告

四、中药

(一)药材和饮片

序号	药品通用名称	出处
49	十大功劳	兽药典第二部(2010 版)
50	大黄	兽药典第二部(2010 版)
51	大蒜	兽药典第二部(2010 版)
52	山银花	兽药典第二部(2010 版)
53	马齿苋	兽药典第二部(2010 版)
54	五倍子	兽药典第二部(2010 版)

续表

序号	药品通用名称	出处
55	石灰	兽药典第二部(2010版)
56	石榴皮	兽药典第二部(2010版)
57	白头翁	兽药典第二部(2010版)
58	半边莲	兽药典第二部(2010版)
59	地锦草	兽药典第二部(2010版)
60	关黄柏	兽药典第二部(2010版)
61	苦参	兽药典第二部(2010版)
62	板蓝根	兽药典第二部(2010版)
63	虎杖	兽药典第二部(2010版)
64	金银花	兽药典第二部(2010版)
65	穿心莲	兽药典第二部(2010版)
66	黄芩	兽药典第二部(2010版)
67	黄连	兽药典第二部(2010版)
68	黄柏	兽药典第二部(2010版)
69	绵马贯众	兽药典第二部(2010版)
70	槟榔	兽药典第二部(2010版)
71	辣蓼	兽药典第二部(2010版)
72	墨旱莲	兽药典第二部(2010版)

(二)成方制剂与单味制剂

序号	药品通用名称	出处
73	虾蟹脱壳促长散	兽药典第二部(2010版)
74	蚌毒灵散	兽药典第二部(2010版)
75	肝胆利康散	农业部1435号公告
76	山青五黄散	农业部1435号公告
77	双黄苦参散	农业部1435号公告
78	双黄白头翁散	农业部1435号公告
79	百部贯众散	农业部1435号公告
80	青板黄柏散	农业部1435号公告
81	板黄散	农业部1435号公告
82	六味黄龙散	农业部1435号公告

续表

序号	药品通用名称	出处
83	三黄散	农业部 1435 号公告
84	柴黄益肝散	农业部 1435 号公告
85	川楝陈皮散	农业部 1435 号公告
86	六味地黄散	农业部 1435 号公告
87	五倍子末	农业部 1435 号公告
88	芪参散	农业部 1435 号公告
89	龙胆泻肝散	农业部 1435 号公告
90	板蓝根末	农业部 1435 号公告
91	地锦草末	农业部 1435 号公告
92	大黄末	农业部 1435 号公告
93	大黄末	兽药典第二部(2010 版)
94	大黄芩鱼散	农业部 1435 号公告 同:兽药典第二部(2010 版)
95	虎黄合剂	农业部 1435 号公告
96	苦参末	农业部 1435 号公告
97	雷丸槟榔散	农业部 1435 号公告
98	脱壳促长散	农业部 1435 号公告
99	利胃散	农业部 1435 号公告
100	根莲解毒散	农业部 1435 号公告
101	扶正解毒散	农业部 1435 号公告
102	黄连解毒散	农业部 1435 号公告
103	苍术香连散	农业部 1435 号公告
104	加减消黄散	农业部 1435 号公告
105	驱虫散	农业部 1435 号公告
106	清热散	农业部 1435 号公告
107	大黄五倍子散	农业部 1435 号公告
108	穿梅三黄散	农业部 1435 号公告 同:兽药典第二部(2010 版)
109	七味板蓝根散	农业部 1435 号公告

续表

序号	药品通用名称	出处
110	青连白贯散	农业部 1435 号公告
111	银翘板蓝根散	农业部 1435 号公告
112	大黄芩蓝散	农业部 1506 号公告
113	蒲甘散	农业部 1506 号公告
114	青莲散	农业部 1506 号公告
115	清健散	农业部 1506 号公告
五、调节水生动物代谢或生长的药物		
(一)维生素		
116	维生素 C 钠粉	农业部 1435 号公告
117	亚硫酸氢钠甲萘醌粉	农业部 1435 号公告
(二)激素		
118	注射用促黄体素释放激素 A_2	《兽药典》-兽药使用指南化学药品卷(2010 版)
119	注射用促黄体素释放激素 A_3	《兽药典》-兽药使用指南化学药品卷(2010 版)
120	注射用复方绒促性素 A 型	《兽药典》-兽药使用指南化学药品卷(2010 版)
121	注射用复方绒促性素 B 型	《兽药典》-兽药使用指南化学药品卷(2010 版)
122	注射用复方鲑鱼促性腺激素释放激素类似物	《兽药典》-兽药使用指南化学药品卷(2010 版)
(三)促生长剂		
123	盐酸甜菜碱预混剂	农业部 1435 号公告
六、环境改良剂		
124	过硼酸钠粉	《兽药典》-兽药使用指南化学药品卷(2010 版)
125	过碳酸钠	《兽药典》-兽药使用指南化学药品卷(2010 版)
126	过氧化钙粉	《兽药典》-兽药使用指南化学药品卷(2010 版)
127	过氧化氢溶液	《兽药典》-兽药使用指南化学药品卷(2010 版)
128	硫代硫酸钠粉	《兽药典》-兽药使用指南化学药品卷(2010 版)
129	硫酸铝钾粉	《兽药典》-兽药使用指南化学药品卷(2010 版)
130	氯硝柳胺粉	《兽药典》-兽药使用指南化学药品卷(2010 版)
七、水产用疫苗		
(一)国内制品		

续表

序号	药品通用名称	出处
131	草鱼出血病灭活疫苗	《兽药典》-兽药使用指南化学药品卷(2010版)
132	牙鲆鱼溶藻弧菌、鳗弧菌、迟缓爱德华菌病多联抗独特型抗体疫苗	《兽药典》-兽药使用指南化学药品卷(2010版)
133	鱼嗜水气单胞菌败血症灭活疫苗	《兽药典》-兽药使用指南化学药品卷(2010版)
134	草鱼出血病活疫苗	农业部1525号公告
(二)进口制品		
135	鱼虹彩病毒病灭活疫苗	《兽药典》-兽药使用指南化学药品卷(2010版)
136	鰤鱼格氏乳球菌灭活疫苗（BY1株）	《兽药典》-兽药使用指南化学药品卷(2010版)

国标渔药种类很多，使用有其明显的特点，主要表现在用药对象的特殊性、用药方法不同以及药物的药理作用易受环境因素的影响等方面。国标渔药主要用于水产养殖生物的病害防控治疗，以及水产养殖环境的调节。使用的方法是将其投入水中，被养殖生物服用或通过水作用于养殖生物，而不是直接作用于动物。这就要求药物的制剂在水中具有一定的稳定性，口服药还应具有一定的适口性和诱食性，外用药物具有一定的分散性和可溶性。渔药的药理作用受到水质等水环境因素的影响，这些因素不仅能改变药物作用的强弱，甚至可以改变药物作用的性质。

国标渔药的使用要按照国家《兽药管理条例》和《无公害食品 渔用药物使用准则》的规定。水产养殖产品上市前，必须有相应的休药期，上市水产品的药物残留限量要符合《无公害食品 水产品中渔药残留限量》的要求。水产饲料中添加的药物，应符合《无公害食品 渔用配合饲料安全限量》的要求，不得使用国家规定禁止使用的药物或添加剂，也不得在饲料中长期添加抗菌药物。

(一)渔药选用的原则

渔药种类很多，选用渔药应选择疗效显著、安全性能好、使用方便、价格低廉和正规厂家生产的药物，其选用应遵循以下原则：

1. 有效原则

这是选择药物的首要原则,要求对症下药,使用的药物能够有效地控制疾病,直至痊愈。

2. 最小有效量原则

药物达到一定剂量或浓度时才产生效应,这种剂量或浓度称为最小有效量。治疗量又称安全范围,是介于最小有效量和最大耐受量之间的剂量。在生产上,不少养殖者为了彻底治疗疾病,往往加大药物用量,有的超过极量达到中毒甚至致死量,造成养殖生物的死亡,更为严重的是,长期高浓度使用同一种药物,会造成水产养殖动物对病原体产生耐药性。

3. 低残留富集原则

选用渔药时,要尽量选择高效低残留品种。要求使用的药物残留不高而避免富集,以免最终给人类造成危害。

4. 经济效益原则

即在保证治疗的前提下,要考虑药物的治疗量、销售价格等因素,最大限度地降低使用成本,提高经济效益。

5. "三效、三小"原则

"三效"是指在选择时要考虑高效性、速效性和长效性的药物。"三小"是指用药要考虑毒性小、剂量小和副作用小的药物。另外,在联合用药时,要注意合理配伍,避免产生拮抗作用而降低药效。

(二)低洼盐碱地水产养殖常用的施药方法

给药方法不同,水产养殖动物吸收药物的速度也不同,药物在机体内的浓度也会有差别,从而影响药物的治疗作用。体外用药一般是主要发挥局部作用,体内用药除了驱虫外,主要是发挥吸收作用。水产动物疾病防治中常用的给药方式有以下 4 种:

1. 药浴法

将水产养殖动物集中在较小容器、较高浓度药液中进行短时间强迫药浴,以杀灭体外病原体。此法具有用药量小、治疗方便、没有危险及副作用小等优点,但不能杀灭水环境中的病原体。

2. 泼洒法

药物溶解稀释后全池泼洒,使药物在池水中达到一定浓度,以杀灭体外及水中病原体。此法在外用药中杀灭病原体较为彻底,预防、治疗用均可。缺点是用药量较大,计算水体体积必须准确,否则容易发生意外。

3. 挂篓法

在食场周围悬挂药袋,形成消毒区,当水产养殖动物来摄食时,达到消灭体外病原的目的。此法具有用药量小、治疗方便、没有危险及副作用小等优点,但杀灭病原体不彻底,所以此法只能适用于预防及疾病早期的治疗。

4. 口服法

将药物或疫苗与饲料混合拌匀,制成适合的颗粒饲料投喂,杀灭体内的病原体或增强抗病力。此法适用于预防及治疗,但当病情严重,病体已停食或很少摄食时则基本无效。

(三)中草药在防治水产养殖动物疾病上的应用

中草药的种类繁多,资源丰富,涵盖了消毒、杀菌、抑菌、抗真菌、抗寄生虫和抗病毒、调节生理功能和免疫功能、补充微量元素和维生素等功效。因此,中草药在水产养殖动物疾病防控方面具有重大的应用前景,在使用中草药时必须了解其性能。中草药相对而言,比化学药物的毒性、副作用均较小,产生耐药菌株的可能性也小,对环境的危害轻微或无害。但如果不合理使用甚至滥用中草药,不但不能达到治疗效果,反而会得到相反的效果,引起水产养殖动物中毒。下面介绍几种中草药防治鱼类疾病的典型案例。

1. 中药制剂防控鲤鱼疾病案例

郑州市惠济区石桥村池塘2 600亩,2009年至今采取了中药制剂泼洒防治鲤鱼和团头鲂疾病,4年来少有病情发生。具体做法是:采用纯中药制剂进行泼洒,每15天泼洒1次,期间正常注、排水,正常投料管养,养殖成功率高达90%以上。本模式适应于鱼类病毒病和细菌病防控。

2. 酵母片防控团头鲂疾病案例

郑州市金水区花胡庄有团头鲂养殖600亩,在2008年以前,每年都受到"腹部对称红"的困扰,损失惨重。2009年,定期在饲料中投喂酵母片,每40千克料拌400片,正常饲养管理,整个养殖周期没有发生病情,亩产商品团头鲂1 750千克。本模式适应于团头鲂和其他淡水养殖鱼类细菌病的防控。

3. 韭菜、清凉油、盐合剂防控斑点叉尾𫚔气泡病案例

郑州市金水区孙岗养殖斑点叉尾𫚔400亩,其中斑点叉尾𫚔鱼苗120亩。斑点叉尾𫚔鱼苗养殖中气泡病使渔民损失惨重,用其他防治气泡病的方法收效甚微。2008年开始采用韭菜、清凉油、盐合剂对斑点叉尾𫚔进行气泡病防控,正常饲养管理,整个养殖周期没有发生病情,本模式适应于斑点叉尾𫚔鱼苗气泡病的防控。

4. 百部、贯众防控鱼类黏孢子虫病案例

巩义市河洛镇池塘面积750亩,2009年5月受黏孢子虫危害,两个月内病死鱼8 000千克,死鱼品种主要为鲢鱼、鳙鱼、草鱼、鲤鱼和团头鲂。6月每亩1米水深用百部500克、贯众750克,热水浸泡4小时后,连渣带汁全池泼洒,每天1次,连续3天。防病效果显著,全年没有发生病情。本技术也适应于淡水养殖鱼类其他细菌病的防控。

5. 定期投喂板蓝根末防控鱼类疾病案例

荥阳市广武镇柳沟养殖场一口6亩主养草鱼的池塘,投喂颗粒饲料,每年6~9月,每半月用板蓝根末,按每千克鱼体重拌饲1克投喂,每天1次,连喂3天,预防细菌性肠炎、烂鳃和败血症疾病效果显著。本技术也适应于淡水养殖鱼类其他细菌病的防控。

6. 苦楝叶防控鱼类寄生虫病案例

郑州市金水区柳林镇养殖场有池塘12口,300亩,放养品种有草鱼、鲢鱼、鳙鱼和鲤鱼,是典型的池塘精养模式,到每年4~5月和9~10月,采用每亩1米深水面用苦楝叶5千克,扎成每500~1 000克一小捆均匀投入池塘,每隔2~3天翻动1次,5天后捞出苦楝树叶,预防细菌性病和黏孢子虫病、三代虫病、指环虫病和车轮虫病等效果显著。本技术也适应于淡水养殖鱼类其他细菌病和寄生虫病的防控。

7. 柴胡防控主养鱼类肝胆综合征疾病案例

郑州市惠济区石桥村养殖场共有主养鲤鱼池塘3 000亩,每年6~9月按每千克鱼体重用柴胡2克拌料投喂,每半月1次,每次连

用 5~7 天。预防疾病效果显著,2008 年至今没有发生肝胆综合征病情。本技术也适应于淡水养殖鱼类其他细菌病和寄生虫病的防控。

8. 南瓜籽防控鱼类绦虫病案例

郑州市郑东新区夏庄养殖场有团头鲂养殖池塘 3 口,面积 20 亩。每年因为绦虫病给渔户造成很大的经济损失。2010 年,这 3 口池塘采用在每年 4~5 月在饲料中拌南瓜籽进行投喂,全年没再见绦虫病的发生,效果明显。此方法适用于池塘淡水养殖品种绦虫病的防控。

(四)渔药使用注意事项

1. 忌凭经验用药

在疾病发生后,必须在对疾病进行了必要的诊断和病因分析的基础上,结合病情使用对症药物,才能起到有效防治效果,不能凭经验用药。

2. 忌用药不看对象

不同的水产养殖动物对药物的敏感性是不同的,不能不分对象、用途,一律用同一种药品和同一剂量。

3. 忌随意加大剂量

用药时必须严格掌握剂量,任何药物只有在合适的剂量范围内,才能有效地防治疾病,不能将治疗剂量作为预防剂量长期使用,不能将浸泡浓度作为泼洒浓度,否则会引起中毒。

4. 忌药物混合不均

在饲料中添加小剂量、安全范围小的药物时,必须进行充分搅拌,不能一次性将少量药品直接添加到大量的饲料中。

5. 忌不明药性乱配伍

有许多药物不能混用,存在着配伍禁忌,特别是配伍后药性(毒性)加强的药品更应注意,如敌百虫不能与碱性药物混用。

6. 忌重复用药

由于目前渔药市场比较混乱,同药异名或同名异药的现象十分普遍。因此,在用药时一定要注意避免重复使用同药不同名的药物,防止药物中毒和耐药性产生。

7. 忌用药方法不对

药物必须用适当的投喂方法才能发挥其有效作用,用药方法不当,或影响治疗效果,或造成中毒。如使用二元包装的二氧化氯时,必须将两种成分分开溶解后再进行混合,否则不仅影响药效,严重时还会发生爆炸,危及生命安全。泼洒药物时,应先喂食后泼洒,禁止边泼洒边喂食。

8. 忌用药时间过长

许多药物都有蓄积作用,不能长期使用,否则不仅影响治疗效果,同时还可能影响机体的康复,导致慢性中毒。

9. 忌药物疗程不够

一般泼洒用药连续3天为一个疗程,而内服用药一个疗程为3~6天。

10. 忌用药后不观察

在下药24小时内,要随时观察养殖动物的活动情况,做好记录。养殖动物出现不正常现象时,必须及时采取适当的解救措施。这样才能不断总结经验,提高病害防治技术水平。

三、低洼盐碱地池塘健康养殖综合防病措施

水产养殖生物生活在水中,一旦得病,发现并做出及时正确的诊断和治疗都有一定的困难。因此,树立健康养殖的理念,通过健康养殖管理来控制水产养殖病害的发生,从而达到防治和减少养殖生物疾病的目的。低洼盐碱地池塘健康养殖综合防病措施主要有以下几个方面:

(一)改善池塘底质

低洼盐碱地土壤,尤其是苏打型盐碱土,由于钠离子含量较高,对土壤结构造成破坏,较高的pH使土壤中的有效养分变成无效状态,土壤板结降低了土壤养分的有效性,保水、保肥能力差。pH较高的土壤,对土壤中固氮菌和根瘤菌等有益微生物的活动均有抑制作用,从而不利于池塘土壤养分的增加与活化,降低了土壤向水体的自然供肥能力,尤其是缺乏营养氮元素,因此一般低洼盐碱地池塘的自然生产力较低,水质清瘦。

池塘是养殖动物生活栖息的场所,也是各种病原体的滋生地,池底的好坏,直接影响养殖动物的健康。多年未清淤的池塘,往往在池底积累着大量的有害物质,如甲烷、硫化氢、有机酸和大量敌害生物、致病生物、带病原的中间宿主,这些有害物质或生物会影响到鱼类的生长。对于低洼盐碱地养殖池塘,在放苗前可以通过药物清塘来改善池底,在养殖过程中可以通过使用底质改良剂和微生态制剂来改善池塘底部环境。

药物清塘在放苗前或收获完之后,排干池水进行操作。塘底富含各种有机物,是很多致病菌和寄生虫的温床,药物消毒能迅速而彻底地杀死野杂鱼、蛙卵、蝌蚪等动物以及一些水生植物、寄生虫和病原菌等敌害生物。低洼盐碱地池塘,尤其是池底淤泥较多的池塘进行清塘,首选生石灰。生石灰清塘的作用是:生石灰(CaO)遇水后发生化学反应,产生氢氧化钙,并放出大量的热,氢氧化钙为强碱,其氢氧根离子在短时间内能使池水的 pH 提高到 11 以上,从而迅速杀死敌害生物;由于碱的游离,可以中和淤泥中的各种有机酸,改变酸性环境,使池塘呈微碱性环境,改善了底质土壤,提高池底土壤的通透性,可使被淤泥胶粒吸附的铵、磷酸、钾等离子向水中释放,增加水的肥度,同时钙本身是浮游植物和水生动物不可缺少的营养元素,因此,用生石灰清塘还起到了施肥的作用,增加了大量钙离子,提高了水质的缓冲能力,对稳定水质起到了良好的作用。

使用生石灰清塘,最好采用干法清塘,一般用生石灰 75~100 千克/亩,根据池塘底部淤泥情况酌情增加用量。第二天再将池底翻耕一遍,使生石灰与底泥充分混合,在淤泥较厚的池底,也可以采用生石灰和矿渣进行改善,提高药物清塘的效果。需要注意的是,若在放苗前使用生石灰,一般在放苗前的 2~3 天,待药效消失后再放苗,以免因水质中的 pH 过高对苗种造成伤害。

(二)采取生态混养的养殖模式

低洼盐碱地池塘提倡采取生态混养的养殖模式。混养是根据鱼类的生态习性、食性等不同的特点,进行科学合理搭配。从生态习性方面,可以搭配上层鱼、中层鱼、底层鱼以及其他品种,充分利用水体的不同空间,增加了池塘单位面积的放养量,从而提高池塘的养殖产量;从食性方面,可以利用并发挥品种之间的互利关系,充分利用池塘中各种饵料资源,有机混养摄食浮游生物的鱼类、草食性鱼类以及摄食底栖动物和一些有机碎屑的鱼类,还可以混养少量肉食性养殖品种,摄食体质弱、患病个体,作为防病措施之一。不同品种混养能挖掘池塘的生产潜力,通过采取一些技术措施,促使混养的不同品种都能得以正常生长,最大限度地提高单位养殖水体效益和促进生态平衡的作用。

(三)放养健康苗种

放养健壮和经过检疫不带病原的苗种是养殖生产成功的基础,也是预防疾病的途径之一。选购优质苗种要求规格整齐,体表健壮,活力好,逆水能力强,反应敏捷;体表完好无损,无附着物,体色正常;出水跳跃激烈,存活时间长,放回水中后,入水迅速,游动快;在水中集群能力强,抢食能力强;无畸形以及疾病症状,最好通过检疫不带病原体。

(四)定期消毒,控制和消灭病原体

实践证明,即使健壮的苗种,也难免有一些病原体寄生。因此,消毒后的池塘如放入未经消毒处理的苗种或亲本,就又把病原体带入了池塘,一旦条件适宜,便会大量繁殖从而引起疾病。所以,从预防为主出发,切断传染途径,在放养时就应对苗种进行消毒,预防疾病的发生。在消毒前,还应认真做好病原体的检查工作,针对病原体的不同种类,选择适当的药物进行消毒处理,才能取得预期的效果。

消毒剂是一类快速杀灭病原细菌的药物,主要用于养殖池塘、水质及生物体表的消毒。但影响消毒剂药效的因素有很多,故在使用消毒剂时必须注意以下几个方面:

1. 了解消毒剂的性质

目前,市场上的消毒剂种类很多,有生石灰、漂白粉、三氯异氰尿酸、二氧化氯等。选用消毒剂应根据药物的作用原理、作用机制和效果来确定,必须根据养殖需要选择正确的消毒剂。

2. 严控消毒剂的浓度

对于清塘时使用的消毒剂,浓度越高,作用时间就越长,效果也越好;反之,如果消毒剂的浓度过低,就难以达到消毒的效果。但在

养殖过程中则需要严格控制消毒剂用量,尤其是在碱性较强的水质中要慎用生石灰,一般每亩1次使用量不得超过10千克,以免造成养殖水pH居高不下,影响养殖动物的生长。

3. 掌握正确的使用方法

一般收获后对池塘立即进行消毒,效果较好。在养殖过程中,消毒要在上午太阳出来之后进行。使用消毒剂时,开动增氧机是很重要的,一是充分搅动池水,增强消毒剂的效果;二是消毒剂也会大量耗氧,影响养殖生物的生长。阴雨天受天气(气压、水温、光照等)的影响,水中的溶解氧往往偏低,藻类的光合作用也受到抑制,不可使用消毒剂。如在阴雨天使用消毒剂,很容易引发养殖动物的缺氧和浮头现象。另外,不要盲目同时使用两种以上的消毒剂,混合使用时由于物理和化学上的配伍禁忌,药物之间往往会产生相互拮抗作用,使消毒剂的药效减弱或消失。也不可长期使用一种消毒剂,在养殖过程中,当长期使用一种消毒剂或用药量不足时,一部分未被杀死的病原体(包括细菌和寄生虫)会对药物产生抗药性,从而影响了药物的使用效果。为了避免病原体产生抗药性,交叉使用不同类型的药物或两种以上的药物混合使用,可以提高药物的杀菌能力,达到预防、治疗疾病的目的。

(五)科学投喂优质饵料

饵料的质量和投喂方法是保证养殖产量、提高养殖效益的重要措施,也能增强鱼类对疾病的抵抗力。因此,根据不同养殖对象及其不同生长阶段,应投喂不同优质饵料,以保证养殖动物的营养均衡供给,增强生物机体对疾病的抵抗能力。饵料投喂量过多和投喂技术不当,可造成饲料系数高、增加养殖成本的问题。因此,健康养殖需要掌握科学的投喂技术。所谓的科学投喂技术,应是根据不同天气、不同品种、不同规格,合理确定饲料品种、规格、投喂量、投喂次数和投喂时间。

1. 投喂技术

投喂要做到"四定",即定点、定时、定质、定量投喂配合饲料。

(1)饲料规格　投喂的饲料规格要与养殖品种的个体大小相适应,基本上饲料的粒径为鱼体口径的1/2为好。

(2) 投喂量　投喂量按养殖鱼类的体重计,通常为 2%~5%。投喂量要做到"少、多、少",即开始少,中间多,后期少,当大部分鱼停止吃食游离食场,剩余鱼抢食速度缓慢时,即可停止投喂。

(3) 投喂次数　投喂次数根据养殖品种的规格和生长阶段而变化,通常幼体投喂 3~5 次,成体 2~4 次。

(4) 投喂时间　投喂时间应在清晨的固定时间,高温期 17:00 以后及晚上不投喂。

(5) 投喂速度　投喂速度要掌握"慢、快、慢",即开始慢,中间快,后期慢的规律。投喂面积要"小、大、小",即开始小,中间大,后期小。

2. 饵料系数

饵料系数是指养殖动物的投喂量与增长重量的比值,饵料系数受许多因素的影响。

(1) 配合饲料的质量　质量好的配合饲料因其营养配比合理,诱食效果好,养殖动物摄食后生长速度快,饵料系数相对较低;质量差的配合饲料因营养成分不合理,黏合性差,易散失,造成饲料的利用率低,影响养殖动物的生长速度。因此,在养殖生产中应选择质量好的配合饲料。

(2) 投饵技术　根据养殖动物的生活习性、生长情况以及天气状况,合理地进行投喂,可以避免因投饵过量或投喂不足造成饵料系数升高。如在虾类蜕壳期间或天气突变的状况下可适当减少投喂量。

(3) 竞食生物　清池不彻底使池中的敌害生物与养殖鱼类竞争食物,增加了饲料的投入量。

(4) 饵料生物量　如果在养殖前期进行基础饵料生物的培养,使池塘中饵料生物十分充足,即可降低饵料系数。

(5) 水质状况　养殖水质的好坏会影响养殖鱼类的摄食,从而影响饵料系数。保持良好的水环境,可以提高养殖鱼类体内的能量转化率,降低饵料系数。

(六) 加强日常管理

日常管理的重点工作是观察鱼类的浮头现象和降低应激反应。

加强日常管理要做到定时巡视池塘,观察水色、鱼类摄食和活动等情况,发现异常及时采取补救措施。

1. 浮头

浮头大致可以分为一般浮头、暗浮头和不正常浮头 3 种情况,每种情况又有轻重区别。养殖鱼类较多或水色太浓,容易发生的浮头属一般性浮头,经常开增氧机或补水就可以控制;暗浮头多发生在水温尚未升高的春末夏初,一般不易察觉,只能见到水面出现水花,暗浮头并不严重;不正常浮头是由于气候不好、溶解氧不足、水质恶化而引起的浮头。遇到这类较重或严重浮头时,要立即采取增氧措施,如开启增氧机,或加注新水,或施用增氧剂。出现严重浮头一旦抢救不及时,就会导致泛池。浮头多发生在凌晨,为防止较重或严重浮头的出现,确切掌握浮头情况,除凌晨、傍晚巡塘观察鱼类的摄食、活动等状况外,夜间仍要进行观察,如果发现鱼受惊跳动、池边有小鱼虾游动,说明池水溶解氧不足,已经发生轻浮头,就要引起足够的重视。

随着鱼类个体的长大、水体中有机质的沉积、池底的老化,在养殖的中、后期,常常会发生缺氧浮头现象,严重时会造成鱼类的大量死亡。浮头往往发生在凌晨或天气闷热、气压低或下大雨后。发现鱼类有缺氧浮头现象时,应立即开启增氧机,并往池边投放过氧化钙 5~12 千克/亩,或 30% 的过氧化氢 0.5 千克/亩等增氧剂。有条件的地方,可适当补充一些新鲜水。发生浮头后,应停止投饵或减少投饵量。

2. 应激反应

能被生物体感受而引起机体发生一定反应的环境变化,叫刺激。生物体对刺激发生生理反应的这种特性,叫应激性。刺激包括物理性、化学性、机械性和生物性,生物体对以上 4 种刺激发生反应时,启动自身免疫系统所形成的自我保护行为,就称为应激反应。大多数情况下,应激反应对鱼类不会造成严重的后果,鱼类可以通过自身调节逐步适应,但有时由于环境因子发生剧烈的变化,或其变化持续的时间较长,鱼类会因能量消耗过大,机体抵抗能力下降,容易引发病害,造成鱼类大量死亡。因此,在养殖过程中,避免或减少水环境的剧烈变化,是维护和提高养殖动物机体抗病力的措施之一。

第四节　低洼盐碱地池塘养殖常见病害的诊断与防治

一、细菌性疾病的诊断与防治

（一）细菌性烂鳃病（图6-1）

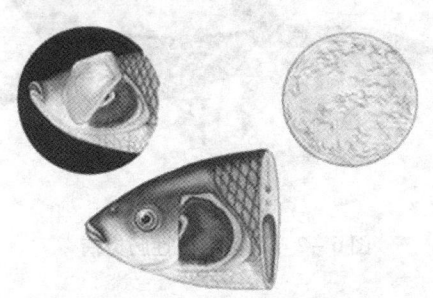

图6-1　草鱼细菌性烂鳃病

1. 病原体

柱状嗜纤维菌。革兰阴性菌，菌体细长，菌落黄色，大小不一，扩散型，中央较厚，显色较深，向四周扩散成颜色较浅的假根状。

2. 流行情况

主要危害鲤鱼、草鱼等，每年4~10月为流行期。带菌鱼是主要的传染源，其次是被菌污染的水及塘泥。该病一般在水温15℃以上时开始发病，在15~30℃范围内，水温越高越易暴发流行，致死时间也越短。

3. 典型症状

因细菌感染鱼的鳃部而发病，该病一般鱼体发黑，鳃丝腐烂发白，鳃上沾满污物，鳃盖骨的内表皮往往充血，中间部分的表皮被腐蚀成一个圆形或不规则的透明小窗，俗称"开天窗"。

4. 诊断

一般可以通过肉眼观察症状、镜检、酶联免疫测定等方法进行诊断。

5. 防治方法

放养时鱼种用食盐、漂白粉和硫酸铜合剂等浸洗;要保持水质清新,用1毫克/升漂白粉全池泼洒或用土霉素50～80毫克/千克体重拌饵投喂,连用4～6天;用敌百虫(2.5%)全池泼洒,浓度为每立方米水体1克。

(二)细菌性肠炎病(图6-2)

图6-2 草鱼细菌性肠炎病

1. 病原体

该病病原体为肠型点状气单胞菌和豚鼠气单胞菌等。革兰阴性短杆菌,单鞭毛,无芽孢。琼脂菌落呈圆形,产生褐色色素。

2. 流行情况

主要危害鲤鱼、草鱼、青鱼,从鱼种到成鱼都可受害,死亡率可达90%以上。水温在18℃以上时开始流行,流行高峰期为25～30℃,常与烂鳃病、赤皮病并发,是我国鱼类养殖中较为严重的一种病害。

3. 典型症状

病鱼活力减弱,生长慢,失去食欲,腹部有红斑,肛门外突红肿,甚至有血或黄色黏液流出。腹腔内有大量积水,消化道呈红色,空肠。

4. 诊断

一般通过观察临床典型症状、RS培养基培养菌落进行诊断。

5. 防治方法

投喂饵料要新鲜、适量,不可用变质饲料进行投喂,特别是在高温季节控制喂到八成饱即可;加强水质管理,定期对池塘进行消毒,减少水质中的细菌数。出现病鱼后,也可以全池泼洒0.3毫克/升的二溴海因,待3天后全池泼洒光合细菌1.0毫克/升;在饲料内添加肠炎停、大蒜素,其添加量为1%,连续投喂3~5天即可。

(三)白头白嘴病(图6-3)

图6-3 鲤鱼白头白嘴病

1. 病原体

该病病原体尚未完全查明,是一种与细菌性烂鳃病的病原体很相似的细菌。

2. 流行情况

该病通过接触感染,鲤鱼、草鱼、青鱼等鱼苗和夏花鱼种都敏感,尤其是对夏花鱼种危害最大。该病是一种暴发性疾病,发病快,来势猛,死亡率高。流行于5~7月,一般从5月下旬开始,6月为发病高峰期,7月下旬以后逐渐减少。

3. 典型症状

病鱼自吻端至眼球处的一段皮肤色素消退,变成乳白色,口周围的皮肤糜烂,有絮状物黏附其上,池边观察在水面游动的病鱼,可见"白头白嘴"症状。

4. 诊断

根据症状和流行情况初步诊断。在诊断时必须注意与大量车轮虫寄生引起鱼苗、夏花鱼种的"白头白嘴"症状相区别。用显微镜检查患处黏液,前者有大量滑行杆菌,后者有大量车轮虫寄生。

5. 防治方法

此病防治方法同细菌性烂鳃病。

(四)赤皮病(图6-4)

图6-4 草鱼赤皮病

1. 病原体

该病病原体为荧光假单胞菌。革兰阴性菌,菌体短杆状,两端圆形,1~3根鞭毛,无芽孢。琼脂培养基上菌落呈圆形,灰白色。

2. 流行情况

该病主要危害鲤鱼、草鱼、青鱼、鲫鱼、团头鲂等,当鱼体受机械损伤,或冻伤,或体表寄生虫寄生而受损时,病原菌乘虚而入,引发此病。一年四季都有流行,尤其是在捕捞、运输及越冬后,最易暴发流行。

3. 典型症状

病鱼体表出血发炎,鳞片脱落,尤其是鱼体两侧及腹部最为明显;鳍的基部或整个鳍充血,鳍的梢端腐烂,鳍条间的软组织也常被破坏,使鳍条呈扫帚状。

4. 诊断

根据体表症状和流行情况进行初步诊断,确诊须进行细菌分离、培养,鉴定病原菌。

5. 防治方法

尽量避免鱼体受伤,防治同细菌性烂鳃病。

(五)细菌性败血症(图6-5)

1. 病原体

该病病原体是嗜水气单胞菌和温和气单胞菌。革兰阴性菌,菌

图 6-5 鲫鱼细菌性败血症

体大多呈杆状,无芽孢,单鞭毛。

2. 流行情况

该病危害种类有鲤鱼、鲫鱼、草鱼、团头鲂等,从 2 月龄的鱼种到食用鱼都能发病,死亡率高达 95% 以上。流行季节为 4~10 月,水温 25℃ 以上时发病严重。

3. 典型症状

发病早期病鱼的上下颌、口腔、鳃盖、眼睛、鳍基及鱼体两侧轻度充血,此时肠内有少量食物。严重时鱼体表严重充血,眼球突出,肛门红肿,腹部膨大,腹腔内有淡黄色透明腹水。鳃、肝、肾的颜色较淡,呈花瓣状,肝脏、脾脏、肾脏肿大。

4. 诊断

根据体表症状和流行情况进行初步诊断,确诊须进行细菌分离、培养,鉴定病原菌。

5. 防治方法

彻底清塘,鱼种下塘前用高锰酸钾水溶液药浴;每半月交叉用生石灰和漂白粉消毒;每 100 千克鱼每天用鱼暴平 12 克拌饲,制备成大小适口、在水中稳定性好的药饵,分上午、下午两次投喂。

(六) 对虾细菌性疾病

对虾细菌性疾病主要有对虾红腿病、对虾肠炎病和对虾黑鳃病。

1. 病原体

对虾红腿病的病原体是副溶血弧菌;对虾肠炎病的病原主要为一种杆菌,尚未鉴定;对虾黑鳃病主要由弧菌及一些杆菌感染引起,属革兰阴性短杆菌。

2. 流行情况

该病几乎发生在养殖整个周期,但大批发病和死亡主要在6月下旬至9月上旬,常呈急性型,发病率和死亡率都很高,达90%以上。

3. 典型症状

(1)对虾红腿病(图6-6) 典型症状为附肢红色,特别是游泳足呈血红色。病虾一般在池边缓慢游动,厌食。主要根据游泳足变红和头胸甲的鳃区变黄色,就可初步诊断。在环境条件恶化时,对虾的游泳足也会暂时变红,但条件改善后可立即恢复原状。因此,如果确诊还需要检查血淋巴和鳃内是否有大量细菌游动。

图6-6 对虾红腿病

(2)对虾肠炎病(图6-7) 典型症状为消化道呈红色,有时肝、胰脏、胃部呈血红色,中肠变红并且肿胀,直肠部分外观混浊,界限不清。镜检肠壁压片,可发现红色素细胞扩张,肠壁组织中有大量血细胞聚集。血淋巴和肠道中往往有大量细菌。

(3)对虾黑鳃病(图6-8) 典型症状为鳃呈灰色、肿胀,严重时鳃尖溃烂、脱落,然后由尖端向基部溃烂;有的鳃丝在溃烂的边缘呈褐色。镜检时可看到溃烂处有大量细菌游动,菌体周围的组织被腐蚀呈空斑。病重的虾浮于池边水面,游动缓慢,反应迟钝,不久后死亡,特别是在池水溶解氧不足时,病虾很快死亡。

4. 诊断

根据体表症状和流行情况进行初步诊断,确诊须进行细菌分离、培养,鉴定病原菌。

图6-7　对虾肠炎病

图6-8　对虾黑鳃病

5. 防治方法

以上3种细菌性疾病的防治方法基本相同,即投喂药饵和全池泼洒消毒剂同时进行。保持水质清新,合理放养密度,为对虾生长创造良好的生态环境。高温期间可以每10天左右全池泼洒1次微生态制剂,起净化水质、改善水域环境的作用。病害发生时,可采用药物治疗。全池泼洒含氯消毒剂1次,严重者3天后再消毒1次;饲料中拌以5%大蒜汁,连喂5~7天。

(七)河蟹腹水病(图6-9)

1. 病原体

该病是由嗜水气单胞菌和副溶血弧菌等感染而引起的危害很大的疾病。

2. 流行情况

1龄幼蟹至成蟹均能危害,5~10月均有发生,以7~9月最为严重,发病率和死亡率都很高,严重的池塘甚至绝产。池中不种水草或

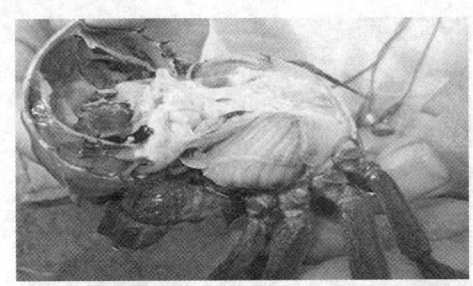

图6-9 河蟹腹水病

水草很少,水质恶化的池塘发病尤为严重。

3. 典型症状

病蟹行动迟缓,多数爬到岸边或水草上,不吃食,轻压腹部,口吐黄水;打开背甲有大量腹水,肝脏发生严重病变、坏死、萎缩,呈淡黄色或灰白色;鳃丝缺损,呈褐色或黑色;肠内没有食物,充满大量淡黄色黏液。

4. 诊断与防治

根据症状和流行情况可进行初步诊断,确诊要进行细菌分离与鉴定。内服强力克菌宁,饲料中添加复合维生素,同时泼洒二溴海因等消毒剂消毒。

二、病毒性疾病的诊断与防治

(一)草鱼出血病(图6-10)

草鱼出血病是由草鱼呼肠孤病毒(GCRV)感染引起的草鱼及青鱼的一种急性传染性病毒血症。1984年该病毒被提出,并被命名为草鱼呼肠孤病毒。该病为我国发现的第一种鱼类病毒病。2008年我国新颁布的动物疾病名录中将其列为二类动物疫病。

1. 病原体

草鱼出血病是由草鱼呼肠孤病毒引起的,属呼肠孤病毒科、水生呼肠孤病毒属。主要危害草鱼、青鱼、鲤鱼、鲫鱼、鲢鱼等,其他鱼也可携带该病毒。该病毒为双链RNA病毒。

2. 流行情况

该病流行范围广,发病季节长,发病率高,会对草鱼鱼种生产造

图6-10 草鱼出血病

成很大的损失。该病的流行季节一般在6月下旬至9月底,部分地区10月仍有流行,发病流行水温一般在20~30℃,发病高峰为25~28℃。主要危害全长2.5~15厘米的草鱼鱼种及1足龄青鱼,死亡率很高,通常存活率不到30%。该病主要传播途径是水平传播(通过水或体外寄生虫),传染源是已经感染或带病毒的草鱼。人工感染健康草鱼鱼种,从感染到发病死亡,需4~15天,一般是7~10天。

3. 典型症状

外部症状表现为眼球突出、体发黑、鳍条基部、口腔、鳃盖、鳃出血;解剖观察内部症状,表现为肌肉呈点状或斑块状出血,肠炎,肝、脾、肾都出血。

4. 诊断

目前尚未有关于草鱼出血病检测的国家、行业标准,可参考NACA-GCRV诊断卡的推荐方法进行诊断。

5. 防治方法

加强饲养管理,进行生态防病,定期加注清水,泼洒生石灰,高温季节注满池水,以保持水质优良、水温稳定;投喂优质饲料,食场周围定期泼洒漂白粉进行消毒。人工免疫预防,在冬末春初,气温在10~20℃时,放养草鱼鱼种期间适宜注射疫苗。草鱼出血病冻干苗1瓶用100毫升注射用水稀释,可免疫500尾份鱼,用于预防草鱼出血病;也可用1瓶草鱼出血病冻干苗配1瓶100毫升草鱼细菌联苗,用于预防草鱼出血病和主要细菌病。

(二)鲤春病毒血症(图6-11)

鲤春病毒血症是一种由鲤春病毒血症病毒(SVCV)引起的急

图 6-11　鲤春病毒血症

性、出血性并伴有高度传染的流行病。该病毒感染鲤科鱼类,以全身出血及腹水、发病急、死亡率高为特征。该病通常在春季暴发,并会引起幼鱼和成鱼死亡。世界动物卫生组织(OIE)将其列为必报的重要疫病。2008 年,我国新颁布的动物疫病名录将其列为一类动物疫病。

1. 病原体

鲤春病毒血症病毒属于弹状病毒科,病毒粒子呈弹状病毒典型的形态学特征,其一端为圆弧形,另一端较平坦,是单链 RNA 病毒。

2. 流行情况

该病于春季水温在 8~20℃ 时流行,发病高峰是在 8~20℃ 时,水温超过 22℃ 就不再发病。该病通常易在春季水温低于 15℃、鲤鱼刚越冬以后流行。

鲤鱼是主要的 SVCV 易感宿主,其次是其他的鲤科鱼类。SVCV 可感染各种年龄的鲤鱼,其中幼鱼更易感染。该病的直接传染源为病鱼、死鱼和带病毒鱼,传播方式主要是经水传播,精液和卵子也是携带病毒的载体。该病潜伏期一般为 3~9 天,也可超过 2 周。SVCV 感染后的潜伏期的长短不仅取决于水温,也取决于鲤鱼本身的状况,在水温为 10~15℃时潜伏期约为 20 天。

3. 典型症状

病鱼体色发黑,腹部膨大,鳃丝苍白,眼球突出,肛门红肿,皮肤、鳃和眼球常有出血斑点;肌肉也因出血而呈现红色;在鱼体腔内出现腹膜炎及腹水,肠道严重发炎,其他内脏也有出血斑点,其中以鳔最为常见;肝、脾、肾肿大。

4. 诊断

常用分子生物学和免疫学方法检测病原。理想的确诊方法是经过细胞培养、病毒分离后,应用免疫荧光法、酶联免疫法(ELISA)和反转录—聚合酶链反应(RT-PCR)等方法确认。

5. 防治方法

加强综合预防措施,严格执行检疫制度;流行地区养殖对该病不敏感的鱼类;升高水温及适当稀养也有预防效果;做好池塘消毒,内服维生素 C 和免疫多糖等提高机体免疫力。

(三)**锦鲤疱疹病毒病**(图 6-12)

锦鲤疱疹病毒病(KHVD),是 20 世纪末被确定的一种疾病,是由疱疹病毒感染引起的鲤鱼及锦鲤的一种急性传染性病毒血症,是严重威胁鲤鱼和锦鲤养殖业安全的一种疾病。世界动物卫生组织将其列为必报的重要疫病。2008 年,我国新颁布的动物疫病名录将其列为二类动物疫病。

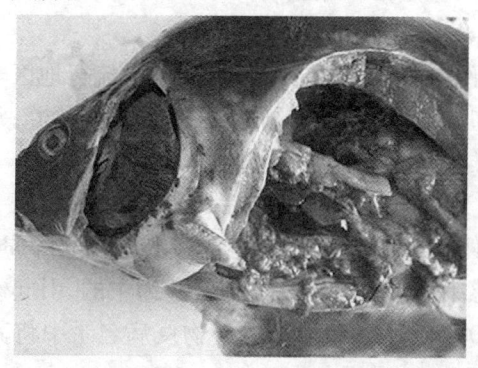

图 6-12　锦鲤疱疹病毒病

1. 病原体

锦鲤疱疹病毒病是由锦鲤疱疹病毒(KHV)引起的。主要危害锦鲤和鲤鱼,在金鱼体中可携带。也曾经被称为鲤肾炎和鳃坏死病毒。KHV 是双链 DNA 球状病毒。

2. 流行情况

KHV 易感的鱼主要是锦鲤、鲤鱼和金鱼,幼鱼和成鱼均对 KHV 易感。KHV 传播速度相当快,主要通过水平传播。发病水温在 23 ~

28℃,超过30℃则有死亡现象。该病有很高的传染性和死亡率。病鱼出现症状24～48小时后开始死亡,死亡率可累积达80%～100%。水温是决定发病的主要因素,在水温不适宜的条件下,该病毒能在鱼体内潜伏相当长的时间而不致病。

3. 典型症状

皮肤苍白或发红,局部或全部上皮脱落,皮肤或鳃黏液分泌过度,鳃苍白,眼球凹陷,口腔和腹部充血或出血,皮肤和鳍基部出血,鳍条糜烂。最典型的病变是鳃部和肾,鳃组织的炎症、坏死和肾肿大是一致的特征。

4. 诊断

目前在诊断方法上,由于没有很好的敏感细胞作为病毒确诊的黄金标准,细胞培养技术在分离KHV上并不适用。针对KHV检疫的标准有SN/T 1674—2005《锦鲤疱疹病毒分离和聚合酶链式反应试验操作规程》,但是推荐细胞对KHV不敏感。

5. 防治方法

加强综合预防措施,严格执行检疫制度;流行地区养殖对该病不敏感的鱼类;彻底清塘,严格控制放养密度,适当稀养;每半月池塘消毒1次,内服维生素C和免疫多糖等提高机体免疫力。

(四) 斑点叉尾鲴病毒病(图6-13)

斑点叉尾鲴病毒病(CCVD)是由斑点叉尾鲴病毒(CCV)引起的,是一种以感染斑点叉尾鲴和其他鲴鱼为主的,引起幼鱼暴发的急性传染病。2008年,我国新颁布的动物疫病名录中将其列为二类动物疫病。

1. 病原体

斑点叉尾鲴病毒属于鲴疱疹病毒Ⅰ型的代表种,病毒颗粒有囊膜,呈二十面体,是双链DNA病毒。

2. 流行情况

CCV在自然情况下只感染鲴幼鱼和鱼苗,刚孵化的鱼苗死亡率可达100%,生长到8月龄后鱼很少或完全不发病,但成鱼也可发生隐形感染成为带毒者。该病在水温20℃时的潜伏期为10天,25～30℃为3天。在高密度养殖和水污染等情况下,易继发柱状黄杆菌、

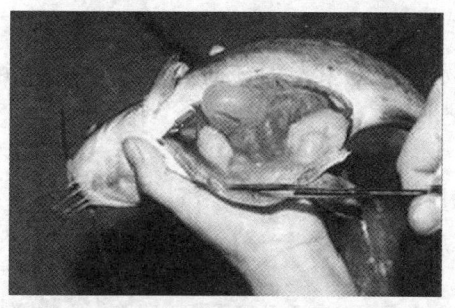

图 6-13 斑点叉尾鮰病毒病

爱德华菌感染,从而引起疾病的流行和病鱼的大量死亡。

CCV 的传播途径有水平传播和垂直传播两种。水平传播是通过水或寄生虫及污染物传播。水温是重要的条件致病因素,暴发流行的适宜水温为 25~30℃,其中 27℃时死亡率较高。

3. 典型症状

不同生长期的鱼感染 CCV 后的临床症状不同,病鱼行为异常,嗜睡、旋转或垂直悬挂于水中,然后下沉死亡;外观上眼球突出、表皮发黑、鳃发白,继而表皮和鳍条基部充血;解剖后可见肌肉充血,体内有黄色渗出物,肝、脾、肾充血肿大,胃内无食物,后肾损伤较严重呈水肿,最典型的组织病理变化是肾管和肾间组织弥漫性坏死。

4. 诊断

CCVD 的诊断常用两种直接的方法,即在细胞培养上分离 CCV 病毒后,再用常规免疫学方法鉴定。目前,多采用国家标准《鱼类检疫方法 第 4 部分:斑点叉尾鮰病毒(CCV)》(GB/T 15805.4—2008)的方法检测。

5. 防治方法

加强综合预防措施,严格执行检疫制度,严禁在加水时带入野杂鱼;流行地区养殖对 CCVD 有抵抗力的鮰杂交种;将水温降低至 20℃以下,可降低感染率和死亡率;每半月池塘消毒 1 次,内服维生素 C 和免疫多糖等提高机体免疫力。

(五)白斑综合征(图 6-14)

白斑综合征是由对虾白斑综合征病毒(WSSV)引起的暴发性流行病,死亡率高达 100%,是对对虾养殖业危害最大的病原之一。世界动物卫生组织、联合国粮农组织(FAO)和亚太地区水产养殖发展网络中心(NACA)早在1967年就将其列为需要报告的重要水生动物病毒性疫病之一。

1. 病原体

病原体为对虾白斑综合征病毒(WSSV)。WSSV是一种无包涵体的杆状DNA病毒。

图6-14 对虾白斑综合征

2. 流行情况

南美白对虾等养殖对虾是WSSV的天然宿主,另外在其他甲壳类动物中均可检测出WSSV。该病主要出现在养殖中后期,发病率较高,传播速度快,造成的危害较大。发病虾池多为池底腐殖质过多,池底和池水老化,造成池水氨氮、亚硝态氮等升高,是导致养殖户经济损失的主要原因。

3. 典型症状

对虾的头胸甲上有许多肉眼可辨的不透明白色斑点,严重者整个甲壳可见同样的白色斑点,可连成一片。低倍显微镜下观察白斑位于甲壳内侧,为甲壳质的不正常分泌所致。有的患病虾还伴随有体表污浊、头胸甲和鳃发黄、甲壳下水肿、体色发红或变白等症状;病虾肝胰脏肿大、糜烂,病虾不摄食,反应迟钝。

4. 诊断

WSSV主要的诊断方法有目视观察法、组织病理学诊断法、核酸探针斑点杂交检测法、原位杂交检测法和PCR技术。

5. 防治方法

目前尚无有效的治疗方法,只能进行综合预防。预防措施主要有:加强苗种特定病毒的检疫,不放养带病毒苗种;彻底清池,严格消毒;放养密度适中,每亩放养健康虾苗3万~5万尾;使用优质颗粒配合饲料,不投喂鲜活生物饵料;养殖期间保持水质清新、稳定;定期泼洒有益微生态制剂;发病初期全池泼洒含氯消毒剂或聚维酮碘后,饲料中拌喂含有效碘1%的聚维酮碘,连喂5天。

(六)河蟹颤抖病(图6-15)

河蟹颤抖病又称环爪病、抖抖病,主要是由一种小核糖核酸病毒感染引起河蟹的步足颤抖、环爪的疾病。

图6-15 河蟹颤抖病

1. 流行情况

4~10月均有发生,尤其是夏秋两季最为流行,从蟹种到成蟹均可患病,发病率高达90%以上,死亡率在70%以上,尤其是饲养管理不善、水环境较差的地方,发病严重的水体甚至绝产。

2. 典型症状

河蟹颤抖病最典型的症状为步足颤抖、环爪、爪尖着地,腹部离开地面甚至蟹体倒立。病蟹反应迟钝,行动缓慢,螯足的握力减弱,脱壳困难,吃食减少以至于不吃食,鳃排列不整齐、呈浅棕色或黑色,肝胰脏呈淡黄色。

3. 防治方法

第1天全池泼洒二溴海因或蟹宁,隔天再泼洒1次。第四天全池泼洒菌毒消,同时饲料中添加蟹宁以及复合维生素。另外要改善池塘底质。

三、真菌性疾病的诊断与防治

(一) 水霉病(图6-16)

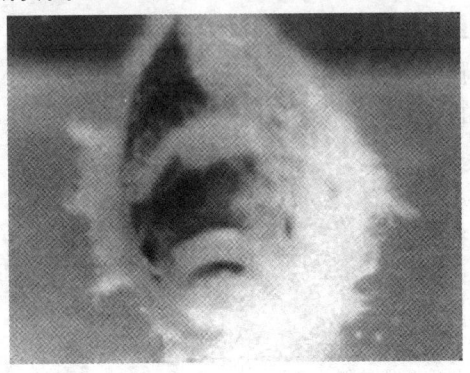

图6-16 水霉病

1. 病原体

该病由水霉菌寄生引起,主要原因是捕捞等操作不慎,使鱼体表鳞片或鳍条受损,以致霉菌侵入伤口而引起发病。

2. 流行情况

水霉对温度的适应范围很广,5~26℃均可生长繁殖,适宜繁殖的温度为13~18℃。对水产养殖动物的种类没有选择性,凡是受伤的均可被感染,而不受伤的则不会被感染。

3. 典型症状

体表局部或大部分充血、发炎,鳞片脱落,鳍条末端腐烂,呈破烂状,严重时细长的菌丝体如棉絮状附着在患处,且患处肌肉红肿腐烂。病鱼漂浮于水面,游动缓慢,食欲不振,最后瘦弱死亡。

4. 诊断

用肉眼观察,根据症状即可作出初步诊断,必要时可用显微镜进行确诊。

5. 防治方法

放养前,每亩水体用150千克生石灰清塘消毒;尽量避免鱼体机械损伤,在拉网、运输、养殖过程中要细心,不要弄伤鱼体;鱼种放养前用漂白粉溶液浸洗,药物浓度为每立方米水体10克,浸洗20~30

分为宜;在养殖期间采用定期消毒的方法,另外,每50千克饲料中加克霉唑25克制成颗粒饲料,连续投喂7天。

(二)鳃霉病(图6-17)

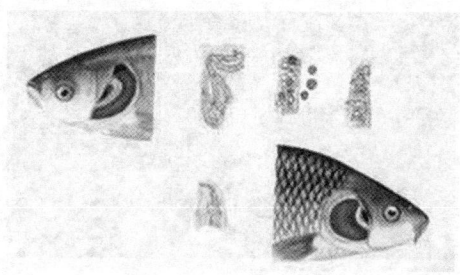

图6-17 鳃霉病

1. 病原体

该病的病原体是鳃霉,属于水霉目。主要是通过孢子与鳃直接接触而感染。

2. 流行情况

该病主要对青鱼、草鱼、鲤鱼、鲫鱼等鱼苗敏感,发病率达70%~80%,死亡率高达90%以上。当水质恶化,特别是水中有机质含量高时,容易暴发此病,在几天内可引起病鱼大批死亡。

3. 典型症状

病鱼失去食欲,呼吸困难,游动缓慢,鳃上黏液增多,鳃上有出血、瘀血或缺血的斑点,出现花鳃;病重时高度贫血,整个鳃呈青灰色。

4. 诊断

用显微镜检测鳃,当发现鳃上有大量鳃霉寄生时,即可做出诊断。

5. 防治方法

防治方法可参照水霉病。

四、寄生虫病的诊断与防治

(一)黏孢子虫病(图6-18)

黏孢子虫的种类很多,全部营寄生生活,寄生在鱼类等水产养殖动物的各种组织器官,其中大部分是鱼类寄生虫。其中有些种类可引起病鱼大批死亡,有的种类还是鱼类口岸检疫对象,有些种类虽不引起大批死亡,但会使病鱼完全丧失食用价值。

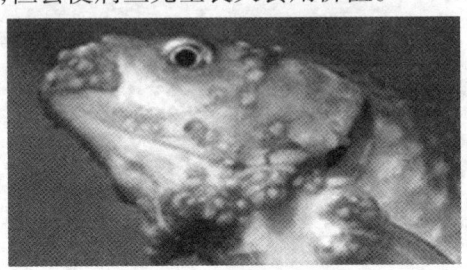

图6-18 黏孢子虫病

1. 病原体

该病病原体是黏孢子虫。黏孢子虫种类很多,危害较大及常见的有鲢碘泡虫、饼形碘泡虫、鲫碘泡虫和脑黏体虫等。

2. 流行情况和典型症状

(1)黏孢子虫引起的皮肤病 病原为鲫碘孢虫。寄生在皮下肌肉,病鱼头部后上端形成瘤状囊肿,逐渐扩大使肌肉腐烂,鱼体暗黑、消瘦,最后死亡。

(2)黏孢子虫引起的鳃病 病原为异形碘孢虫。鲢鱼、鳙鱼、鲤鱼、鲫鱼等由鱼苗至成鱼皆可感染。病鱼鳃上有许多灰白色的点状或瘤状胞囊,呼吸困难,生长发育受阻,引起大批死亡。

(3)黏孢子虫引起的肠道病 病原主要有草鱼饼形碘泡虫、鲢黏体虫、对称碘泡虫等。其营养体在肠黏膜组织内形成胞囊,有的种类不但侵袭黏膜,形成胞囊,还能穿过肠壁,在肠外形成胞囊。堵塞肠道并破坏组织细胞,妨碍鱼体摄食、消化吸收而消瘦致死。

(4)黏孢子虫引起的鲢鱼、鳙鱼疯狂病 病原是鲢碘泡虫,侵袭鱼的神经系统和感觉器官。病鱼极为消瘦,体色灰白无光泽,脑腔可见白色点状胞囊。尾部上翘,狂游乱窜,抽搐打转,失去平衡,时而沉入水底,时而躺在水面,不久死亡。

另外,黏孢子虫还常侵袭病鱼的肝、肾、脾、心脏、生殖腺、膀胱、鳔、肌肉以及脂肪等组织器官,引起不同程度的病变。

3. 诊断

根据症状和流行情况可进行初步诊断;将包囊压片,用显微镜镜检,做出诊断。

4. 防治方法

清除池底过多淤泥,用生石灰彻底清塘;加强饲养管理,增加鱼体抵抗力;全池泼洒晶体敌百虫,可减轻鱼体表及鳃上寄生的黏孢子虫;寄生在肠道内的黏孢子虫,可用晶体敌百虫、盐酸氯苯胍等拌饲投喂。

(二) 小瓜虫病(图6-19)

小瓜虫病是由多子小瓜虫寄生于鱼类体表和鳃上引起的一种寄生原虫病。最明显的症状就是在鱼体表形成白点,所以又称"白点病"。我国将其列为三类动物疫病。

图6-19 小瓜虫病

1. 病原体

该病病原体为多子小瓜虫。多子小瓜虫是一种专性寄生虫,其生活史包括成虫期、幼虫期和包囊期,生活史中无中间宿主。

2. 流行情况

该病对宿主无选择性,各种鱼类都能感染,尤其在不流动的小水体、高密度养殖的条件下,更易发病。发病鱼无明显的年龄差别,从鱼苗到成鱼各年龄组的鱼类都有寄生,但主要危害鱼种。小瓜虫繁殖的适宜水温为15~25℃,流行于春、秋季,但当水质恶劣、养殖密度高、鱼体抵抗力低时,在冬季及盛夏也有发生。

3. 典型症状

小瓜虫寄生处形成1毫米以下的小白点,故叫白点病。当病情严重时,病鱼躯干、头、鳍、鳃、口腔等处都布满小白点,有时眼角膜上也有小白点,并同时伴有大量黏液,表皮糜烂、脱落,甚至蛀鳍、瞎眼;病鱼体色发黑、消瘦、游动异常,最后呼吸困难死亡。

4. 诊断

肉眼观察鱼体表形成小白点,注意区别黏孢子虫病和打粉病等;将有小白点的鳍剪下,用显微镜镜检,看到游动的虫子,可确诊。

5. 防治方法

加强饲养管理,保持良好环境,增加鱼体抵抗力;清除过多的淤泥,用漂白粉进行消毒;用醋酸亚汞或硝酸亚汞水溶液药浴。

(三)车轮虫病(图6-20)

图6-20 车轮虫病

1. 病原体

该病病原体为车轮虫和小车轮虫。虫体做车轮般旋转运动,故叫车轮虫。

2. 流行情况

车轮虫寄生在各种常见的养殖鱼类鳃及体表各处。主要危害鱼苗、鱼种,严重感染时可引起病鱼大批死亡,1足龄以上的大鱼虽也有寄生,但一般危害不大。此病一年四季都有发生,引起死亡主要是在夏季。车轮虫在水中可生活1~2天,通过直接与鱼体接触而感染,可随水、水中生物及工具等传播。

3. 典型症状

大量寄生时,可引起病鱼寄生处黏液增多,病鱼游动缓慢、呼吸困难,一般无特殊症状。

4. 诊断

根据外部症状可做出初步诊断;在显微镜下观察到虫体,可确诊。

5. 防治方法

鱼苗在饲养20天左右时,要及时分塘;放养夏花鱼种要用高锰酸钾或食盐水进行药浴。

(四)指环虫病(图6-21)

患病鲤鱼的鳃部病症

动孢子囊

动孢子囊及动孢子

图6-21 指环虫病

1. 病原体

该病病原体为指环虫。本属种类众多,致病种类主要有鳃片指环虫和坏鳃指环虫等。

2. 流行情况

这是一种常见的多发病,主要靠虫卵及幼虫传播,适宜的温度为20~25℃,流行于春末夏初,大量寄生可引起苗种大批死亡,危害各种养殖鱼类。

3. 典型症状

大量寄生时,可引起鳃丝肿胀、贫血呈花鳃状,鳃上有大量黏液,病鱼呼吸困难,游动缓慢而死。

4. 诊断

用显微镜检查鳃压片,当发现有大量指环虫寄生(每片鳃上有50个以上)时,可确定为指环虫病。

5. 防治方法

鱼种放养前用高锰酸钾水溶液或晶体敌百虫、面碱合剂,药浴15~30分;全池遍洒晶体敌百虫。

(五)固着类纤毛虫病(图6-22)

图6-22 固着类纤毛虫病

1. 病原体

种类很多,最常见的为聚缩虫、累枝虫,其次为钟虫和杯体虫。每个虫体的构造大体相同,呈倒钟罩形或高脚杯形。

2. 流行情况

主要危害虾、蟹类的卵、幼体、成体和鱼苗、鱼种等,其中尤以对虾、蟹的幼体危害为大。少量固着时一般危害不大,但当水中有机质含量多,换水量少时,该虫大量繁殖,充满鳃、附肢及体表各处,在水中溶解氧较低时,可引起养殖生物的大批死亡,残存的商品价值也大大降低。

3. 典型症状

虫体大量寄生时,病虾外观鳃区呈黄色或灰黑色,虾、蟹的体表有许多绒毛状物,反应迟钝、行动缓慢、呼吸困难。将病蟹提起时,附肢吊垂,螯足不夹人,手摸体表和附肢有滑腻感。

4. 诊断

根据外部症状可进行初步诊断,确诊须进行显微镜镜检到虫体。

5. 防治方法

彻底清塘,勤换水,投饲量适当,进行混养;全池泼洒茶籽饼,促使脱皮后再进行大换水;将水位降低后,全池泼洒新洁而灭或高锰酸钾;育苗池可泼洒制霉菌素。

(六)蟹奴病(图6-23)

图 6-23 蟹奴病

1. 病原体

蟹奴属蔓足类动物,雌雄同体,常寄生在河蟹的腹部,即通常见到的脐间颗粒。

2. 流行情况

在同一水体中,通常雌蟹的感染率高于雄蟹。从7月开始发病逐月上升,9月达到高峰,10月后逐渐下降。该病一般不会引起河蟹大批死亡,但影响河蟹生长,使其失去生殖能力,严重感染的蟹肉有特殊味道,失去食用价值。

3. 典型症状

患病的蟹,腹部的脐略显臃肿,揭开脐盖,可看见直径为2~5毫米、厚1毫米左右的乳白色或半透明颗粒状虫体,雌雄难辨,雄蟹的脐呈椭圆形,近似雌蟹,螯足小而绒毛少。

4. 诊断

根据外部症状可进行初步诊断,打开脐盖,观察到虫体可确诊。

5. 防治方法

进苗时,把带有寄生虫的病蟹剔除掉,并在养殖过程中经常检查,及时捞除病蟹;彻底清塘和定期用药物消毒,杀死池底和水体中的寄生虫及其幼体;投喂营养全面的优质饲料,使蟹正常按时蜕壳;疾病发生后,用二溴海因等消毒剂进行全池泼洒,以防止细菌性疾病的发生。

五、有害藻类的防治

(一) 小三毛金藻

1. 病因及症状

小三毛金藻属于浮游性单细胞鞭毛藻类,是低洼盐碱地水产养殖中易发生的特有病害,其特点是多发生在新开池塘、水质清瘦、透明度大、碳酸盐碱度大的盐碱水质中。小三毛金藻最敏感的鱼类是鲢鱼、鳙鱼、草鱼、鲤鱼等。小三毛金藻致养殖动物死亡的原因是它会分泌一种使养殖动物中枢神经中毒的毒素。当水体中小三毛金藻达 3 000 万个/升时,水呈黄褐色,引起养殖生物大量死亡。

2. 防治方法

做好肥水工作是防止小三毛金藻发生的重要措施,施有机肥的效果好于无机肥。如果池水中发现小三毛金藻,可全池泼洒泥浆水吸附毒素,黏土使用量为 200 千克/亩。如发现病情立即采取措施,是可以控制的,在 12~24 小时内中毒鱼即可恢复正常。另外,还可以全池泼洒硫酸铵,每立方米水体用药 10 克,如条件允许可调换部分水,有助于缓解病情。5 天后再用 1 次硫酸铵,杀灭效果更佳。

(二) 微囊藻

1. 病因及症状

俗称铜锈水。多发生在高温季节,特别是在水温 28~30℃、pH 在 8 以上时生长最快。其危害是天气变化时,藻类会大量死亡,产生羟胺(NH_2OH)有害物质,危害养殖生物的生长,严重时,会造成鱼类大量死亡。生长过盛时,会使水质的 pH 居高不下,凌晨亦会造成鱼类缺氧死亡。

2. 防治方法

可以混养大规格鲢鱼、鳙鱼,每亩池塘中混养 500~1 000 尾;也可以在清晨用 2 毫克/升漂白粉杀除。

(三) 水绵

1. 病因及症状

盐碱水质往往偏"瘦",易造成该藻类大量繁生。该藻类多在天气转暖后,在鱼池浅水处萌发,长出屡屡细丝,根扎在池底,上端直立在水中,故也称深水性丝状植物。该藻类会使池水透明度增大,通过pH影响水质的稳定性,从而对养殖生物生长造成影响。

2. 防治方法

预防水绵的繁生可采取两种方法:一是在养殖前,使用生石灰75千克/亩,排干池水,对池塘进行消毒;二是对底质较差的池塘,进水后施放有机肥200~300千克/亩,尽快使池水肥起来。对已长出的水绵,可用扑草净0.15~0.2千克/亩,或用草木灰拌湿土洒于水绵、青泥苔上,可以降低其危害性。

(四)甲藻

1. 病因及症状

俗称红水。多发生在水温升高时,水质中有机质含量多、硬度大、微碱性的水体中。当水温、pH突然改变时,就会大量死亡。藻类大量死亡后产生甲藻毒素,造成养殖鱼类中毒死亡。

2. 防治方法

定期使用沸石粉等水质改良剂和有益菌,改善水质。

六、其他病害的防治

(一)感冒

1. 病因和症状

水产养殖动物是冷血动物,其体温一般与水温仅差0.1℃,随水温而改变,当急剧改变水温时,降低或升高都会刺激其皮肤的神经末梢,从而引起内部器官活动失调,发生感冒。感冒的典型症状是皮肤失去原有的光泽,并有大量黏液分泌。如鲤鱼鱼种在水温突然改变12~15℃时,就呈现休克状态,鱼侧卧于水面,失去游动能力。

2. 防治方法

在运输及放养时,苗种温差应小于2℃,成体温差应小于5℃。

(二)窒息

1. 病因和症状

窒息又称泛池。不同种类、不同年龄的水产养殖动物,在不同季节对氧气的要求各不相同,当水中含氧量较低时,会引起水产养殖动物到水面呼吸,这叫浮头。当含氧量低于其最低限度时,就会引起窒息死亡。

青鱼、草鱼、鲢鱼、鳙鱼等鱼,通常在水中含氧1毫克/升时开始浮头,当低于0.4~0.6毫克/升时,就窒息死亡;鲤鱼、鲫鱼的窒息范围为0.1~0.4毫克/升,鲫鱼的窒息点比鲤鱼稍低些;虾、蟹池溶解氧应不低于1毫克/升。

越冬池因水表面结有一层薄冰,鱼群密度较大,池水与空气隔绝,水中的氧气因不断消耗而减少,很容易引起鱼类窒息。另外,池底因缺氧,有机物分解产生有毒的沼气、硫化氢等不易从水中释放出来,这些有毒气体的存在,加速了鱼类的死亡。在夏季,如短暂的雷雨后,池水的温度表层低,底层高,引起水对流,使池底的腐殖质翻起,加速分解,消耗大量氧气,易发生窒息现象,从而造成水产养殖动物大批死亡。另外,在夏季黎明之前也常发生泛池,尤其在水中腐殖质积集过多和藻类繁殖过多的情况下,一方面腐殖质分解时要消耗水中的大量氧气,另一方面藻类在晚上进行呼吸作用,和动物一样也要消耗大量氧气。因此,在黎明之前,水中溶解氧为一天中最低的时候,易发生泛池现象。

2. 防治方法

清除塘底过多的淤泥;投饲应掌握"四定"原则,及时清除残饵;越冬池当水面结冰时,可在冰面上打几个洞;闷热的夏季,应减少投饲量,在中午开动增氧机;勤巡塘,发现有浮头现象时,应及时加注清水,并开动增氧机;在没有增氧机及无法加水的情况下,可释放速效增氧制剂,如鱼浮灵等。

(三)气泡病

1. 病因

气泡病是由于水中某种气体过饱和引起的。主要危害幼苗,越幼小的个体越敏感,如不及时抢救,可引起幼苗大批死亡。引起水中某种气体过饱和的原因很多,常见的有:①水中浮游植物过多,在中午阳光强烈照射时,水温高,藻类光合作用旺盛,可引起水中溶解氧过饱和。②池塘中施放过多未经发酵的肥料,肥料在池塘不断分解,消耗大量氧气,在缺氧情况下,分解释放出很多细小的甲烷、硫化氢气泡,鱼苗误将小气泡当作浮游生物吞入。③水温低时,水中溶解气体的饱和量低,当水温升高时,水中原有溶解气体,就变成过饱和而引起气泡病。④冰封期,水草在冰下营光合作用,也可引起氧气过饱和而造成气泡病。⑤运输途中,人工送气过多或者抽水机的进水管有破损时,吸入了空气,从而使气体过饱和。

2. 症状

最初鱼虾在水面做混乱无力的游动,不久在体表及体内出现气泡。当气泡不大时,鱼虾还能向下游动,但身体已失去平衡,时游时停。随着气泡的增大及体力的消耗,失去自由游动能力而浮在水面,不久即死亡。解剖及显微镜检查,可见血管内有大量气泡,引起栓塞而死。

3. 防治方法

主要是针对上述的发病原因,防止水中气体过饱和。注意水源,不用含有气泡的水,地下水要经过充分的曝气;池中腐殖质不应过多,使用的肥料要经过发酵;高温季节控制浮游植物繁殖过多,注意水质变化;水温不要相差过大;冰封期,要在冰面打一些洞。

(四)跑马病

1. 病因及症状

鱼围绕池边成群狂游,驱赶也不散,呈跑马状,故叫"跑马病"。该病通常发生在鱼苗饲养阶段,天气阴雨连绵,经过10多天的饲养,池中缺乏适口饲料,有时池塘漏水、影响水质肥度,鱼长期顶水,体力消耗大,会引起跑马病。患跑马病的鱼因大量消耗体力,最后消瘦、衰竭而死。

2. 防治方法

鱼池不能漏水,鱼苗的放养密度不要过大。发现跑马症状后,应及时进行镜检,如不是车轮虫大量寄生引起的跑马病,从池边隔断鱼苗群游的路线,并投喂豆渣、豆浆等鱼苗喜吃的饲料,不久即可制止;也可将鱼池中的草鱼、青鱼分养到已培养了大量大型浮游动物的池塘中去饲养。

(五)脱壳不遂症

1. 病因及症状

该病常发生在河蟹养殖后期,其原因可能是缺氧、惊吓和强刺激等;缺乏钙质、甲壳素、蜕壳素等蜕壳必需的物质;体质较差或离水时间太长,水温不适等;池水盐度过高,久不蜕壳等。病蟹的头胸甲后缘与腹部交界处出现裂口,不能蜕出旧壳而导致死亡。

2. 防治方法

根据河蟹的蜕壳特点及蜕壳周期,投放生物制剂来保持良好的水体环境和水质中充足的氧气;蜕壳前2~3天,可在饲料中加入钙质及蜕壳素等蜕壳必需物质。

(六)对虾红体病

引起南美白对虾红体病主要有3种情况:

1. 理化因子变化引起的红体

当水环境中各种理化因子(尤其是水温、盐度、pH、氨氮及亚硝态氮等)发生突变时,南美白对虾表现为触须、尾扇变红,有时人为的捕捞、施药等工作,也会使其触须及尾扇甚至附肢发红。这是对虾为适应其环境变化而出现的色素细胞加重的现象,这一现象将会随着水环境因子的稳定而消失。

2. 细菌引起的红体

主要由弧菌引起。典型症状是附肢变红,特别是游泳足最为明显,习惯上称"红腿病",有时全身也呈红色。病虾活动减弱,在池边或水面缓慢游动或沉底不动,有时做旋转游动或垂直游动,反应迟钝,食欲减退。

3. 病毒引起的红体病

主要是桃拉病毒。典型症状是病虾红须、红尾,尤其是尾扇变红,不摄食或很少摄食,在水面缓慢游动,捞离水后易死亡;病虾甲壳变软,与肌肉易分离。白斑综合征晚期的对虾,体色也呈红色。

因此,南美白对虾体色发红,不能一律看作是桃拉病毒病,应先从改善虾池水环境入手,因为不论是何种病因引起的发红症状,首先应考虑水环境的改善;然后,再根据具体情况正确诊断,合理、科学用药,达到控制疾病发生的目的。

第七章　低洼盐碱地池塘综合开发与利用

开发和利用低洼盐碱地池塘养殖是渔业的重要组成部分,尽管在低洼盐碱地水产养殖发展上取得了一定的成效,但由于盐碱水质的复杂性和多样性,我国低洼盐碱地水产养殖综合开发与利用尚属起步阶段,无论在基础理论、应用技术研究方面,还是在资源开发利用上,都有较大的发展潜力。目前,在渔业生产可利用资源日益萎缩,水产品的社会需求不断增加的情况下,迫切需要突破产业发展的技术"瓶颈",开辟渔业生产新领域,形成新的生产力。利用我国丰富而荒芜的低洼盐碱水域开展水产养殖,不仅拓宽了渔业发展领域,增加了水产品的产量,提供物美价廉的动物蛋白,还可带动饲料、苗种、加工、冷藏、运输和水产贸易等相关产业的发展,对实现水产养殖和环境协调发展,渔业增效、渔民增收具有重要的现实意义。

第一节 渔菜共生生态立体综合养殖技术的应用

一、渔菜共生的提出

发展节水型水产养殖、种植模式,可以净化水质、节约用水,清除鱼池中有机质带来的污染,有效提高池塘利用效率。使池塘效益最大化的途径除了优化水产品的品种结构外,还可以开发利用水面及水面以上的空间,这是未来池塘养殖的发展趋势。利用池塘养殖空间,水下养鱼,水面种菜的渔菜共生模式是发展池塘养殖与种植相结合的方向之一。

渔菜共生模式把种植业和水产养殖业结合起来,针对水产养殖水质富营养化状况,利用浮床在养殖水体上种植水生植物来净化和修复水质,一方面实现了养殖水质的原位净化,促进养殖动物健康生长,另一方面把池塘富营养物质变废为宝,从养殖池塘中提取出来,转化成蔬菜需要的营养物质,获得了更多的经济效益。浮床蔬菜由于不施农药和化肥,产品质量好于土培蔬菜。养殖的水产品由于水质良好,病害发生较少,用于水质改良和病害防治的药物减少,水产品质量得到提高。这种种养殖循环模式节约了土地、能源、人力,保护了生态环境,是一种种植业和水产养殖业双赢的收益型水产养殖环境修复及保护技术。

二、增产增效情况

在池塘水面以15%左右的覆盖率种植水生蔬菜,除浮床和种子的投入外,水面上种植蔬菜不需要专人管理,每亩水面能新增纯利润700元以上,且池塘中总氮、总磷、亚硝态氮、化学需氧量(COD)明显下降,浮游藻类的生长得到抑制,水质得到明显改善,减少了净化水质的药物投入。

三、种养技术要点

(一)浮床设置

设置浮床要根据浮床的功能、目标、环境气候条件、费用和施工等方面综合考虑,同时要考虑到稳定性、耐久性、景观性、经济性和便利性等方面因素。框体结构多采用竹子、木材、不锈钢管材、PVC等材料。床体结构用泡沫塑料、椰子纤维等制作。浮床要便于施工,方便搬运,结实耐用,可先制成单个个体,每个浮床单体一般为2~3米,应用时由多个浮床单体通过不同方式串联起来形成一个浮床整体。

1. 浮床材料的选择

框体要求坚固、结实耐用、能抗风浪、耐腐蚀。目前一般采用木材、毛竹、PVC管材、不锈钢管等作为框架。PVC管无毒无污染,价格便宜,经久耐用。不锈钢管等硬度高、抗冲击力强、经久耐用。但以上两种材料的缺点是浮力小,都需要增加浮筒。

2. 栽培密度的确定

根据其自身形态特征、生长习性及鱼菜混养模式,密度不易过大,以25.0厘米×25.0厘米左右为宜。

3. 浮床覆盖率的确定

根据养殖品种的不同,浮床植物水面覆盖率一般为15%~20%。

(二)浮床蔬菜品种的选择

为建立技术简单、成本低廉便于推广的净化富营养化水体的生态工程,试验选择了水芹菜、水蕹菜、紫背天葵、生菜等4种蔬菜,比较研究了其对富营养化水体的净化能力。结果表明,每种经济植物对水体总氮、总磷均有一定的去除作用。各项指标综合分析表明,在对高密度养殖水体的处理中,水蕹菜处理效果最好,水芹菜、紫背天葵次之,生菜最差。对水蕹菜、水芹菜、紫背天葵、生菜等从成本、产出和技术管理方面进行分析:水蕹菜、水芹菜和生菜的移植成本均较低,但水芹菜和紫背天葵的育苗及池内生长养殖管理技术要求较其余两种蔬菜高,而生菜不太适应室外太强的光线照射。4种浮床植物生长情况见下表7-1。

表7-1 4种浮床蔬菜生长情况

试验品种	试验时间	生长情况	结论
水蕹菜	5月中旬~10月底	缓苗期5~7天,水生根长出后,生长旺盛,栽种30天后可采摘,平均每20天可采摘一次。生长期无须管理	适应
紫背天葵	5月中旬~10月底	缓苗期5~7天,水生根长出后,茎叶生长较快。栽种30天后可采摘,平均30天可采摘一次。植株易倒伏在浮床上,需增加支撑	适应,需加强后期管理
水芹菜	5月中旬~10月底	缓苗期3~5天,水生根长出后,茎叶生长较快。栽种40天后可采摘,采摘后植株生长缓慢。植株易倒伏在浮床上,需增加支撑	适应,需加强后期管理
生菜	5月中旬~10月底	缓苗期3~5天,水生根长出后,叶片生长较慢。栽种40天后可采摘,采摘后植株生长缓慢。叶面受到太阳光直射后,易变黄卷曲,影响品质	不太适应露天养殖池塘

通过浮床蔬菜筛选试验得出,水蕹菜、水芹菜、生菜和紫背天葵均适宜于河南省低洼盐碱地池塘水质栽培。而综合各方面因素,水蕹菜可作为河南省低洼盐碱地池塘水质栽培的首选蔬菜品种。

(三)浮床蔬菜育苗

可采取无土栽培中的基质栽培和土培2种育苗方式。现以水蕹菜为例,介绍其育苗操作要点。

1. 基质栽培育苗

(1)育苗床构建 在育苗大棚内平整好空地,按育苗大棚形状,分成几个长方形育苗床,长不限,宽为1~2米,上面覆盖一层防水性好的塑料地膜,边缘用砖围起来分隔,塑料地膜边缘向上延伸7厘米以上,并用砖固定,使育苗床成为上面开口的封闭型长方体。

(2)播种 把基质和细沙按1∶1比例混匀,平铺在育苗床上,厚度为5厘米左右。每隔5厘米左右挖深约2厘米的沟,将种子均匀地撒在沟内,种子间距1.5~2厘米,掩埋种子,并使培养基表面呈同一平面,采用淋浴喷头浇水,使水流温和喷出,以防止冲出种子,使苗床培养土湿润。

（3）管理　育苗室温度保持在30℃左右，基质保持湿润，如温度过高时，要进行通风降温。待秧苗长出子叶后浇水1次并除草，当苗长出2片真叶后再进行1次浇水和除草。4～6天后出苗，秧苗移栽前2天停止浇水。

2. 土培育苗

土培育苗既可在大棚内进行，也可在室外进行。5月上旬，选择避风向阳、排灌两便的平坦地块作苗床，土壤以壤土和黏壤土为宜。播种前二周施入基肥，并耕耙耱平，然后播种育苗（图7-1）。播种后在苗床上方插拱竹，搭小棚，用塑料薄膜覆盖，保温保湿。一般播种后7～10天出苗，注意及时浇水，始终保持田间湿润。出苗后30天左右，当苗长至15～20厘米，水温稳定在浮床植物适宜温度范围内，水质营养条件适宜植物生长时，开始移植秧苗（图7-2）。

图7-1　育苗

两种育苗方式的优、劣势对比结果见表7-2。

图 7-2 移植

表 7-2 基质育苗和土培育苗优、劣势对比

育苗方式	成本	成活率	病害	育苗时间	根系	移栽后返苗时间	占地
基质育苗	大多在育苗大棚内，成本高	高	较多	随时可育	水生根	1天左右	较多
土培育苗	室内、室外均可，成本低	较高	室内较多，室外较少	室外温度有一定的要求	土生根	3~4天	较少

（四）秧苗的移植

水温稳定在浮床植物适宜温度范围内,水质营养条件适宜植物生长时开始移植秧苗。移苗选择阴天或太阳落下的黄昏时分进行,秧苗从土壤或基质中取出后,应尽快运送到池塘边进行种植。

1. 基质栽培秧苗的移植

直接把带根的秧苗插入浮床上的 PVC 管内,使根部 4/5 浸入水中,1/5 暴露在空气中,必要时可以用海绵等缠绕固定秧苗。

2. 土培秧苗的移植

土培秧苗可带根或不带根移植到浮床上,先在大棚内将秧苗培育成 15~20 厘米的成株,再在移植到浮床前从中间截断,上、下两截均可种植到浮床上。

浮床下池前,对于养殖杂食性或草食性鱼类的池塘(如草鱼、鲤鱼、鲫鱼、团头鲂和河蟹等),浮床的下部应安装防护网。防护网的宽度与浮床宽度一致,四周用尼龙绳紧密固定在浮床的框架上。防护网网目 1.5 厘米,防护网深度根据浮床植物水生根系的发达程度而定,一般为 50 厘米。

种植时可采用两种种植方法,一种是在岸上种植完毕后浮床下水;一种是浮床先下水,种植人员乘小船在水面上直接种植。浮床下水时连成一长条,条与条间相隔 1.5~2 米,连片浮床的两头连尼龙绳,并用木桩固定在岸上。

（五）浮床蔬菜病害防治

将水生蔬菜移植到浮床上时,检查秧苗是否有病虫害,只移植健康的蔬菜秧苗。另外,保持浮床离池埂 4~5 米,防止土传病害进入浮床。

（六）浮床蔬菜的采摘

浮床蔬菜生长季节一般每月采摘 1 次,一年可采摘 5~6 次。采摘时 1 人划船 1 人采摘,水浅处也可穿下水衣直接下水采摘。

四、推广应用前景

目前我国大多数的水产养殖依赖于传统的养殖模式,大量养殖废水都是直接排放到环境之中,而运用人工湿地的技术能很好地解决问题，但由于人工湿地的占地面积大、建设成本高、能耗大、处理周期长等原因而很难推广。如果采用渔菜共生模式对传统养殖池塘进行种养结构调整，能优化池塘结构，增加池塘效益，改善水体环境，既能提高传统养殖池塘的经济效益和环境保护效益，又能为我国渔业节能减排做出更大贡献。

渔菜共生模式，是水产健康养殖技术和节能减排技术的有效结合。该模式结构合理、可操作性强、经济效益显著，起到了节水、节电、节药、节地、净化水质、美化环境的作用，在水产养殖业中有良好的推广和运用前景。

然而，鱼类与浮床蔬菜生活在同一个空间内，还需要进一步研究浮床蔬菜与鱼类之间的相互影响和相互作用。如浮床蔬菜是否与鱼类竞争溶解氧，浮床蔬菜的克藻作用是否导致鱼类的减产等。在浮床材料方面往往应用的都是塑料泡沫板、竹竿和PVC管等，这些材料存在着透光性差、不耐用的缺点，研究出一种新型的浮床材料必将能促进该养殖新模式的推广应用。

第二节　渔-草结合生态立体综合养殖技术的应用

渔-草结合生态立体综合模式是一种传统的综合养鱼模式，也是最简单的综合养鱼模式，是鱼类养殖与青饲料种植相结合的生产方式，该系统不仅消耗了养鱼水体产生的废弃物，同时还生产了鱼类养殖所需要的青饲料，在大力提倡循环经济的今天具有更重要的意义。根据不同的养殖方式，可以采取不同的种植形式、种类和利用方式。

通过近年来在河南省低洼盐碱地池塘的试验，总结出了渔-草结合生态立体综合养殖技术，为低洼盐碱地池塘的综合开发和利用提供了一条新途径。

一、淤泥和青饲料的利用价值

（一）淤泥的利用价值

淤泥主要包括肥料、残饵、浮游生物尸体、鱼类排泄物、被雨水或风浪冲刷下的泥土以及水源中的泥土等，凡是养过鱼的水域都含有一定量的淤泥。淤泥的数量和肥瘦程度与养殖鱼类的放养模式、计划产量、施肥的种类和数量、投饲的质量和数量、饲养管理水平、水源的肥度等因素有关。

养殖池塘中含有适量的塘泥是必要的，一般保持在10厘米左右即可。但是，如果淤泥过多则会对养殖造成不利影响。首先，有机质氧化分解降低水体溶氧量，易导致鱼类浮头，严重时造成泛池死鱼，甚至全军覆灭；其次，淤泥增厚使池水变浅，池塘容水量降低，鱼类的生长受到限制；再次，淤泥中含有大量病原体，会增加鱼类患病机会。因此，当淤泥达到一定程度之后，要及时清理。淤泥中含有丰富的氮、磷、钾等营养元素，是种植青饲料很好的肥料资源。

（二）青饲料的利用价值

青饲料营养成分丰富，对于草食性和杂食性鱼类有很大的可利用价值，是其很好的天然饲料来源。在可利用的青饲料自然资源越来越少，已不能满足养殖鱼类需要时，人工栽培的意义显得更加重要。

青饲料的营养价值和产量受种植品种、管理技术、收获时间等因素制约。青饲料要生长发育和繁殖，就需要有丰富的营养物质供应。如果专门供应青饲料生长的肥料，则需要一笔不小的开支。如果将青饲料种植与鱼池淤泥利用结合起来，既可以消耗淤泥，又可以得到青饲料种植的肥料，两全其美。

二、渔-草结合模式

（一）池塘轮作

1. 单池轮作

单池轮作是利用鱼池冬春休闲季节，放干池水，在池底种植牧草等青饲料，把塘泥中的营养物质转化到青饲料中，待其长到一定程度之后,开始放水养鱼。在同一池塘中每年轮作一次,这是一种"以池养池"的方法。

2. 多池轮作

多池轮作就是多口鱼池轮换作业。常见形式是两池一组,两年一个循环,即第一年甲池种草,乙池养鱼,收割甲池的草用于乙池的鱼,第二年调换。

(二)水陆结合

水陆结合是利用水体养鱼、陆地(包括鱼池埂面、斜坡和附近的田地等)种草的生产方式。养鱼水域为陆地种草提供肥料和水源,青草用于养鱼。池塘养鱼,塘泥多,营养物质丰富,将塘泥清除到陆地,为青饲料的种植提供充足的肥料。

三、青饲料种植品种的选择

青饲料种植应尽量选择适应性强、生长快、产量高、供草时间长、适口性好、营养价值高、抗逆能力强的品种。具体来说,应根据青饲料的生物学特性、季节、土壤和水域情况、鱼类规格等进行选择。比如春、秋季节应选择适合低温生长的种类,夏季应选择适合高温生长的种类。池塘轮作时,如果排干池水,可选择适合高水分土壤的陆生种类或两栖类。如果有水,则选择水生种类或两栖类。水陆结合时,根据清淤时间的不同,如果土壤含水较多,可以选择适合高水分土壤的陆生种类或两栖类。如果土壤含水少,则选择陆生种类。另外,还应考虑到土质和水质的酸碱度、盐度、硬度等因素。

放养小规格的鱼类,应选择粗纤维含量低的青饲料品种,对于大规格鱼类,青饲料的粗纤维含量可以适当高一些。

四、青饲料的培养

(一)种植面积的配比

养殖面积与种植面积的合适比例不仅与鱼类的放养模式、要求产量、养殖管理技术等有关,而且与青饲料的种类、收获时间、种植管理技术、青饲料的使用方式有关。如果草食性鱼类放养比例高,要求产量高,养殖管理技术高,则鱼类生长快、产量大,对青饲料的需要量大,反之需要量少。如果青饲料的营养价值高、收获时间合理、种植管理科学、产量高,需要小面积的种植即可满足养殖的需要,否则种植面积需要增大。如果用青饲料直接投喂,需要量多,而加工成颗粒饲料使用,则需要量少。

对于水陆结合的作业方式,开建渔场时就应规划出一定的青饲料种植面积,确定种植面积的合适配比。对于没有配备相应的青饲料种植面积的老旧池塘,则可以利用池塘附近经济效益不高的农田作为青饲料种植地。

（二）种植的茬口安排

单位重量的鱼类对饲料数量的要求随水温的变化而变化,同时鱼类的体重也随时间的延长而增加,各种青饲料的生长季节也不相同,因此,计划安排青饲料生产时,各种青饲料种植的时间和面积安排要与鱼类的需求相吻合。

（三）种植与日常管理

青饲料的种植要注意基肥的供应、合适的密度和季节。对于日常管理,不同的培养种类,有不同的技术要点。

1. 陆生青饲料

肥料供应一般不会成为靠淤泥生长的青饲料的限制性因子,但是不能按时浇灌的情况时有发生。因此要根据不同的品种适时浇灌,特别应注意的是返青期、分蘖期、每次刈割之后等几个需水高峰期。

2. 漂浮性青饲料

漂浮性青饲料大多具有聚集性,即在合适的密度时生长速度最快,密度过大或过小都会影响其生长。漂浮性青饲料主要吸收水中的营养物质,这就要求经常搅拌淤泥,使其中的营养物质释放至水中,保持水中营养物质的浓度。

3. 沉、挺水性青饲料

对于沉水性青饲料以及挺水性青饲料挺出水面之前的阶段,为使其进行正常的光合作用,要保持水体具有较好的透明度。

（四）适时采收

对于陆生性、沉水性、挺水性青饲料,如果采收太早,植株的生长潜力得不到充分发挥,会降低产量。如果采收太晚,会使粗纤维含量增高,适口性降低,另外体内的营养物质会大量向花蕾中转移,导致营养价值降低。同时植株密度过大还会影响光照,从而降低光合作用。对于漂浮性青饲料,一次不能采收太多,否则植株密度过小会降低生长率,若采收太晚,依然会影响质量和产量。因此掌握好采收时间是保障青饲料品质的关键。

五、青饲料的利用

青饲料的利用方式应与鱼的种类和规格以及养殖方式相适应。

(一)作饲料

青饲料最常用的利用方式是作饲料投喂养殖鱼类,其投喂方式主要有以下4种:

1. 直接投喂

对于适口的青饲料,往往采用直接投喂的方法。这种投喂方式只能用于可以直接摄食青饲料的鱼类规格,即鱼种、成鱼和亲鱼。

对于池塘养鱼,为了提高青饲料的利用率和方便残渣的清理,在池塘中要设置饲料框,将青饲料投入其中。

在池塘中,一般以中层性的草食性鱼类为主养对象,同时搭配表层性的浮游生物食性鱼类和底层性的杂食性鱼类。也可以单养既可以滤食又可以吃食的鱼类。如果青饲料资源少,也可以以底层性的杂食性鱼类为主养对象,同时搭配中层性的草食性鱼类和表层性的浮游生物食性鱼类。

2. 淹青养鱼

利用春天的干池期,在池底栽培青饲料,当青饲料长到一定程度之后,开始放水养鱼,使鱼类直接摄取青饲料。一般是在春天鱼种放养时进行,这是单池轮作时经常使用的方式。

3. 打浆后泼洒

将青饲料打浆,然后均匀地泼洒于池塘。一部分被鱼类摄取,另一部分则作为绿肥培养浮游生物。这种利用方法只适用于有滤食能力的鱼类。如果培养鱼苗和小规格鱼种,草浆一般是作为辅助饲料,或临时的替代饲料。如果作为主要饲料,因其蛋白质含量低,会影响鱼苗和小规格鱼种的生长和成活。对于滤食性的成鱼或大规格鱼种，则可以作为主要饲料。青饲料打浆后最好进行适当的发酵，以提高其消化率和适口性。

4. 加工成颗粒饲料

首先将青饲料打浆（打浆后最好进行适当发酵）、蛋白质饲料（如鱼粉、豆饼等）和能量饲料（如麸皮、米糠等）粉碎，然后按一定比例配合，再加入一定量的预混料（维生素预混料可适量少加或不加），混合均匀后，加工出颗粒饲料，然后投喂。投喂颗粒饲料时，根据池塘大小设立几个大小、深度合适的饲料台，将颗粒饲料慢慢投于饲料台上方，边吃边喂，切不可像投喂青饲料那样倒进去了事。

这种做法一般是做成软颗粒饲料。软颗粒饲料要现投喂现加工，切不可过早加工好，甚至晒干，否则会降低饲料的适口性和营养价值。也可以做成硬颗粒饲料，但是草浆所占的比例不能太多，否则饲料颗粒成型困难。加工成颗粒饲料投喂，既可以以草食性鱼类为主，也可以以杂食性鱼类为主。

（二）作肥料

当青饲料长到一定程度之后，刈割打捆，沉入池底，使其在水中腐烂分解，用于培养浮游生物，然后放鱼。该方法一般用于鱼苗或小规格鱼种的培养。作为肥料使用的青饲料一般用陆生青饲料。如果利用水生青饲料做肥料，它在水中不但不能腐烂，而且有可能吸收水体或淤泥中的营养物质而存活，而鱼苗或小规格鱼种又不能摄取，故影响池水的光照强度，从而影响浮游生物的繁殖和生长。

以青饲料做肥料时，因为大量有机物质在水中分解需要消耗大量溶解氧，所以要注意防止鱼类缺氧浮头。

六、注意事项

（一）对池塘的要求

该综合养鱼模式一般适合于老旧池塘，因为只有老旧池塘才有数量多、营养丰富的淤泥供应青饲料种植。当然，不利用池塘淤泥，而另外施肥种植青饲料也可以，但是这种作业方式则不属于综合养鱼的范围，并且成本要高一些。

(二)青饲料的数量

主养草食性鱼类的池塘,对青饲料的需要量大,如果按 1∶1 的比例多池轮作,青饲料往往不能满足草食性鱼类的需要,必须另外搭配其他饲料。投喂其他来源的青饲料,或将青饲料和蛋白质饲料、能量饲料等配合加工成颗粒饲料,也可以搭配商品颗粒饲料等。

随着人们生活水平的不断提高和健康消费意识的不断增强,传统渔业将向现代渔业迈进,转变增长方式,科学利用资源,实施健康养殖,生产安全食品成为水产养殖业发展的主题。渔-草生态立体综合养殖模式,通过种草,带走了底泥中的多余的营养物质,同时改善了底泥的通透性,造就了一个适宜鱼类生长的环境条件,大大提高了鱼类养殖成活率,提高了养殖效益。该模式既促进池塘可持续发展,同时也是农村经济发展的新增长点和农民增收的新亮点。该模式因地制宜,保护改善和合理利用自然资源,使高效的渔业生产同优良的生态环境建设同步发展,已取得良好的经济效益、生态效益和社会效益。

第三节　渔-禽结合生态立体综合养殖技术的应用

鱼鸭混养是鱼和畜禽综合经营中的最佳模式之一。此种养殖方法一般是在鱼池堤面建设鸭棚,围部分堤面和池坡作鸭的运动场,再在接近运动场的鱼池一边用网片围一定面积做鸭的运动池,网片高度在水面上下各 40~50 厘米即可。其优点大致有 4 方面:一是鱼塘养鸭可以更加有效地利用养鸭废弃饲料。据统计每天每只鸭子饲料损失 23~30 克,这些泼溅残剩的饲料直接落入或者扫入鱼池,与精料养鱼一样能获得相应的鱼产量,减少鸭饲料的浪费;二是有利于改善鱼池内的营养环境。鱼池为养鸭提供了一个较好的生活环境条件,减少了寄生虫和病害对鸭子生长的影响,并且鸭子在水中摄食蝌蚓等水生动物,降低了养殖成本;三是鸭子可以为鱼类提供有机饵料。鸭子在水中游动,鸭粪均匀地散落在水中,为浮游生物的生长、繁殖不断地补充营养,提高了鱼池生产能力,还能促进鱼类快速生长,同时避免了人工施肥不均和陆地养鸭粪便污染问题;四是促进了池塘生态系统的循环,鸭在浅水处会为觅食翻动池底淤泥,促进池底的营养物质扩散,有利于池塘物质循环。另外,鸭群在鱼池中不断游动嬉戏扑打,还能起到增氧作用。

通过近几年在河南省低洼盐碱地池塘的试验,总结出了3种鱼鸭混养模式,为低洼盐碱地池塘的综合开发和利用提供了途径。

一、鱼鸭混养的设施建设

(一)池塘条件

鱼鸭配套的池塘要选择在水质良好、水源充足、交通方便的地方。池塘东西走向、长宽之比是$(2\sim3):1$,池基内坡$1:(2\sim2.5)$,塘底要求平坦,可略向排水口的方向平缓倾斜,以利干塘。池塘面积以$3\sim7$亩为好,水深$2\sim3$米,池塘设有分开进、排水和拦鱼设施。

(二)鸭棚建造

鸭棚应选择坐北向南、地势较高、阳光充足、比较干燥、池埂坡度平缓、有利于稚鸭苗落塘上岸行走觅食的地方。冬季能密封保温,夏季能通风降温,雨季排洪、排水良好。每间鸭棚面积$120\sim150$米^2,另设2个鸭群活动场所,一是网围鱼塘一角作为鸭群觅食生长活动场所;二是围鸭棚附近一段池基或池坡地面作为活动场。

二、鱼鸭混养生产配置

鱼鸭生态混养模式是以水面为中心,鱼鸭合理搭配,达到以鸭促鱼,鱼鸭双丰收的目的。一般根据池塘基础条件可采用以下3种混养模式:

模式一:每亩放养鱼种450尾,约55千克。亩投资923元,亩鱼类产量300千克。其中鲢鱼210千克,亩收入1 573元,亩利润650元。亩配养鸭子84只,每只鸭年利润11元。成鱼、鸭蛋共计亩效益1 574元。

模式二：每亩放养鱼种600尾，约75千克。亩投资1 400元，亩鱼类产量400千克。其中鲢鱼250千克，亩收入2 250元，亩利润850元。亩配养鸭子100只，每只鸭年利润14元。成鱼、鸭蛋共计亩效益2 250元。

模式三：每亩放养鱼种850尾，约122.5千克，亩投资1 850元，亩鱼类产量500千克。其中鲢鱼300千克，亩收入2 850元，亩利润1 000元。亩配养鸭子120只，每只鸭年利润15元。成鱼、鸭蛋共计亩效益2 800元。

三、3种养殖模式数据分析

(一)鱼种放养

鱼鸭混养的水面，因鸭粪较多，池水较肥，应以滤食性鱼类如鲢鱼、鳙鱼为主，配养草鱼、鲤鱼、鲫鱼等杂食性鱼类。放养规格较大、体质健壮的鱼种为宜。

(二)鸭子数量配比

根据多年的生产实践经验，每只鸭子每年平均排粪便大约45千克，15千克鸭粪可净增重1千克鲢鱼成鱼，鸭粪利用率按85%计算，则一只鸭子一年粪便可生产鲢鱼45×0.85/15＝2.5千克，即鸭子配比量＝计划滤食性鱼类产量/2.5。按此推算，模式一鱼种放养及收获情况见表7-3，模式二鱼种放养及收获情况见表7-4，模式三鱼种放养及收获情况见表7-5。

表7-3 模式一鱼种放养及收获情况(以亩计)

品种	放养情况			成活率	收获情况		
	规格(克)	数量(尾)	重量(千克)		规格(千克)	毛重(千克)	净重(千克)
鲢鱼	100	300	30	80%	1	240	210
草鱼	200	100	20	70%	1	70	50
鲤鱼	100	50	5	90%	1	45	40
合计		450	55			355	300

表7-4　模式二鱼种放养及收获情况(以亩计)

品种	放养情况			成活率	收获情况		
	规格(克)	数量(尾)	重量(千克)		规格(千克)	毛重(千克)	净重(千克)
鳙鱼	250	100	25	95%	1	95	70
鲢鱼	75	300	22.5	90%	0.75	202.5	180
草鱼	250	50	12.5	80%	1.25	50	37.5
鲤鱼	100	150	15	95%	0.9	128.25	113.25
合计		600	75			475.75	400.75

表7-5　模式三鱼种放养及收获情况(以亩计)

品种	放养情况			成活率	收获情况		
	规格(克)	数量(尾)	重量(千克)		规格(千克)	毛重(千克)	净重(千克)
鳙鱼	250	100	25	95%	1	95	70
鲢鱼	100	400	40	90%	0.75	270	230
草鱼	250	50	12.5	75%	1.25	47.5	35
鲤鱼	150	300	45	95%	0.75	210	165
合计		850	122.5			622.5	500

模式一:平均亩产300千克成鱼,其中鲢鱼产量210千克,可配养鸭子210/2.5=84只;

模式二:平均亩产400千克成鱼,其中鲢鱼产量250千克,可配养鸭子250/2.5=100只;

模式三:平均亩产500千克成鱼,其中鲢鱼产量300千克,可配养鸭子300/2.5=120只。

(三)喂草投饵

鱼鸭混养的水面全年不需要施肥,另外鸭子在吃食时泼溅残剩的饲料占投喂量的10%左右,鱼类投饵期从4~10月按210天计,每只鸭日均吃饲料0.15千克,则每只鸭7个月泼溅残剩饲料0.15×210×10%=3.15千克,泼溅残剩饲料利用率按照80%计算,饵料系数按5计算,那么每只鸭子泼溅残剩饲料可生产吃食鱼类3.15×80%/5=0.5千克。所以模式一情况下每亩放84只鸭可生产吃食鱼类42千克,模式二情况下每亩放72只鸭可生产吃食鱼类36千克,模式三情况下每亩放92只鸭可生产吃食鱼类46千克。其余靠喂草投饵生长成鱼。

四、鱼鸭混养饲养管理工作

(一)养鱼管理

1. 清塘消毒

鱼种下塘前,每亩1米水深用茶麸50千克打碎泡水一天一夜后全塘泼洒,再用生石灰100千克化水溶解全塘泼洒,7~10天毒性消失后可放鱼种养殖。

2. 鱼种消毒

鱼种落塘前,用3%食盐水浸浴鱼体表5分,杀灭细菌和寄生虫;草鱼种则注射疫苗进行免疫预防再落塘养殖。

3. 科学投喂

投饲要做到"四定"(定时、定质、定量、定点),要投喂量足、质好、适口饲料,夏秋季可按鱼体总体重投喂3%~5%,冬春季可投1%~3%。

4. 水质管理

池水要保持"肥、活、嫩、爽",透明度控制在30厘米左右,池水pH保持在7~8。池水溶解氧量不低于5毫克/升。

5. 鱼病防治

夏秋季每7~10天要换水1次,排放30厘米老水,灌入30~40厘米新水,保持水质相对稳定,每7~10天要用1毫克/千克漂白粉化水全塘泼洒,或每亩1米水深用生石灰20千克化水溶化全塘泼洒。适时开动增氧机,防止鱼类泛塘浮头。适时投喂药饵,增强鱼体抗病能力,促进生长。

(二)养鸭管理

1. 鸭舍、鸭场

每平方米旱地每10天用20克漂白粉溶液消毒1次。

2. 科学饲养

做到饲料合理搭配,定时定量饲喂,不喂霉烂变质饲料,投喂的饲料不能太多,防止过饱增加肠胃负担。并根据天气情况,随机调整投喂量,以不剩为原则。投喂饲料时,可不定期地加入氟哌酸、禽菌灵、庆大霉素等药物拌饵投喂,可有效预防鸭病和鱼病的发生。饮水清洁充足,温度、湿度、密度适宜,空气新鲜。

3. 防疫治病

一是搞好鸭棚清洁卫生,坚持消毒,清洗鸭棚,人不能随便进入鸭棚,消灭传染病源。二是饲养鸭30日龄时注射1次疫苗预防鸭瘟。70~80日龄时进行禽霍乱防疫。

通过几年的试验和对比,鱼鸭混养这种综合养鱼模式可充分利用水面,做到资源共享,良性循环,实现双丰收。一方面鸭子可以取食病鱼、水生昆虫的幼虫等有害生物,消除对鱼类的不利影响;另一方面鸭粪落入水中,小部分以有机腐屑的形式直接被鱼类所食,大部分经游离分解,被水体吸收,促进浮游生物生长,增加鱼类的天然饵料,从而提高了肥水鱼产量。另外,鸭子在水面上来回游动,一定程度上增加了水面溶解氧量,改善了水体环境。鱼鸭混养的综合养殖之路,经济、社会和生态效益显著,有着广阔的发展前景。

第四节　渔-粮结合生态立体综合养殖技术的应用

渔-粮结合生态立体综合养殖模式,即稻田挖成"垄稻沟鱼"式,垄上种水稻,沟中养鱼,田埂种黄豆,水稻长高时放入平菇菌袋。该模式可以充分利用水土、空间、光、热等自然资源,发挥稻田生产的立体效益和种养结合的生态效益,提高整个生态系统的能量转换效率,促进营养物质的良性循环。

根据自然界间生物共生互利原则和能量流向规律,近年来,在河南省进行了渔-粮(稻、菇、豆)结合多种配套种养结合的复合农业试验,开展渔粮共生的综合立体生产,建立了一个多层次、多结构、多功能、高效低耗的人工复合生态农业体系。经过几年的实践总结,不断完善和提高,取得了良好的经济效益、社会效益和生态效益,为低洼盐碱地的综合开发利用开辟了新途径。

一、材料和方法

(一)试验稻田

试验稻田 2 块,面积共 13 亩,位于河南省新乡市沿黄盐碱低洼地带,其中一块 5 亩,一块 8 亩,保水性能好,适于进行"垄稻沟鱼"。稻田的一侧都挖有 100~150 米^2 的沟,沟深 1.2 米,适宜发展综合养鱼。

(二)渔 - 粮结合综合生产模式的构建

本着充分利用稻田、田埂和空间等条件,达到物质和能量的良性循环,根据自然界间生物共生互利的原则,进行生态农业工程的设计和生物的配置,稻田挖成"垄稻沟鱼"式,垄宽 1 米,沟宽 0.5 米,垄上种水稻,沟中养鱼,田埂种黄豆,在 7 月水稻长高能遮阳时放入平菇菌袋,达到上、中、下立体综合开发利用的效果。

在插秧前先把稻田的工程挖好,挖成"垄稻沟鱼"式,鱼沟注水施肥,在 5 月春片鱼种运来时,先放到沟中暂养,等稻秧插完,施完药、化肥后,把与稻田相通的各口挖开,让鱼进入稻田。每亩稻田放入 50 克/尾以上、体质健壮的鲤鱼种 150 尾,可按 5% 的比例搭配草鱼苗。

(三)田间管理

1. 水位的控制

水稻插秧时间一般在 5 月中旬,鱼种运到后,先用浓度 5% 的食盐水浸浴消毒,消毒后放入鱼沟中暂养。鱼沟要在放养鱼苗前的 15 天时用生石灰消毒,施底肥注水。鱼苗投放后要按时投喂饲料。在水稻插完秧,水位提高以后把与鱼沟相通的各口挖开,让鱼进入稻田,水位的高低以水稻生产所需的水位为准,在不影响水稻生长的情况下,水位越高对鱼的生长越有利。平菇菌袋的放置要保证与水面保持 5 厘米的距离,水位的提升与下降要做随时调整,这样才能保证其生长所需的温度。

2. 投喂饲料及灯光诱虫

稻田鱼沟养鱼要像池塘养殖一样投喂适量的饲料,因稻田中的饵料生物是不能够满足鱼类生长所需的。可在鱼沟中搭建一个食台,每天早晚各投喂一次,精料按鱼体重2%~3%投喂。另外,晚间无风的时候,可在饵料台安电灯进行诱虫,虫子掉入鱼沟中,增加了鱼的饵料来源,既节省了人工饲料,又减少了水稻的虫害发生。

3. 施肥

施肥以农家肥为主,一般每亩1次施农家肥25~30千克。尽量减少化肥的使用量,农家肥与化肥混合效果比单一使用更能提高肥效,施肥的原则为少施勤施,鱼沟水色保持油绿或青绿色。

4. 平菇的采集及管理

平菇菌袋是用塑料袋装的,两袋为一组,两袋的底与底用木头架起,离水面5厘米,使其能充分地吸取水分,保持一定的湿度,袋口要打开。平菇菌袋组与组的距离为40厘米,当发现菌袋长不出小菇头时,用快刀把塑料袋割成"V"字形口,使平菇能顺利生长出来。在采集时要一次采净,然后放入水中浸泡24小时,再架起。

5. 日常管理

放鱼后要坚持每日按时投喂饲料,检查拦鱼设施,经常用生石灰给饵料台消毒,暴雨天要注意调整水位,防止跑鱼,调整平菇菌袋与水面的距离,搞好病虫害的防治工作。

二、经济效益分析

经过几年的生产实践,渔-粮(稻、菇、豆)多物种结合的复合生态体系,收到了明显的经济、生态、社会效益。种养殖结果及经济效益分析见表7-6。

表7-6 渔-粮结合经济效益表

试验面积 (亩)	亩产水稻 (千克)	亩产鱼 (千克)	亩产平菇 (千克)	亩产黄豆 (千克)	亩纯利润 (元)
13	650	706	115	20	1 570

三、总结与讨论

(一)渔-粮结合提高了稻田的利用率,增加了水产品的来源

渔-粮(稻、菇、豆)多物种结合模式,一地、一水多用,立体开发,以有限的土地和水资源,生产出更多的物质产品,提高了稻田的利用率及水稻产量。经对比测算,"垄稻沟鱼"养鱼的稻田增产水稻8%~12%,综合立体开发的稻田比一般高产的稻田亩增收可达500~800元。实践证明,稻田综合立体开发为广大农民拓宽了致富门路,扩大了生产经营范围,不但增加了粮食的产量,而且增加了水产品的来源,丰富了市场,提高了经济效益和社会效益。

(二)渔-粮结合降低了农产品病虫害发生率,提高了农产品的质量

渔-粮(稻、菇、豆)多物种结合模式,大大地减少了水稻病虫害的发生,降低了农药化肥的使用量,减少了稻米农药的污染。鱼在稻田中把稻田里的水草和落入水中的虫子吃掉,减少了稻田的虫害,同时也增加了鱼的天然肉食性饵料。鱼的粪便和平菇菌的残渣都是稻田的好肥料,起到了肥水、肥田的作用,有效地提高了水稻的产量,达到了共生发展、互相促进,维持了生态环境的平衡,促进了营养物质和能量的良性循环,提高了经济效益和生态效益。

该模式充分利用鱼类养殖和水稻生产的特点,把种植、养殖有机地结合起来,立体综合开发利用。把生物共生性、生产的连续性、饲料的广泛性组织一起,向生产的广度开发,组成一个多物种共生发展、互相促进、综合经营的多元生产结构,形成了一个高效、低耗、高收入的人工复合生态农业体系,从而全面提高了生态效益、社会效益和经济效益。

第五节 渔－畜结合生态立体综合养殖技术的应用

渔－畜结合生态立体综合养殖模式的主要技术路线是：将健康养殖的畜牧业（以养猪为主）粪便排放到沼气池，经沼气池发酵后，将沼气用于日常生活（作燃料，既可减少生产与生活成本，又可减少场地的环境污染），将沼液和沼渣放入饵料塘中（或在塘堤上种植青饲料）进行净化处理，经饵料塘（或塘堤上）生产的青饲料（如芜萍、甘薯等）再喂鱼（或猪），以达到降低生产成本、提高产品质量和经济效益的目的。

从环保、节能、抵御各种风险能力等方面综合考虑，在河南省低洼盐碱地区发展渔－畜结合生态立体综合养殖的经济效益较好，且养殖周期短、见效快，可以为低洼盐碱地池塘的综合开发利用开辟出新的途径。现将渔－畜结合生态立体综合养殖模式的技术要点介绍如下。

一、池塘改造

（一）改浅水塘为深水塘

池塘内池水水位过浅则池水温度日变化大，池水中基础饵料生物的产量较低。池水过浅也使鱼群的活动空间小，不利于鱼类的生长发育。因此，应将浅水塘用挖土机或人工改造成为水深 2～2.5 米的深水塘，这样可以提高单位面积的鱼产量。

（二）改小面积塘为大面积塘

将面积较小的池塘改造成面积为 5～10 亩的标准塘。这是因为面积大的池塘的各种环境条件比较稳定，而且水面大风浪起的作用更加显著，使水体中保持丰富的溶解氧含量，适合鱼类及其基础饵料生物的生长需要。

(三)改漏水塘为保水塘

池塘如果出现漏水现象,就不能保持池水一定的深度和肥度,所以一定要把漏水塘改造成为保水、保肥能力强的保水塘。具体方法是:排干池水,沙土质的池底,需要在池底上铺一层黄泥土,再加入少量水后用人力或机械设备充分搅拌;如果池堤局部漏水,可在漏水处挖松边坡分层夯实;如果整个池堤漏水,可在池堤基部沿池堤挖成长、深和宽各为40厘米的沟,再用水泥沙石砌成石堤,可使池塘不会漏水。

(四)改死水塘为活水塘

池塘养鱼时,需要定期灌注新水调节水质,使池水呈鲜活状态。一般每月加注1次新水,每次换水量不要超过原来池水的1/3。定期更换一定量的池水,有利于促进鱼类的生长发育,并减少养殖病害的发生。能自然引入新鲜水体的池塘,设计时其进水口和排水口呈对角状态,可使池塘排灌方便。加注井水时,需在蓄水池中曝气,或流经长距离的管道。

二、鱼种放养

(一)池塘消毒

鱼种放养前,为了减少养殖池塘中细菌性病害和寄生虫性病害的发生,必须把改造整理好的池塘暴晒几天后用药物消毒。常用的消毒药物是生石灰。

生石灰的用法用量:排干池塘内的池水,用50~70千克/亩的生石灰对水化浆后全池泼洒;如果不能排干池水则按照约1米深的水体用150千克/亩生石灰对水化浆后全池泼洒。

(二)青饲料的准备

池塘清整消毒后,可从沼气液的净化池中起捕青饲料(如细绿萍),以100~150千克/亩的用量计算,然后移植到准备饲养成鱼的池塘中,让细绿萍在池塘中自然生长10~15天,待青饲料生长旺盛时再用长竹竿将青饲料隔开,使池塘内一半生长青饲料而另一半成为露天暴晒的干净水面。

(三) 鱼种处理

1. 放养种类

以放养草鱼为主,再搭配放养鲢鱼、鳙鱼。池塘条件好、排灌方便、有增氧设备的池塘,可适当加大放养密度;死水塘或肥水塘,放养密度应减小。

2. 注射疫苗

草鱼进入养殖池前,有条件的要注射疫苗,按照鱼种个体大小现配现用。

3. 鱼体消毒

注射疫苗后,应用浓度为3%~4%的盐水浸浴鱼种5~10分,然后再将鱼种慢慢放入养殖池塘中。

4. 运输工具消毒

木桶、鱼桶等运输工具,在运输鱼苗前用高锰酸钾或漂白粉溶液洗净待用。鱼苗在长途运输时,最好用原养殖池塘的池水与井水按照1∶1的比例混合后采用氧气袋充氧的方法运输。

三、养殖管理

(一) 饲料投喂

刚放养20~30天的鱼苗不需要投喂青饲料,每天上午只在饲料台上投喂少量(约占鱼体总重3%)精饲料,如草鱼配合饲料、菜籽饼等。

30天后,可采取精饲料和青饲料结合的方法投喂,要坚持"定质、定量、定时、定点"的"四定"投喂方法,要求饲料新鲜、清洁,不能投喂腐烂、变质的饲料。青饲料每天投喂2次,上午和下午各1次,上午投喂量约占鱼体总重的8%,下午投喂量约占鱼体总重的3%,并根据不同季节、气候变化、池水肥瘦、鱼体大小和摄食情况等适当调整投喂量。一般情况下,饲料台应设置在投喂饲料方便、背风向阳的池边,养成鱼类在固定地点定时摄食的习惯。

(二) 巡塘

每天早、中、晚各巡塘1次,阴雨天气、闷热天气、暴雨天气后更应注意观察池塘内水体的变化与鱼类有无浮头、独游现象,注意及时铲除池边的杂草,捞除池塘内剩余的饲料,发现死鱼也要及时捞出并深埋处理。

(三)科学使用增氧机

高温季节,应在晴天午后开启增氧机增氧2小时,如遇闷热阴雨、气压低的天气,应在夜间零点左右开启增氧机增氧,阴天时应在清晨开启增氧机,增氧效果较好。

四、病害防治

日常饲养管理务必做好"三消"、"四定"工作,可用新鲜松树枝叶分堆捆好后浸入鱼池的进水口处,让其慢慢腐烂,沤出汁液,可达到预防病害的目的。

注射过疫苗的鱼种一般很少发生草鱼赤皮病、烂鳃病、肠炎病和出血病。治疗的方法是:首先,用生石灰对水化浆后全池泼洒,用以消毒池水;第二天用恩诺沙星和氟苯尼考拌饲投喂,按说明连续投喂3天;第五天可用五倍子中药熬水半小时后全池泼洒。出血病发生时,也可用烟叶加水煮沸半小时后,连渣带汁全池泼洒,连用2天。

五、实行轮捕轮放

一般情况下,草鱼鱼体规格达到500~1 000克/尾后,生长速度下降,饲料成本增加。所以,当养殖池塘中有批量草鱼体重达到1~1.25千克/尾左右时,就应及时捕捞上市。

在捕捞上市时,应捕大留小,这样可以保证养殖鱼类有充足的活动空间。一般情况下,4月初投放体重200克/尾以上的草鱼苗种,至8月中下旬部分草鱼可达到上市规格,可捕第一批,至10月中下旬可捕第二批,捕完第二批后再投放种苗,到年底商品鱼可全部捕完。一般可亩产商品鱼1 500千克左右,亩产值10 000元左右。

第六节　渔-果结合生态立体综合养殖技术的应用

渔-果结合生态立体综合养殖模式，即是在池塘正常养鱼的情况下，台田种植经济果树（如葡萄、冬枣、杏、油桃、西瓜等），在收获鱼产品的同时又获得了果品，增加了农民的收入。另外，果树也吸收了部分的盐碱，改善了生态环境。

针对目前河南省低洼盐碱地池塘台田种植效益较低、种植品种较少等问题，我们进行了经济价值高、效益好的台田种植模式优选试验研究，以促进低洼盐碱地渔果综合利用产业的可持续发展，有利于拓宽农民的致富渠道，加快农村产业结构的调整。现将渔-果结合生态立体综合养殖模式技术要点总结如下。

一、池塘养殖

（一）池塘条件

试验区位于河南省郑州市沿黄盐碱低洼地带，池塘面积为10亩，东西走向，池深2.5米，池底平坦，淤泥深15厘米，平均水深1.8米，且池塘进、排水方便。每5亩池塘配备1台功率为3千瓦的叶轮式增氧机。养殖水源为农业引黄用水和地下水，水源充足，水质良好，无污染，pH为7.0~8.7。

（二）清塘与消毒

3月中旬，鱼种下塘前15天用生石灰进行清塘消毒，用量约100千克/亩，清塘3~5天后，池塘注水至水深1米，施入经过发酵的猪粪、牛粪等有机肥300千克/亩，用以培育池水中的浮游生物。

（三）鱼种投放

3月下旬，开始投放鱼种。投放规格为体重75~100克/尾的鲢鱼、鳙鱼越冬鱼种300尾/亩，体重100~150克/尾的黄河鲤鱼越冬鱼种 1 500 尾/亩。鱼种入池之前,均先用食盐水浸浴消毒 10 分,然后再下塘。

(四)养殖管理

1. 饲料投喂

整个养殖过程均投喂鲤鱼全价颗粒饲料,饲料颗粒直径根据不同时期的鱼体规格而定,鱼种入池 3 天后即可进行驯化喂食。开始投喂时采用少量多次的方法,待鱼种正常摄食后按照"四定"原则进行投喂。4 月,每天投喂 2 次,上午和下午各 1 次;5~6 月和 10 月,每天投喂 3 次,上午、中午和下午各 1 次;7~9 月,每天投喂 4 次,上午、中午、下午和傍晚各 1 次。投喂时按照"由慢至快再慢"的节奏,每次投喂时间控制在 30~40 分,以鱼类摄食至八成饱为宜。

2. 水质调节

饲养期内,可每月泼洒 1 次微生态制剂调节水质,每隔 15 天泼洒漂白粉 1 次,防止鱼病的发生,施用微生态制剂后 3 天内不能再泼洒漂白粉消毒。7~9 月的高温期内,每天清晨 4 点至日出开动增氧机增氧,中午开机增氧 2 小时。阴雨天气时,每天开动增氧机增氧应在 12 小时以上,防止鱼类泛塘。经常向池塘内加注新水,调节水质,保持水深在 1.5 米以上,保持水质"肥、活、嫩、爽"。

3. 病害防治

黄河鲤适应性较强,整个养殖过程中病害不突出,发病情况较少。在低洼盐碱地池塘中,养殖黄河鲤鱼有时也会出现一些特有病害,如小三毛金藻病和鲤巨角蚤病等。

二、台面种植模式

池塘台面面积约为 0.3 亩,主要采取 3 种种植模式,各种模式分别种植 0.1 亩。模式一:种植葡萄;模式二:种植西瓜;模式三:种植棉花+西瓜,即棉花套种西瓜。定期清理的池底淤泥可用作果木生长的肥料。

三、收获情况

1. 鱼类收获情况

11月初开始起捕上市,平均亩产黄河鲤鱼1 820千克、亩产鲢鱼、鳙鱼255千克,黄河鲤鱼平均规格1.2千克,鲢鱼、鳙鱼平均规格0.75千克。饲料系数为1.46左右,投入产出比为1:1.48。

2. 水果收获情况

模式一葡萄收获325千克;模式二西瓜收获175千克;模式三西瓜收获156千克、棉花收获27千克。葡萄、西瓜和棉花的销售价格分别为3元/千克、1元/千克和8元/千克计。不同种养殖模式的经济效益情况见表7-7。

表7-7 不同模式的经济效益情况表

项目	鱼	模式一	模式二	模式三
总支出	122 300	260	105	175
总收入	181 250	975	175	372
纯利润	58 950	715	60	197
投入产出比	1:1.48	1:3.75	1:1.67	1:2.13

四、小结与分析

黄河鲤鱼生长速度较快,耐低溶解氧,养殖当年便可达到上市规格,且出塘规格整齐。搭配20%左右的滤食性鱼类(鲢鱼、鳙鱼),可起到调节水质的作用,养殖过程中病害较少,饵料系数较低,投入产出比高。

模式一种植葡萄纯利润最高,为715元;投入产出比也最高,达1:3.75。可见,在河南省沿黄低洼盐碱地地区,在池塘养殖的台面种植葡萄效益较高。渔-果结合生态立体综合养殖模式,既美化了环境,又改善了盐碱土壤结构,达到了鱼类和果木的双丰收,为低洼盐碱地池塘综合开发利用开辟了新途径。

第七节　渔-农结合生态农业开发模式综合效益分析

一、渔-农结合原理

渔-农结合是一种水陆相互作用、池塘多层次立体种养的生态农业系统,集农田种植、禽畜饲养和池塘养殖为一体,也称为农作鱼塘。河南省低洼盐碱地地区具有发展这种农作鱼塘系统的优越自然条件,而且由于农作鱼塘系统有占用耕地少、单产高、经济效益高、见效快等优点,对发展区域农业具有特殊意义。

农作鱼塘具有陆地生态系统和水生生态系统相结合的特点。这个水陆立体种养体系层次多,既有陆地种植层次(粮、果、蔬菜、棉、草等),也有水产养殖层次(不同鱼类又有不同活动层次),还结合发展了畜牧业(家禽、家畜)。种植、养殖畜禽、养鱼三者相互联系,构成综合生态农业系统。

在该生态系统中,生物之间以营养为纽带的物质循环和能量流动,构成了生产者、消费者和还原者为中心的三大功能群体。系统中的农作物和青饲料,可作为畜牧生产中鸡、鸭、猪等养殖动物的饲料;畜牧业生产中的粪便废弃物,可给水产养殖提供饵料,并可直接还田,经蚯蚓、微生物分解成为农作物的肥料;鱼塘中的塘泥亦可作为农作物的肥料。由此形成水陆交换互补的多重循环利用系统。

二、农作鱼塘工程措施

低洼盐碱地挖深成塘发展渔业,把挖出来的土筑成台田种植粮棉、林果、瓜菜、饲草,临塘种稻或发展畜牧业,形成田塘相间的农作鱼塘系统,并在田塘之间修一条运输道路。为了排除盐碱,两排田塘相间的农田之间应开挖一条较大的中心排水渠。每口鱼塘面积5~

10亩,每块农田面积约2亩,鱼塘深度一般为3米,保水深度为2米,过深过浅对鱼生长都不利。原地面下挖2米左右,抬高地面1.5~2.0米台面四周筑起30厘米的土埂。鱼塘的形状应为东西向的长方形,这对接受阳光、减少北风侵袭都有作用。鱼塘水面与台面的高差应达1.5米以上,排盐沟深度一般为2.5~3.0米。建成的鱼塘既可保水养鱼,又可抽水灌溉,而台田作物也不会受盐碱之害。作物与鱼塘相互依存,相互适应,基面要用塘泥补充作物消耗的肥力,而鱼塘本身又需要挖去塘泥,否则塘泥堆积过多,塘水淤浅,易缺溶解氧。夏天作物需要水分时塘泥除可增加养分外,还起灌溉作用,这也是水分调节的一种方式。

三、农作鱼塘生产模式

低洼盐碱地渔－农结合的农作鱼塘开发模式多样,归纳起来主要包括畜(禽)基鱼塘和粮(果)基鱼塘。具体可根据当地社会、经济情况及资源、生态条件等,因地制宜地选择农作鱼塘生产模式。

(一)畜(禽)基鱼塘

该结合模式为:台田可养猪、鸡,水面养鸭,塘中主养鲤鱼和鲢鱼、鳙鱼等。

(二)粮(草)基鱼塘

该结合模式为:台田种植粮、豆和饲草,池塘主要养殖草鱼等草食性鱼类和鲤鱼、鲫鱼、鲢鱼、鳙鱼等滤食性、杂食性鱼类。

(三)粮(果)基鱼塘

该结合模式为:台田上粮豆面积占75%,果树占15%,饲草占10%。将粮豆的副产品加工成饲料养鱼,精饲料和青饲料相结合。池塘主要养鲤鱼,混养少量草鱼等其他鱼种。

四、农作鱼塘综合效益分析

(一)经济效益

1. 发展多种经营,大农业结构明显改善

挖塘筑台后,大大调整了低洼盐碱地的农业利用模式,除生产粮、棉作物和水产品外,还可以饲养禽(鸡、鸭)、畜(猪、羊)、种植瓜果蔬菜和花卉等。

2. 提高农田土地利用率

农作鱼塘系统建成后，原来土地利用率很低的低洼盐碱地，逐渐改变为高产稳产的农作鱼塘。这种人工建成的水陆立体种养体系，生物层次多，提高了农田土地利用率。

3. 提高农业产量、产值

农作鱼塘系统单位面积收获的品种较多，既有陆地产物，也有水产品，农、渔、牧协同发展，单位面积效益高。据统计，塘鱼平均产量为1 000千克/亩，平均收入为5 000元/亩，平均投入产出比为1∶1.8。而陆地产物的产量和产值也分别有不同程度的增加。

（二）生态效益

1. 改良了低洼盐碱地

在干旱季节不致引起表层土壤积盐的最浅地下水埋藏深度，称为临界深度。河南省沿黄低洼盐碱地临界深度一般为2.0米左右，地下水深为1.5~2.0米，而台面高出原地面1.5~2.0米，这样由于田面地下水位相对降低，地下水位大于临界深度，土壤不易发生盐渍化。通过淡水淋盐，可将耕作层盐分排到渗碱沟中，深层盐分控制在壤土层以下。再加上池塘养鱼常规的换水措施，也起到抽碱补淡水的作用，致使台田土壤含盐量下降，土质趋于熟化，连续生产5~6年后可达到一般农业种植允许的标准，完成改土治碱。可见，农作鱼塘把低洼盐碱地的渔业利用与农业改碱种植结合起来，既可增加水产养殖水面，又可新增耕地面积，使水、土资源都得以有效利用，也是低洼盐碱地池塘综合开发利用的有效途径之一。

2. 形成良性循环，减少环境污染

农作鱼塘系统建成后，鱼塘水面具有调节田间小气候的作用。农作鱼塘模式是一种有机农业，基本上不用化肥，主要靠太阳能，靠系统内部有机物的循环利用来解决能源问题，节约了化肥、农药，减少了环境污染。由于鱼塘自净能力较强，利用农牧废弃物，促进了水产养殖动物的生长繁殖，鱼类的产量显著增加，农田的病虫害明显减少。而且池塘连续生产多年后塘泥可肥田，农作物又向塘鱼供应饲料，形成一种良性循环。鱼塘还起到旱涝调节的作用，若台面降雨量过大,可将雨水排进鱼塘,遇到干旱,可抽塘水灌溉农田,消除了涝害、盐害,改善了农田的生态环境。

(三) 社会效益

1. 促进农村商品经济的发展

低洼盐碱地改为农作鱼塘后,可向市场提供大量农、渔、牧产品,促使自给、半自给生产向商品性生产转化。

2. 解决农村劳动力剩余问题

农作鱼塘生产环节多、工种多,是一种劳动密集型集约化农业生产形式。大面积粗放经营的低洼盐碱荒地改成农作鱼塘系统后,平均每公顷可增加 3~5 个劳动力,有效地解决了农村劳动力的剩余。

3. 发展生态观光型农业

农作鱼塘模式吸引了众多的垂钓者和生态旅游者,发展了当地生态观光型农业。

五、农作鱼塘存在的问题

(一) 缺乏有机质和营养元素

低洼盐碱地农田土壤以沙土居多,新开的台田、表层土壤为生土,缺乏有机质和氮、磷、钾等营养元素,尚需继续培肥改土。新开挖的鱼塘也比较贫瘠,有机质含量少,缺少饵料生物,需要向池塘施肥培肥水质,以提高鱼塘生产力。

(二) 鱼塘底泥盐分较重,难以作田肥利用

新开挖的鱼塘底泥盐分较重,难以作田肥利用,需要经过一段时间的养殖,才能逐渐降低底泥的盐分,使农作鱼塘水陆相互作用的潜力发挥受到一定的限制。

(三) 建设农作鱼塘工程配套费用大

建设农作鱼塘工程配套费用十分大,如果投资不足,农、渔、牧综合配套程度利用较低。农作鱼塘建成后,尚需大量农、果、渔、牧配套资金及周转资金,因此不少承包户因继续投资能力有限,仅以水产养殖为主,禽畜配套普及率不高或程度不够,台面种植层次偏少,从而限制了水陆相互作用的广度和强度。

(四)生产服务环节欠配套

农作鱼塘生产实践过程中,应有多方面科技人员相互协作,但往往因为专业农技人员少,水产技术人员更是不足,制约着农作鱼塘的发展。此外,产品的深加工不足,销售渠道也有待进一步打通。

主要参考文献

[1] 张建锋,张旭东. 世界盐碱地资源及其改良利用的基本措施[J]. 水土保持研究,2005(12):8-10.

[2] 黎国华. 盐碱地改良对策研究[M]. 北京:地质出版社,2006:58-73.

[3] 王慧,来琦芳,么宗利,等. 盐碱地水产健康养殖百问百答[M]. 北京:中国农业出版社,2010.

[4] 王遵亲,祝寿泉,俞仁培,等. 中国盐碱土[M]. 北京:科学出版社,1993:5-37.

[5] 王世贵. 河南盐碱水[J]. 河南地质,1988,6(2):45-52.

[6] 侯怀仁. 黄河下游土壤盐碱化评价及变化特征研究[J]. 人民黄河,2008,30(6):3-4.

[7] 周和平,张立新,禹锋,等. 我国盐碱地改良技术综述及展望[J]. 现代农业科技,2007(11):13-15.

[8] 张克强,白成云,马宏斌,等. 大同盆地金沙滩盐碱地综合治理技术开发研究[J]. 农业工程学报,2005(51):136-137.

[9] 包海岩,张勤,尤宏争,等. 鱼虾菜生态循环养殖技术在北方盐碱地池塘的应用[J]. 科学养鱼,2012(10):24-25.

[10] 郝彦周,景广振,任中纪. 综合养鱼"鱼-草"模式的科学应用[J]. 水产养殖,2010(10):30-32.

美国土木工程师协会
简　介

美国土木工程师协会（ASCE），成立于1852年，是美国历史最为悠久的国家土木工程机构。它代表了超过14万来自政府、相关行业、学术界持有私人执业执照并致力于推动土木工程科学和专业的土木工程师们。

美国土木工程师协会（ASCE）拥有超过600个当地分支机构，其中包括87个分部，158个分支机构和130个年轻成员组群，267个学生分会，11个国际学生团体。此外，学会已与来自59个国家的70个工程师专业组织签订了合作协议，并向12个国际分部和19个国际团体提供专业支持。

美国土木工程师协会（ASCE）促进专业知识的进步，提高土木工程师自身实践，致力于促进研究成果和专业技术发展，完善行业政策和管理信息。因此，美国土木工程师协会（ASCE）作为催化剂，通过与其他工程及相关组织的合作，提供更为有效和高质的服务。

美国土木工程师协会（ASCE）的一个关键作用是通过

召开年度技术大会，使土木工程师们了解土木工程专业的新进展并提供课程，以帮助工程师获得继续教育规定学时和专业研发课时，以满足其所在国家（州）要求的持续性专业能力标准。

为了实现土木工程这一愿景，美国土木工程师协会（ASCE）已明确以下战略重点，其中包括基础设施：为改善美国被忽视的基础设施，提出切实可行的解决方案；提高标准：为专业工程师建立教育和法律标准基础以解决未来的最紧迫的挑战；可持续发展：将土木工程师看作为可持续发展世界努力的贡献者角色。

前　言

我们目前处在维持国家基础设施现代化水平的关键时刻。我们的许多道路、桥梁、供水系统，以及我们的国家电网投入使用达五十年之久，这些系统已经明显存在老化和磨损。

《2013美国基础设施评估报告》中美国16个类别的基础设施的整体水平为D+级，仅比2009年评估报告的D级略微上升一档。6类基础设施领域一方面受益于针对各个州和城市基础设施的维修和改造私人投资的增加，另一方面受益于一次性联邦资金的注入提振。

值得注意的是，这标志美国土木工程师学会给美国基础设施条件评级自从1998年以来第一次上调等级。然而，一个D+等级仍然是难以接受的。

在大多数情况下，问题是隐藏的。我们大多数人只有在基础设施停止工作后才注意到它，比如当大桥封闭导致我们工作迟到，当灯灭了，或当你早上没有水淋浴的时候。

但基础设施的失败不仅是一种不便，在经济层面也影响了我们的家庭和我们的国家。我们的基础设施是国民经济和人们生活质量的基础，基础设施的修复和现代化具有许多潜在的好处，包括：增长国内生产总值，增加家庭收入，保护工作机会，让美国在国际市场上保持强国地位。除非我们解决项目积压和国内公共设施维护延迟的问题，否则每年每个美国家庭需要从个人可支配开支中额外花费3,100美元。

作为土木工程师，14万多个美国土木工程师协会（ASCE）成员是我们国家基础设施的管家，负责设计、施工以及这些关键系统的操作和维护。我们发布的工作报告，让公众和决策者对国家基础设施在许多领域的状况给出综合评价。

在全国各地，有民选官员和社区领袖及工程师等看到了问题并接受着挑战。2013年评估报告中包括无数关于创新性解决基础设施难题的例子，比如从肯塔基河岸渗滤系统的创新解决方案，到密歇根减少道路一半建设时间的方案，再到犹他州把水处理垃圾变成肥料的方案。

2013年评估报告显示，如果我们把我们的注意力关注在创新的解决方案和增加投资方面，我们可以改善我们的基础设施。在各级政府强有力和持续的领导下，我们有信心可以提高等级。

Gregory E.Diloreto
美国土木工程师协会主席（2013年）

目　录

美国土木工程师协会简介

前言

综述：概要 ……………………………………………… 1

综述：关键的解决方案 ………………………………… 10

大坝 ……………………………………………………… 19

饮用水 …………………………………………………… 25

危险废弃物 ……………………………………………… 31

堤坝 ……………………………………………………… 37

固体废弃物 ……………………………………………… 43

污水 ……………………………………………………… 49

航空 ……………………………………………………… 55

桥梁 ……………………………………………………… 61

内陆航道 ·· 67

港口 ·· 73

铁路 ·· 79

公路 ·· 85

运输 ·· 91

公园与休闲 ··· 97

学校 ··· 103

能源 ··· 109

附录 A　等级表：美国基础设施的投资需求 ··················· 116

附录 B　等级表：经济影响 ·· 118

附录 C　等级表：以往的成绩 ···································· 120

附录 D　《2013美国基础设施评估报告》咨询委员会 ····· 122

综述：概要

每个家庭、每个社区、每个企业，都需要依赖基础设施才能够兴旺繁荣，基础设施包含地方总输水管和胡佛大坝，横跨美国连接私人住宅和输电网络的电力线，以及私人住宅前的街道和国家公路系统。

美国的土木工程师们在美国土木工程师协会（ASCE）的"美国基础设施评估报告"中对国家主要基础设施项目提供一个综合评估，每四年进行一次。评估报告类似学校成绩单的形式，采用简单的字母 A 到 F，评估报告不仅对当前基础设施状况和需求提供一个综合评估，即确定等级，也给出进一步提升等级的建议。美国土木工程师协会（ASCE）咨询委员会成员根据以下 8 个条件确定等级：能力、状况、资金投入、未来需求、运行维护、公共安全、恢复力以及创新。自 1998 年以来，由于维护的拖延和资金的投入不足，评估等级一直接近不及格，平均仅仅是 D 级。

当前 2013 年评估报告中的等级显示，美国基础设施评估平均成绩略有提高，上升到了 D+。2013 的等级范围从固体废弃物等级的 B- 到内陆航道和堤坝等级的 D-。固体废弃物、饮用水、污水、公路和桥梁都让人看到了有渐进式的改进，铁路（轨道）等级从 C- 调到了 C+，2013 年评估报告中没有任何一个基础设施项目等级下降。

2013 年评估报告说明，我们能改善美国基础设施目前的状况，当投资有保障，工程在向前推进的情况下，等级就会提高。例如，较大的私人投资在效率和连通性方面给铁路项目带来了改进，市、州重建的工作力度有助于处理国家一些最脆弱的桥梁遗留问题，并且一些项目从短期增长的联邦资金中受益。

众所周知，对基础设施的投资在保障健康、有活力的社区方面起到至关重要的作用。基础设施也是长期经济增长的关键，可增加 GDP、就业、家庭收入和产品出口。反过来说，如果不优先考虑美国基础设施需求，日益恶化的状况会成为经济的累赘。

微小的进步也是令人鼓舞的，但很明显我们的基础设施系统存在大量的逾期维护现象。现代化发展的需求日益紧迫，我们需要创造一个可靠的、长期的融资体系，从而避免将我们近几年的努力毁于一旦。总体而言，大多数评估等级降到 C 级以下，我们累计的评估平均成绩为 D+ 级，较 4 年前 D 级略有上升。

我们真诚邀请您关注基于对国家基础设施状况评估得到的 2013 年评估报告，其中包括制定的综合规划，三个关键问题的解决方案等问题，以深入了解国家基础设施的现状。

对每个类别的调查结果小结如下。通过标题及有关项目详细的资料，请大家探究其中的意义并与我们互动。

大坝：大坝再次获得 D 级。全国 84,000 座大坝的平均使用时间为 52 年，国内大坝正在老化，而且高危大坝的数量在上升，这些大坝当时大多数是参照低风险标准下的筑坝技术修建的，保护着坝下的农业田地。然而，随着大坝下游人口的增长及社会的快速发展，高危大坝的总数目继续增加，2012 年接近 14,000 座。有缺陷大坝的数量，当前超过 4,000 座，国家大坝安全协会的官员估计需要 210 亿美元的投资来修复这些老化却仍然关键的高危大坝。

饮用水：饮用水的等级小幅提升到了 D 级。21 世纪中叶，许多饮用水基础设施接近使用寿命的时限，估计美国每年有 240,000 个给水总管发生破坏。根据美国给水工程协会的统计，假定每根水管都要更换，则未来数十年的费用会超过 1 万亿美元。尽管如此，美国饮用水的质量普遍保持高水平。尽管水管和供水干管使用时间已经超过 100 年，且需要更换，但由于饮用水引起的疾病暴发还是非常罕见的。

危险废弃物：在国家危险废弃物和棕色土地站点的清除方面，获得了不可否认的成功。然而，用于清除超级污染场址的年度资金投入与所需相比预计还相差 5 亿美元，仍有无数的潜在场址需要确认，其中有 1280 个场址保持在国家优先整治名单中。超过 400,000 个棕色土地站点等待清除和重建。美国环境保护局（EPA）估计有四分之一美国人生活在距离危险废弃物场址 3 英里的范围之内。有害废弃物等级未改变，仍然保持在 D 级。

堤坝：2013 年，堤坝再次获得了接近不及格的 D- 级。估计在美国 50 个州和哥伦比亚特区有 100,000 英里的堤坝。

许多堤坝最常用于保护农田，但现在更多的是在保护已经发展成熟的社区。大多数情况下，这些堤坝的可靠性是未知的，国家有待制定全国堤坝安全规划。公共安全依然存在危险，风险来自于那些老化的结构，根据国家堤坝安全委员会粗略估算，修复或改造这些堤坝的费用需要1,000亿美元。然而，投资回报是明确的，因为2011年堤坝保护了超过1,410亿美元的财产免于洪水毁坏。

固体废弃物：2010年美国产生了25亿吨垃圾，其中8,500万吨是可回收或可用作堆肥。这表示有34%的再生利用率，是1980年14.5%的一倍多。在过去20年，人均废弃物生产率基本保持稳定，近几年开始显示下降的迹象。固体废弃物的等级在2013年有所改进，获得了最高等级B-级。

污水：污水的等级略提高到D级，未来20年国家污水和雨水收集系统所需要资金投入估计总额达2,980亿美元。管道方面是最大的资金需求，占总需求的四分之三。安装和扩展的管道将处理生活下水道溢流，合流污水溢流，及其他与管道有关的问题。最近几年，污水净化厂的资金需求约占总需求的15%—20%，但由于新规定要求，或许还会有所上涨。雨水收集系统的资金需求虽然渐长，但与污水管道和净水处理厂相比还是少的。自2007年以来，联邦政府已要求城市投资150多亿美元用于新管道、处理厂和消除合流污水溢流的设备。

航空：尽管受近期经济不景气的影响，2011年商业航班数量比2000年高出33,000,000班次，扩展了航空系统运行能力以满足国家经济的需求。据联邦航空管理局（FAA）估计，2012年由于机场拥堵和延误造成约220亿美元的国家成本损失。联邦航空管理局（FAA）预计如果维持当前联邦投资水平，由于拥堵和延误带来的经济代价将会从 2020 年的 340 亿美元上升到 2040 年的 630 亿美元。航空方面的评估成绩又一次获得了 D 级。

桥梁： 在全国 102 个大型都市地区，每天有超过 2 亿次的出行会经过有缺陷的桥梁。国家桥梁总数量中有九分之一被认为是具有结构性缺陷，当前全国 607,380 座桥梁的平均使用年限为 42 年。联邦公路管理局（FHWA）估计，2028 年前要淘汰掉全国积压待修整的桥梁，每年需要投入资金 205 亿美元，然而当前每年仅投入 128 亿美元。联邦、州、地方政府面临的挑战是每年对桥梁投资增加 80 亿美元，以解决被确定的全美有缺陷的桥梁 760 亿美元所需。不管怎样，具有结构性缺陷桥梁总体数量呈现出持续下降趋势，等级提高到 C+ 级。

内陆航道： 国家内陆航道和河流是我们货运网络背后的支柱——每年运载着相当于 5,100 万辆货运卡车的装载量。自 20 世纪 50 年代以来，多数情况下内陆航道系统一直没有更新过，一半以上的水闸投入使用超过了 50 年。每天驳船非计划延误多达数小时，妨碍了货物流向市场，提升了成本。每天系统中平均有 52 项服务中断。修理、更换老化的水闸，疏浚河道，这些工程项目需要数十年才可能被批准和完成，使得这一问题进一步恶化了。由于状况欠佳，且投资水平停滞不前，内陆航道又一次获得了 D- 级。

港口： 2013 年这个新的类别首次参与评估并获得 C 级。美国陆军工程兵团（USACE）估计由美国生产和消费的海外贸易量，超过了 95% 是经过港口完成的。为了维持和服务经济增长和国际竞争，我们的港口需要维护和扩大，并且要更加现代化。港口机构和私营企业合伙人已经计划从现在到2016年出资460亿美元用于重要的改善项目。在将货物从港口运进和运出的通航水道和陆地货运的连接方面，联邦政府的资金投入已经下降。

铁路： 铁路在高效能货物运输和切实可行的城际客运业务方面都表现出具有竞争性的复兴。美国铁路公司记录显示，2012年是乘客人数最高的一年，公司创下了年客流量3,120万人次，比2000年以来几乎翻了一倍，预期还会继续增长。货运和客运铁路都在加大用于轨道、桥梁和隧道方面的投资，同时也增加了货运和客运的能力。仅2010年一年的时间，货运铁路更新了3,100多英里的铁轨，相当于东海岸到西海岸的长度。自2009年，货运和客运铁路的基本建设资金投入已超过750亿美元，在物价较低、火车班次较少的不景气期间，实际上投资是增长的。由于该系统较高的客流量和较大的投资，铁路等级有最大的改进，2013年上升到C+级。

公路： 由于为改善条件而做出的有针对性的努力，以及公路死亡事故的明显减少，致使今年公路等级略有改进，获得了D级。然而，全美42%的主要城市道路依然堵塞，估计每年在浪费时间和燃料方面的经济成本约1,010亿美元。虽然近期条件得到了改善，联邦、州和地方的基建投资每年要增加至910亿美元，然而投资额仍然是不足的，预计在长期状况和性能方面仍会导致下降。当前联邦公路管理局估计要显著的改善状况和性能，每年的资本投资需要1,700亿美元。

综述：概要

运输： 在交通运输机构平衡日益增长的乘客数量与下降的投资金额的努力下，交通运输的等级保持在 D 级。美国的公共交通运输基础设施在我们的经济中起着关键作用，连接着数百万需要工作、医疗设备、学校、购物和娱乐的人们，对美国三分之一不开车的人群来说，这是至关重要的。不像美国其他许多基础设施系统，交通运输系统不是全方位的，45% 的美国家庭缺乏使用交通运输系统的机会，数百万的人享用着不够好的服务水平，那些有机会使用交通运输系统的美国人在过去十年已提高了 9.1% 的出行次数，趋势有望继续。尽管在交通运输方面的投资也有增长，但是在经济下滑期间，由于很多交通机构仍在努力维持年代已久的、废弃老旧的车辆和设备从而减少了投资，降低了服务水平，提高了价格，导致在 2010 年间有缺陷的和不断恶化的交通系统花费了 900 亿美元。

公园与休闲： 公园和户外娱乐场所的普及在美国继续增长，1.4 亿多美国人使用这些设施并作为他们日常生活的一部分。这些活动为国家经济贡献了 6,460 亿美，提供了 6,100 万个工作。在经济萧条预算减少期间，州和地方仍在努力为公园提供这些帮助，据报道，预计 2011 年满足需求的差额为 185 亿美元。因为国家公园管理局估计维护积压的工作大约需要 110 亿美元，联邦政府也同样面临着严重的挑战。公园等级没变，维持在 C- 级。

学校： 几乎一半的美国公立学校是为教育在婴儿潮期间出生的一代人而建立的——这一代人现已退休。公立学校的创立注册数预计要到 2019 年才会逐渐增加，但是州和地方学校建设资金却在减少。国家在学校建设上的花费于

2012年已减少至大约100亿美元,大约只有经济不景气之前的一半,然而学校设施的条件状况继续是社会重大关心的事。要使美国的学校设施现代化并进行维护,专家估计目前至少要投资2,700亿美元或更多。然而由于已有十多年缺乏国家关于学校设施的数据,有关美国学校状况的全貌多半是未知的。今年学校又获得D级。

能源: 当前美国依赖老化的输电网络和输油管网系统,有些还是19世纪80年代修建的。自2005年起,用于能源传输的投资已经增加,但不断出现行政许可、天气事件以及有限的维护等问题,已造成能源故障中断的次数增加。即使电力的需求维持在同一水平,但随着人口的增长,以电力、天然气、石油等形式的能源在2020年后将面临巨大的挑战。尽管未来5年计划增加大约17,000英里的高电压输电线路和重要的油气管道,但行政许可和选址问题对计划的完成构成威胁,因此,能源等级维持在D+级。

结论:

基础设施是连接国家商业、社团、居民的基础,驱动着我们的经济发展,改善着我们的生活质量。为了保持美国经济在全球最具竞争性,我们需要一流的基础设施——高效率、成本合理的通过陆地、水道和空中输送人群和货物的运输系统;从大范围能源来源中选择消耗成本较低且能够可靠传递的传输系统;驱动工业化进程的同时也推动我们家庭日常生活功能的供水系统。但是今天我们的基础设施系统未能跟上当前和正在扩大需求的步伐,用于基础设施的投资也较为迟缓或不确定。

现今我们必须做出承诺，使我们未来的憧憬变成现实——美国基础设施系统是我们繁荣昌盛的来源。

综述：关键的解决方案

美国基础设施21世纪愿景

在21世纪，我们看到一个因高质量基础设施而日益茁壮繁荣的美国。

基础设施是连接国家商业、社团、居民的根基，驱动着我们的经济，改善着我们的生活质量。为了美国经济在全球最具竞争性，我们需要一流的基础设施系统——高效率、成本合理的通过陆路、水道和空中输送人群和货物的运输系统；从大范围能源来源中选择消耗成本较低且能够可靠传递的传输系统；驱动工业化进程的同时也推动我们家庭日常生活功能的供水系统。但是今天我们的基础设施系统未能跟上当前和正在扩大需求的步伐，用于基础设施的投资也较为迟缓或不确定。

在短期内，我们需要引起国家的重视，使现有的国内基础设施修复到一个良好水平，而从长远来看，在打造现代化的基础设施的过程中我们必须使用战略性的和有针对性的手段。这就意味着需要联邦、州、地方政府各级的领导力，通过企业和个人显露美国基础设施的重要性，精心制定创新的解决方案以反映出国家多样性的需求，依据系统所需进行投资。从战略的高度更加高效地使用每一块钱，用创造性解决方案实施对基础设施发展的部署，如利用公私合伙方式，我们就能以恰当的价格按时完成合适的工程项目。

我们当下必须致力于使我们明天的愿景变成现实——美国基础设施系统是我们社会繁荣的源泉。

提升等级：关键解决方案

如果我们有领导力，并致力于把好的主意变为现实，美国的基础设施问题是可以解决的。提升我们基础设施等级则要求我们寻求和采用多样的解决方案。ASCE 对着手提升等级已提出了三种关键解决方案：

1. 提高在基础设施更新方面的领导力

美国基础设施需要国家层面大胆的领导力并提出令人信服的愿景。在 20 世纪，联邦政府在建设美国最伟大的基础设施系统中从"罗斯福新政"到"州际公路法案"和"清洁水法案"方面做了示范。自那以后，联邦领导力已经逐渐下降，国家基础设施状况深受其害。当前，大多数基础设施投资决策都没有从有利于国家愿景角度来决定。强盛的国家愿景必须来源于于政府和私营部门各个层面强势的领导力。不接受宏伟的国家愿景，基础设施将继续恶化。

2. 促进可持续性和恢复力

美国的基础设施必须满足自然资源、工业产品、能源、食品、交通运输、避难所和有效的废物管理等持续的需求。与此同时还要保护和改善环境质量。可持续发展、恢复力和持续的维护必须是改善国家基础设施的一个主要部分。现今的交通运输系统、水处理系统、洪水控制系统必须能够经受得起当今和未来的挑战！当建设或修缮基础设施时，对所有基础设施系统应该执行全寿命周期成本分析、考虑最初建设、运行、维护、环保、安全费用及工程项目寿命期间其他投入的费用，如被自然或人为灾害破坏后恢复的投入。机构和非结构方法都会被应用以迎接挑战。基础设施必须被设计成能保护环境，并能经受得了自然和人为灾害，采用可持续的做法，确保后代能够使用和享受今天我们所建设的（设施），就像我们受益于上一代一样。此外，研究与开发应该得到联邦层面的资助以便开发新的、更有效的方法和材料来建设和维护国家的基础设施。

3. 维护和加强美国基础设施的发展和投资规划

当基础设施投资必须在各个层次上增加时，则必须按重点先后排列，并依据严密的规划执行，该规划既补充国家愿景又注重系统产出。目标应该集中在货物和乘客流动性、多式联运、水的使用、环境管理工作等方面，同时鼓励可恢复性和可持续性。规划必须更好、更明晰地反映联邦、州、地方和私营部门角色和职责，并更好地灌输确定优先事项和重点投资这一原则以解决最紧迫的问题。规划应服务于宏观国家目标并扩展至经济增长、领导力、公共安全、资源保护、能源自主、环境管理等领域。基础设施规划应该与区域性土地利用规划、相关规则和激励措施同步，促进非结构和结构解决方案以减缓增长需求，提高基础设施容纳能力。

最后，规划必须补充对基础设施所有类别投资的承诺。所有可用的融资方案必须探索和讨论。必须开发和授权创新性的融资项目，这不仅使资源一应俱全，而且能最有效和高效利用这些资源。联邦投资必须用于补助、鼓励并作为来自州和地方层面和私人部门的投资杠杆。此外，基础设施的用户必须愿意为使用支付合理的费用。

关于评估报告采用的方法

《2013美国基础设施评估报告》的目的是告诉公众美国基础设施当前的状况，以简明、容易的方式传递信息。采用容易理解的学校成绩报告单格式，以严格的分级标准和最近的（统计）综合数据资源对成绩报告单中包含的16类基础设施逐个进行评定，为美国基础设施资产提供一个综合评估。

关于分级量表：测评方法

为显示2013年评估报告等级，基于8个基本标准的定量和定性方法被用于16个类别层级中。16个层级平均后就形成了美国基础设施总体平均成绩点数（GPA）。每个类别都是用相同的标准来评级的，显示出了各个类别和总体平均成绩点数既有正面改进，也有负面降低。

A
优秀：适合未来

系统或网络中的基础设施通常处于极佳状况，一般是新的或近期修缮的，能满足未来容量需求的，少许要素显示需要关注的常规劣化迹象，设备设施满足现代功能性和适应性标准要求，能抵御几乎所有灾害和恶劣天气事件。

B
良好：胜任现在

系统或网络中的基础设施状态良好，只有一些要素的常规劣化需要关注。少许要素呈现出有重大缺陷。虽说有极小容量和极小风险，但总体是安全和可靠的。

C
中等：需要关注

系统或网络中的基础设施状况大致良好，显示有常规劣化迹象并需要关注。一些要素在状况和功能性方面呈现出有重大缺陷，增加了易受损的风险。

D
差：处于危险中（有危险）

系统或网络中的基础设施处于较差的状况，大多数低于合格标准，许多要素（组成部分）接近他们服役寿命的终点。系统的很大一部分显示重大退化。状况和容量与高风险缺陷有重大关系。

F
不及格/危险的情况：不能胜任目标

系统中的基础设施处于不能接受的状况，有大量的深度劣化迹象，许多系统成分显示出即时损毁的迹象。

历史

用成绩报告单的形式对国家基础设施评级的概念源于1988年国会特许的国家公共工程委员会关于公共工程改善的报告——《脆弱的基础：关于美国公共工程的报告》（简称"《脆弱的基础》"）。当联邦政府表明他们十年期后不会更新报告，美国土木工程师协会（ASCE）就采用这种途径和方法于1998年公布了第一版《1998美国基础设施评估报告》。2001年、2005年、2009年及现在的2013年都有新的报告；成绩报告单的方法被严格地进行评估，以便能考虑影响美国基础设施的所有变化的因素。

1988年，当《脆弱的基础》发布时，国家基础设施获得了"C"级，代表着基于现存公共工程性能和容量的一个平均等级。在《脆弱的基础》中认定的问题是系统与日俱增的拥挤、延迟维护以及老化，报告的作者担心财政投资要满足系统当前的运行和未来的需求是不充足的。自1998年以来，美国土木工程师协会（ASCE）已发布5份评估报告，并发现每次都反复出现相同的问题。

分级标准

美国土木工程师协会（ASCE）评估报告咨询委员会在其基础设施初始管理人员的支持下，监督评估报告的数据分析和评估报告的进展状况。咨询委员会由30多位土木工程师组成，他们在各种类型的基础设施方面有大量的经验，并自愿利用自己的时间和专业知识在一整年来完成这份评估报告。委员会成员复审和评价所有有关的数据和报告，与技术和行业内的专家交换意见，根据以下8个标准确定等级：

- **容量（能力）**——评价基础设施满足当前和未来需求的能力。

- **状况**——评价基础设施现存的或不久将来的物理状况（实际条件）。

- **资金**——评价当前为基础设施种类投资的水平（从所有层级的政府层面），并与估算的资金需求相比。

- **未来需求**——评价改善基础设施的费用，并确定未来的资金前景是否能满足需求。

- **运行和维护**——评价所有者正确运行和维护的能力，并确定基础设施是否遵照了政府的管理规定。

- **公共安全**——评价受基础设施状况恶化而损害的公共安全范围，以及可能的事故后果。

- **恢复力**——评价基础设施系统防范或防御重大多种灾害威胁和突发事件的能力，以及迅速恢复和重新提供关键服务的能力，以致对公共安全和健康、经济以及国家安全损害最小。

- **创新**——评估技术创新和交付方法的实施与战略应用。

调查研究和评级流程

1. 回顾分析每个类别的现有数据、调查资料和报告，目的在于：
    - 确定基础设施的范围和现状（如桥梁数量，

管道英里数〔长度〕）；
- 审核当前用于维护和替代的预算支出，以及替换现存基础设施所需要的投资；
- 确定为满足当前和未来容量需求而升级改造基础设施所需的投资。

2. 与基础设施利益相关者和业界领导者面谈，讨论基础设施现有数据，趋势和需求。
   - 确定所有可用的数据资源；
   - 调查当前趋势和发展动态。

3. 形成总结报告，援用引证与评价标准相关的状况、容量、趋势，包括：
   - 目前和未来的需求，以及当前的投资水平；
   - 从上一份评估报告以来各类别的进展；
   - 无所作为的后果。

4. 建立一套以过去等级和 8 个确认的评级标准为基础的评级体系，采用传统字母评级量表（如以上所述）来进行表示。

大坝

2013 年 等级 D

美国84,000座大坝的平均使用时间达到52年。随着使用时间的增加，高危大坝的数量也在逐渐增加。许多危害小的大坝是用来保护尚未开发的农用土地。但是，随着坝下人口的增长和社会的发展，高危大坝数量在持续增加，到2012年高危大坝数量约为14,000座。存在问题的大坝数量预计超过4,000座，其中包括2,000座存在问题的高危大坝。美国大坝安全委员会预计需要投入210亿美元来修复这些重要的高龄高危大坝。

大坝：基本情况和能力

美国大坝最基本的效益包括饮用水、灌溉、发电、防洪和娱乐。大坝的安全运行和日常维护对保障上述效益是必不可少的，同时也避免了溃坝的可能性。美国成千上万座水库需要修复以满足现有设计标准和安全标准。它们不仅年限过久，而且下游发展和对防洪预警、地震及溃坝等科学预测知识的进步对其也有更高的要求。

这些大坝的分级主要基于其潜在的危害以及溃坝带来的后果，如溃坝造成人员伤亡，那么将被划分为高危大坝。2012年，美国有13,991座大坝被划分为高危大坝，表明这一数字是在持续增加的，10年前这一数量为10,118座。其他12,662座大坝为中危，意味着溃坝不会导致伤亡，但会造成严重的经济损失。

美国大坝的平均使用时间达到52年。到2020年，70%的大坝将超过50年。50年前，这些大坝按照当时最严格的标准建设。然而随着科技的发展和技术规范的改善，很多大坝已无法满足当前防洪和抗震的要求。此外，部分最初建造的低风险大坝当时由于坝下经济发展程度较为落后，设计标准也相对较低。

美国人口统计局预计2050年美国总人口将增加1.3亿。增长的人口很有可能像部分高龄大坝下游的非居住区发展，这提高了人群的危险性，因此很多低危或中危大坝将重新划分为高危大坝。但是高危大坝并不等同于大坝是有缺陷的，而是指一旦溃坝将造成人员伤亡这一结果。

溃坝不仅危害公众安全，同时也会造成巨大的经济损失。例如，2010年爱荷华德里湖水坝溃坝造成5,000万美元的直接损失和1.2亿美元的间接经济损失，并冲毁了6所房屋。由于溃坝对公众安全和经济的严重危害，针对溃坝和非控制泄洪，制定应急预案是至关重要的。随着高危大坝数量的增加，仅有66%的大坝制定了应急预案，远低于国家100%的目标。

监测这些大坝的情况是较为复杂的，部分原因在于这些大坝的所有者为许多不同的机构或实体。据统计，69%的大坝由私人实体拥有，其余为联邦、州政府和当地政府拥有。联邦政府仅拥有3,225座大坝，约占全国大坝的4%。让人意外的是美国陆军工程兵团（USACE）仅拥有694座大坝。

超过2,600座大坝由联邦能源监管委员会统一管理，其余的大坝不在联邦政府的管理范围，但会遵循州大坝安全计划以便检查。州大坝安全计划对全国80%的大坝具有主要职责，包括许可权、监察权和执法权。因此州大坝安全计划承担着公众安全的职责，但不幸的是，许多州计划缺少相应的资源，缺少相应的管理机构。实际上，每个州的大坝监察员平均数为207个。在南加州，仅有1.5个大坝安全监察员对全州的2,380个大坝的安全负责。阿拉巴马州是唯一没有大坝安全管理机构的州。

大坝：投入和资金

联邦国家大坝安全计划，通过培训、技术援助、监察和研究等方式为促进大坝安全提供支持，该扶持项目在2011年9月到期。该计划由联邦紧急事务管理局（FEMA）

负责，主要致力于保护由溃坝或误操作而造成的美国公民的生命和财产安全。此外，国家大坝修复计划尚未建立，该计划主要为修复、拆除或恢复国有的、非联邦的高危大坝筹集资金。

根据大坝所有者和经营者的差异，融资需求是必要且多样的。大坝安全委员会官员预计修复非联邦和联邦大坝的资金将超过570亿美元。修复那些被归类为重要的高危大坝所需的资金预计为210亿美元，而且随着时间的推迟，维护、修理和重建所需的资金将更多。总体而言，国家大坝安全计划人员在过去的几年中人数有所增加。但是，2011年国家大坝安全计划用于其监管的项目仅花费了4,400万美元，较前几年有所下降。

美国陆军工程兵团（USACE）预计需要250亿美元来处理他们所有大坝存在的缺陷。按目前的投资比例，完成这些修复工作需要50年。美国垦务局（USBR）确认其中约20座高危大坝的风险降低措施是合理的。在今后的15年中，这些措施的投资预计将达到20亿美元。

为设计、修复和运行大坝，大坝安全工程实践正朝着风险决策方向发展。风险决策可使得大坝所有者更好地利用有限的资金和优先项目，通过大坝修复和运行方式变化使风险降低到可接受水平，从而提高社区适应力。工程师、大坝所有者、管理方和应急管理方应与受溃坝影响的社区进行沟通，给他们一个客观的风险描述。通过广泛的社区合作，相关方可以更好地支持相关的土地使用决策、应急措施预案和维护修复资金，可减少可能产生的社区风险。

大坝：结论

由于大坝使用时间的增长和大坝所保护人口规模的持续增加，大坝下游更多的人群将面临潜在的风险。许多州大坝安全委员会面临着资源、权力有限等问题，从而导致监察频次下降，必要的措施不足等问题。此外，需要修复的大坝数量逐年增加，所需的资金也将越来越大。一些微薄的投入已经实现了通过增加高危大坝应急预案的数量来完成了部分大坝安全修复工作。然而，联邦、州政府、当地政府和私人方的重要承诺却迟迟无法落实。

进一步提升：现阶段的解决方案

- 授权国家大坝安全计划到2014年，并每年全额资助该计划。
- 建立国家大坝维护资金，用于修复公有的和非政府的高危大坝。
- 2017年前为每座高危大坝制定应急预案。
- 开展公众宣传，使大坝范围内的公众对大坝的情况有所了解。
- 制定激励政策，确保统治者和国家立法机构为大坝安全委员会提供足够的资源和管理权限。
- 要求大坝所有者、运营方、管理方遵循联邦大坝安全指南。

饮用水　　2013年 等级 D

　　21世纪初，美国很多饮用水设施将接近它们的使用寿命。在美国每年有24万例水管破裂事件发生。假设每个管道都需要更换，根据美国水工程协会(AWWA)估算，在今后20年里，更换水管的投资预计将超过10,000亿美元。不论如何，美国饮用水质量仍保持普遍较高水平。尽管输水管线使用时间普遍超过100年而且需要更换，饮用水导致的疾病却很少见。

饮用水：基本情况和能力

美国有近 17 万处公共引水系统。其中，5.4 万处是社区饮水系统，服务对象超过 2.64 亿人。

尽管新的管线将增加服务范围，但饮用水系统的质量等级随着时间将不断下降，管线的组成部件使用寿命范围在 15 年到 95 年。特别是在老的城区，很多饮用水设施已经老化需要更换。饮用水设施出现问题将导致用水中断，给突发事件处理造成障碍，破坏其他基础设施。管线破裂会破坏道路、建筑物和阻碍救火。非计划处理突发的水管破裂可能会导致额外的交通运输和商业的用水中断。

美国饮用水总管道长度预计超过 100 万英里。由于它们被埋在地下，而且由不同的当地机构或团体拥有和管理，很多管线的基本情况是无法获得的。有些管线可追溯到南北战争时期，直到出现问题或管线破裂之前，一般情况不会得到检查。管线破裂变得很常见，每年有 24 万例水管破裂事件发生。

通过低成本结构评估确定水管情况，可优先处理情况较差的水管，从而避免潜在的故障和风险，减少破坏和损失。这种评估同时可避免过早更换较好的水管以节省资源和时间。考虑到上述优点，在今后的 20 年，这种评估的需求和价值将显著增加。

美国环境保护局（EPA）预计每年更换了 4,000—5,000 英里的饮用水管线。到 2035 年左右，水管每年更换长度计划将达到顶峰 16,000—20,000 英里。同时，20 世纪中期安装的大量水管很有可能会开始出现问题。

其他方面压力会影响在国家饮用水系统设施上的投入。对很多机构而言，满足监管方要求的资金是一直持续存在的问题。以饮用水系统为例，由于美国环境保护局（EPA）1996年实施了安全饮水修改法令，导致很多要求（最紧迫的规则）都是新的，或者是最近发布的或者是尚未确定的。这些要求对饮用水的污染物做了新的或更为严格的规定，如砷、放射性污染物、微生物和消毒副产品等。在资金不变的情况下，使得当地政府不得不减少管线方面的维护工作。

饮用水：投入和资金

2012年，美国水工程协会（AWWA）估算，如一次性更换所有管线，投入的资金将达到21,000亿美元。由于不是所有管线都需要立即更换，预计在今后25年内需投入的资金约为10,000亿美元。

"所需要的资金将翻番，目前每年需要130亿美元，到2040年每年的需求将达到300亿美元，而这些投入需通过提高水价和当地财政来解决。"

"投入的延迟将导致用水服务质量下降，供水中断频次将不断增加，突发事件恢复费用也将不断增加。最终我们不得不'弥补'延迟投资带来的损失，拖延越久我们面临的工作难度也就越大。"

据美国水工程协会（AWWA）称，到2050年，饮用水系统设施的投资需求将超过1.7万亿美元。

比较而言，美国环境保护局（EPA）对资金需求的估计相对保守，其原因在于他们没有考虑人口的增长。2007年他们预测20年的投入将需要3,348亿美元，包括近53,000处社区饮水系统和21,400处非营利机构饮水系统（学校和教堂等）。在这些关键的投资中，国家需要1,990亿美元用于传输和分布系统，670亿美元用于处理系统，390亿美元用于储存系统。

5大区域的投入将超过1,000美元/人，即美国远西地区、大湖地区、亚特兰大中部地区、平原地区、西南地区。资金投入无法满足饮用水基础设施建设的需要。州政府和地方政府承担大部分的资金在接下来的20年内仍将持续增加，地方政府的投入比例将持续增加。2008年，州政府和地方政府预计在污水和饮用水系统方面年投入将达930亿美元。而2008—2012年国会拨款有所下降，拨款总额仅为69亿美元——平均每年13.8亿美元或20年276亿美元，占美国环境保护局（EPA）预计20年投入资金的8%。

饮用水：结论

美国饮用水系统正逐渐老化而且必须升级或扩容以满足日益增加的资金危机以及联邦政府和州政府的需求。如果无法满足今后20年的资金需求，过去30年在环境、公众健康和经济收益方面取得的成果将面临风险。

企业和家庭很有可能需要通过加强生产和日常用水可持续利用的方式，被迫适应不太可靠的供水系统。解决方案在美国和海外正在推进或实施，包括自身控制用水需求或施加法规控制用水需求，以及发展工业和居民用水的回收利用技术（例如使用回收的洗浴水浇灌草坪）。这些类型的政策可减少用水需求，从而减少对现存基础设施的影响。

进一步提升：现阶段的解决方案

- 提升对水资源真正价值的认识。目前的水费无法反映提供干净、可靠饮用水的真正成本。更换全国老化的管道需要巨额的地方投资，包括更高的水费。
- 重启国家循环贷款基金（SRF）计划。在《安全饮用水法案》(SDWA) 的要求下，5 年授权最少 75 亿美元的联邦资金。
- 取消州政府对私人债券用于饮用水基础设施的限制，每年将带来 60 亿到 70 亿的私人资金来解决该问题。
- 探索水利基础设施金融创新机构（WIFIA）的潜力，按国债利率从国家财政部获得资金，利用这些资金支持水利工程的贷款或其他信用机制。这些贷款获得回报后和利息一同归还官方或财政部。
- 建立联邦水利基础设施信任基金，在《清洁水法案》和《安全饮用水法案》实施的情况下弥补基础设施系统建设的资金短缺问题。

危险废弃物 2013年等级 **D**

  美国的危险废弃物和城市棕色地块的清理获得了不可否认的成功。然而，有毒废物堆场污染清除基金年度资金预计达到5亿美元却还远远不够，1,280处污染场地还在国家的优先级表中，同时一些潜在未知的污染地块还没有被识别。等待清理和再建的棕色地块超过了40万处。美国环境保护局（EPA)估算这些危险废弃物周围3英里范围内住了四分之一的美国人。

危险废弃物：基本情况和能力

美国经过一个多世纪的工业发展，危险废弃物常常以环境保护不健全的方式被生产和处理。危险废弃物广义地来说是一种对人类健康或环境有害或潜在有害的废弃物。它们包括废弃的商业产品，比如清洁剂、杀虫剂和生产加工的副产品。因为认识到废物处置方式没有进行计划和管理，危害到了公众健康，美国国会在 1976 年通过《资源保护回收法》（RCRA）解决危险废弃物从生产到处理带来的问题。各个州应实施比联邦法规更严格的条款，42 个州被授权管理他们自己的废物处理项目。2009 年，美国危险废弃物总产量超过 3,500 万吨。

在《资源保护回收法》（RCRA）颁布以前，为了清除已经产生的和处理不当的危险废弃物，1980 年，国会颁布了《综合环境反应补偿和责任法案》（ERCLA），同时创立了危险物质清理项目基金，由美国环境保护局（EPA）管理执行。法案颁布 30 多年以来，科学家和工程师越发多地开发了更加富有经验的方法来识别和修复被污染的地区。

国家优先级表（NPL）由美国环境保护局（EPA）进行维护，表中罗列了已被识别的正在排放或即将排放的危险物质、工业废物或者污染物的地块，他们遍布整个美国和它的领土。国家优先级表（NPL）主要是指导美国环境保护局（EPA）决定哪个地块被批准进行进一步的调查。

1980 年以来，美国环境保护局（EPA）已经调查的疑似排放危险物质的地块超过 47,000 个。只有大约 1,600 个地块被纳入国家优先级表（NPL），其中超过三分之二的地块已经完成清除工作。

美国环境保护局（EPA）同时也负责确定国家优先级表（NPL）中污染地块的责任维护方，并督促实施该污染地的清理工作。责任方如果不服从，这期间将被罚款 25,000 美元/天。那些美国环境保护局（EPA）认为具有潜在责任感的组织已经为国家优先级表（NPL）中超过 70% 需要清理的地块筹措了将近 3,000 亿的资金。

如果没有负责任的组织，美国环境保护局（EPA）将运用信托基金自己承担场地清理的投入费用。然而，基金甚至不足以承担国家优先级表（NPL）中识别出来的很小一部分地块，所以许多地块未得到处理。美国环境保护局（EPA）估算这些危险废弃物周围 3 英里范围内住了四分之一的美国人。

遗憾的是，当现在需要处理的地块由于资金不足正在增加时，更多的地块也不断地在被识别出来。直至 2010 年，国家优先级表（NPL）列出了 1,280 处污染地块，额外的 347 处已经从列表中删除，同时，新增的 62 处被建议纳入列表中。美国可能还有更多的未被识别的需要基金清除的潜在污染场地，但是具体有多少仍然未知。

棕色地块是危险废弃物的一种类型，他们包括废弃工厂和其他工业设施、加气站、储油设施、干洗店以及其他涉及污染物质的行业。预估美国至少有 425,000 个棕色地块。一些预测表明美国城区有 500 万公顷的废弃工业地块，大约等于 60 个最大城市的占地面积。

2002 年，为进行棕色地块重振和环境修复行动建立了联邦棕色地块再建援助项目。美国环境保护局（EPA）在美国陆军工程兵团（USACE）的协助下运行这个项目，军队主要负责帮助当地州政府清理被污染了的商业地块。在过去的17年里，在美国市长会议上，84%的城市所提交的报告显示成功再建棕色地块，把地块还原为生产用地，同时在2003—2010年制造了160,000个工作岗位。当报告中的棕色地块数目从1993年12,000个大幅度上升到2010年30,000时，这个强力整治的趋势应当继续保持。

危险废弃物：投入和资金

尽管需要处理的地块增多，关于污染清除基金的国会年度拨款比起1998年顶峰时期的20亿美金下降40%。私营组织所花费的金额是未知的，因为他们不需要报告实际支出。然而，从项目执行以来，预计他们的投资金额接近300亿美元。

超级基金计划在过去主要有两方面的资金来源：出自国库的普通基金和作为平衡的超级基金信托基金。1996之前，信托基金的收入来自于专项消费税和环境方面的企业所得税。然而，这些税收在1995年12月份到期，到2003财政年度末，这些投入信托基金的非义务款项逐渐下降到零。自2003年以来，超级基金信托基金几乎已完全通过一般税收资助。2001年由国会授权的一项研究估计，从2000年到2009年，相对于前一年，每年的资金缺口至少为5亿美元，这一研究还被讽刺称为"最佳案例"。该项研究之后就没有了后续的研究，但是资金短缺已经很明显并将持续到未来。美国环境保护局（EPA）2004年的报告估计，清理国家的这些废弃物场地需要花费2,090亿美元并且需要历经 30 年至 35 年的时间。

在过去的 10 年里，美国环境保护局（EPA）的棕地资助计划处于一个相对稳定的资助比率，在 2003 收到 1.666 亿美元的拨款，在 2012 年收到 1.678 亿美元的拨款。

危险废弃物：结论

清理国家的危险废弃物场地可以发挥潜能来激励经济增长、社区发展以及环境活力恢复。然而，需要的资金并没有到位。状况较好的超级基金之下的棕色地块项目，配合本地政府、州立政府以及私人实体的参与，有必要确保污染场地是被鉴定和修复的。

进一步提升：现阶段的解决方案

- 授权征收化学品行业、石油行业和一些公司的联邦超级基金税，或者创建另一个联邦基金机制以重振处理有害物质的超级基金清理项目并扣除普通基金花费的清理费用。
- 基于环境成本建立经济激励项目，鼓励从源头减少危险废弃物的排放及推行回收再利用设计计划。
- 授权颁布《棕地振兴及环境恢复法案》，协助地方发展棕地场地。
- 继续保持现有的联邦基金计划，资助美国的棕地振兴。
- 在美国环境保护局（EPA）内部创建一个棕地重建行动补助（BRAG）计划，为地方政府提供资金，配合利用棕地重建的私人投资资金，达到帮助保护耕地和开放空地的效果。

堤坝

2013年等级 **D-**

在美国50个州和哥伦比亚特区估计共有100,000英里的堤坝。最先许多堤坝是用来保护农田的，现在已经发展为保护社区了。很多情况下一些堤坝的可靠性仍是未知的，而且国家也还没有建立一个国家安全堤坝组织。这些老化的建筑结构仍然是国家公共安全的隐患，如果要修复或者重建这些堤坝，堤坝安全全国委员会初步估算需要1,000亿美元。然而，投资的回报也是很明显的——比如2011年堤坝保护了超过1,410亿美元的财产免除洪水毁坏。

堤坝：基本情况和能力

贯穿美国国土全境，堤坝在减少灾难性洪水的公共安全隐患中扮演一个关键性的角色。堤坝是沿着河岸的人工建筑，用于吸收、控制或者转移洪水。在19世纪的中期到晚期，在美国许多堤坝的设计和建设都是用来保护农田不受损害的。然而，随着美国洪泛区持续性的发展，现在这些堤坝已经用来保护一些主要的城市及居民区了。由于美国堤坝系统的恢复力增加，2007年国会收集了全国堤坝的环境数据，因此建立了国家堤坝详细目录。然而，国会仍然没有通过有关建立国家堤坝安全项目的法律。

根据联邦应急管理局（FEMA）的中期堤坝储备量显示，美国3,068个郡县中有30%的郡县都筑有堤坝，并且全国43%的人口都居住在至少有一个堤坝的郡县中。然而整个美国实际拥有的堤坝总长度仍然不为人知，根据估计现存堤坝总共长达100,000英里甚至更多，有成千万的人都居住或工作在这些受堤坝防护的地区。如今已有35,682英里的堤坝被正式记录在联邦应急管理局（FEMA）的堤坝储备量中。然而每个堤坝的全部工作状态并不能确定，因为要从如此分散的地区收集信息存在很大难度。由于全国预计有大约85%的堤坝为地方所有，并负责经营和维护，所以很难从不同的地方实体收集信息。

作为一个可以公开的数据库，由美国陆军工程兵团（USACE）统计的国家防洪数据库记录了大多数由美国陆军工程兵团（USACE）设计、维修和检查的防洪系统。这个数据库包括了大约2,350个堤坝，总长14,700多英里。为了提供一份更加完善的信息资源给那些需要去确定防护范围以及需要得知附近堤坝情况的用户，在未来一段时间，联邦应急管理局记录的防洪储备库的信息将会与这个国家防洪数据库的信息合并。我们的目的是从上至美国各州，下至各地方获得几乎全国范围内的防洪系统数据。

国家防洪数据库中记录的防洪系统平均存在了超过 55 年之久。它们保护了将近 1,400 万生活在堤坝背后的民众。2011 年，这些防洪系统防止的损失超过了 1,410 亿美金，这个数字是最初建造这些防洪系统成本的 6 倍。而那些较大的防洪系统，例如密西西比河以及支流的防洪系统可防治的损失则高达当初筑堤费用的 24 倍。在美国陆军工程兵团（USACE）的监控检查后发现，目前只有 8% 的堤坝处于可接受状态，69% 的堤坝处于最低程度的可接受状态，22% 被定为不可接受状态。

在过去的 50 年里，堤坝对土地的保护作用日益显著。由于社会巨大的发展及海平面的不断上升，联邦、国家和地方共同启动资源去维修这些堤坝，以防止民众和基础设施在洪灾中受到侵害。但是由于缺乏联邦、州和地方政府的监督、足够的技术标准以及有效的沟通，所以生活在堤坝背后的人员和财产仍在洪水泛滥的危险中。

美国陆军工程兵团（USACE）和联邦应急管理局（FEMA）已经达成共识，对生活和工作在堤坝周围的人多做宣传，加强危机意识。这些机构现在正在合作，共享信息和数据，同步工作力度，并在调整计划要求的同时，积极参与地方、州和其他联邦机构的工作。例如，联邦应急管理局（FEMA）和美国陆军工程兵团（USACE）参与的专责小组来处理与堤坝关联的事物，为了让美国陆军工程兵团（USACE)更好地进行堤坝巡查，达到国家洪水保险计划（NFIP）的大堤认证要求。联邦应急管理局（FEMA）和美国陆军工程兵团（USACE）也合作开发并联合报纸杂志和出版物来解释他们各自在解决堤坝问题和帮助社区等事务中的作用，同时也帮助社区更好地了解自己在防洪堤坝中的角色和职责。

联邦应急管理局（FEMA）目前的工作不仅要勘察国家的防洪堤，还要增加对潜在危害的认识并减轻这些危害。该计划旨在实现以高质量的数据来提高公众意识，通过已经存在的洪水灾害资料和绘图，来部署建立现代化的防洪项目。理想的情况是，那些最需要更新的区域应能尽可能快的提供有效的信息。

堤坝：投入和资金

由联邦政府给美国陆军工程兵团（USACE）提供的土建工程预算资助，是堤坝维护和运行的资金。然而，国家大部分已经投入运行的堤坝却不归联邦政府管辖，因此资金必须依赖州和地方政府的投资。目前，粗略估计投放在修复和重建国家防洪堤的费用已经超过1,000亿，而且洪水每年都能使这些费用增加。比如，2011年美国中西部地区在一场非常猛烈的洪水之后，估算修复密西西比河和密苏里河沿岸的防洪堤成本超过了20亿美元。平均而言，每年为了修复兵团防洪堤坝的花费达42亿美元。如果预算费用要外推到大约有10万英里的全国非联邦防洪堤，那么每年预期的损失将是约150亿。然而，美国陆军工程兵团

（USACE）土建工程预算平均每年低于都 50 亿美元，其中只有约 4.15 亿美元用于防洪。

最后，在过去几年中联邦政府在新奥尔良地区堤防系统投资了数十亿，虽然这些堤坝在艾萨克飓风中表现良好，但是巨额的投资仍然是一个显著的挑战。如果想要堤坝系统有效运行的话，兵团、地方郡县和堤坝区需要持续的资金支持来运行和维护整个系统。就像其他公共基础建设一样，除非妥善维护，否则最初资金成本和投资是不会达到收益的。

堤坝：结论

在过去的四年中，联邦的资金在新奥尔良堤坝系统中已经到位了，在加州的防洪系统中也有显著的投资。虽然这些都是很重要而关键的系统，但是它们只是整个防洪系统中的一个部分。从整体来说，所有的堤坝都需要国家的大量投资。

在过去的四年中，我们在关于国家防洪堤的位置和基本情况中了解到更多东西；然而，这些条件比初始预估的要恶劣得多。所以联邦政府的资金在建立和维护一个强有力的堤坝系统中变得非常重要，对于州、社区和堤坝的所有者来说，筹集资金来维持堤坝的运行和维护同样很有必要。升级所有的堤坝系统来达到期望的低风险等级是不划算的。因此，也必须考虑到可选择的解决方案，如预防措施和对于堤坝背后的土地使用要求，以及有效的预警和疏散系统。

进一步提升：现阶段的解决方案

- 建立一个全国性的堤坝安全系统：授权监督非联邦的堤坝系统，要求进行安全检查，勘察洪水易发区。
- 完善联邦和非联邦的堤坝详细目录。
- 采用堤坝隐患分类系统。
- 完善《国家洪水保险计划改革法案》概述和实施联邦应急管理局（FEMA）的新堤坝测绘和分析程序。
- 增加各级政府的投资资金和民间募集的资金，用来寻找一些解决方案来降低人身和财产风险。
- 需要合理的预防措施，建立一些保护防洪堤地区的应急预案。
- 确保运行和维护覆盖了整个复杂的堤坝系统。
- 用最新的水文学和水力学分析方法评估城市化、气候变化对堤坝，尤其是对沿海堤坝的影响。

固体废弃物

2013年 等级 **B-**

　　2010年，美国产生2.5亿吨垃圾，其中8,500万吨是可回收利用的或是可作为混合肥料的，这表明有34%的回收率，是1980年回收率14.5%的2倍。过去20年，人均废弃物生产率已经稳定，近几年已开始呈逐渐下降的趋势。

固体废弃物：基本情况和能力

2010年，美国产生了各种类型的城市固体废弃物（MSW）2.5亿吨，相比2009年产生的2.43亿吨有所增长，但相比2007年产生的2.55亿吨有所下降。这些数字与1960年产生的8,800万吨和1980年产生的1.51亿吨相比有很大增长。数字的增长部分归因于人口的增长。有机物仍旧是固体废弃物中最大的组分。纸张和纸板占29%，庭园修整废弃物和餐饮垃圾占27%。其他材料包括塑料占12%、金属占9%；橡胶、皮草、纺织品占8%；木材占6%；玻璃占5%；其他混杂废弃物占3%。

美国环境保护局（EPA）报告称，几年来垃圾填埋物数量已稳步下降；然而每个填埋场的平均大小在增长，尽管有些局部地区填埋场的生产能力存在问题，但就国家整体范围而言，填埋场的生产能力是充足的，联邦和州的有关条例要求，固体废弃物填埋场的特性之一是保护环境免受污染物的影响，这些污染物也许存在于固体废液之中，因此，包括选址、规划等进行时要避免环境易受破坏的区域。同样，现场环境监测系统也要能检测到地下水污染物或填埋场的废物气体的任何迹象。另外，填埋场必须收集潜在的有害的填埋区排放的废弃物气体。

柴油燃料的废弃物收集车辆是传统的废弃物收集行业的骨干，相比柴油燃料的价格，近期天然气相对低的价格提高了作为替代燃料的天然气行业的效益，废弃物收集和转运车目前占全美天然气车辆的11%。

在过去的几十年里，城市固体废弃物（MSW）的回收

固体废弃物

再利用和制作成堆肥已发生了引人注目的变化。在1980年和2010年间，每人每天产生的固体废弃物由3.66磅（1.6601公斤）增长至4.43磅（2.0094公斤）；城市固体废弃物（MSW）的回收率也由1980年低于10%增长至2010年的34%，因此在填埋场处理的城市固体废弃物（MSW）的百分比在下降，从1980年的89%下降到2010年的54%。自1990年开始，进入填埋场的城市固体废弃物（MSW）的总量从1.45亿吨降到2010年的1.35亿吨。净人均废弃量（在回收利用、制作成堆肥、燃烧作为能量回收之后）是每人每天2.4磅（1.0886公斤），低于1960年的2.5磅（1.134公斤）。

2010年在填埋场所处置的废弃物中，回收再利用和制作堆肥用去了8,500万吨（大约34%），1980年回收利用才15吨。2010年回收再利用和制作堆肥也相当于避免了向空中排放大约1.86亿吨二氧化碳，大致相当于从国家公路上一年清除3,600万辆汽车。

2010年回收再利用又重新获得大约6500吨废弃物，包括72%的报纸（700万吨）和35%的金属（800万吨）。另外，制作堆肥转移了2,000多万吨的固体废弃物，包括58%的庭园修整废弃物。

一个令人担忧的领域仍旧是使用过的电子产品，其处理的数量一直在增长，除铜、金、铝等电子产品中所含的有价值资源外，电子产品还有可能泄漏对健康不利影响的有毒物质。美国环境保护局（EPA）估计2009年销售了4.38亿个电子产品，是1997年的2倍，这是由移动设备销售9倍的增长所驱动的。同一年，美国环境保护局（EPA）

发现，仅约25%的电子产品收集再循环利用，计算机的回收率是最高的（38%）。

食物残渣占据城市固体废弃物（MSW）的13.9%，然而仅2.8%被收回或回收利用，剩余的就在填埋场处理。由于食物残渣降解很快，所以收集由其产生的气体在经济上是不可行的。但是，分类收集住宅区食物残渣费用过高，也是扩大食物残渣回收努力最主要的障碍。现在许多社区将剩余的可食用的食物被捐赠给贫穷的人，剩余的不可食用的食物混入堆肥或再加工作为动物饲料；在一些区域，堆肥运营是与大量营利的公共机构的食物生产商一起合作共同处理以重新获得食物副产品，节省这些公司巨大的清理成本，平均而言，美国人丢弃了他们所购食物的25%—30%。

作为能量回收的燃烧，额外转移了2,900万吨（占11.7%）的固体废弃物，但是这些成绩应该能够得到改善。从废弃物中获得的能量回收是一种转换，通过各种各样的处理过程，包括燃烧、气化、热解、厌氧分解和填埋场气体回收（LFG），从不可回收的废弃材料转为可用的热、电或燃料。

能量回收，或就如它通常所称的"废物转化为能源"（垃圾焚烧发电），在2010年产生了大约272万kW的电能，相当于当年美国生产和消耗电能总量的0.2%。从废弃物回收能源的技术进展来看，它有望作为地面处理的方式和当前垃圾焚烧发电（废物转化为能源）的方式的替代选择。在550个城市固体废弃物填埋场内腐烂的废弃物中，甲烷（沼气）的回收也提供了一种可再生的燃料用于电力生产，同时可减少温室气体的排放，根据美国环境保护局（EPA）报道，它所带来的效益相当于每年削减石油消耗量5800万桶、减少373,000辆有轨车的燃料消耗。

由于零散和局部的废弃物处理行业的性质，使得难以确定它的规模。一个"2001美国废弃物处理企业概要"显示，估计在美国有27,000个组织、私营企业和公共或准政府机构提供固体废弃物收集和（或）处理，这些企业超过55%的是在公共部门，剩下大约45%是私人公司。

固体废弃物：投入和资金

在美国，市和县级政府负责固体废弃物的处理和回收。每个独立的市政当局可以选择，是否自己提供这些服务项目；或可以以合同方式将这些服务委托给私人公司。固体废弃物收集费用的支付通过地方税收或直接从服务项目中收取。

2011年美国固体废弃物产业只增长2%，达550亿美元，大约占美国国内生产总值（GDP）1%的一半，为美国经济产生960亿美元和948,000个工作岗位。

固体废弃物：结论

创新技术和回收利用的努力已证明国家废弃物处理系统在提供安全、可持续性和有效性方面是成功的。然而，垃圾焚烧发电的做法没有发挥充分作用并持续下去，凸显需要研发新的政策和施行新的管理方法。

进一步提升：现阶段的解决方案

- 实施废弃物管理综合方案，减少废弃物填埋量，增加回收和重复利用量，减少填埋场温室气体排放量。
- 支持美国环境保护局（EPA）的"资源保护挑战"（RCC）战略规划，目标是国家实现城市固体废弃物（MSW）的回收再利用率达40%，二次材料得到有益使用；优先处理和减少有毒化学品，重新使用和回收再利用电子产品。
- 鼓励大量使用填埋区所产生的沼气作为替代能源，以减温室气体排放，并创造新的能源。
- 允许城市固体废弃物（MSW）进行州际间转移，使之能够转移到满足联邦要求的新的地区填埋场。
- 实施资源削减政策，提倡商业用品更好的设计、包装和使用期限。
- 制定国家标准以促进废弃的电子产品恰当、实际、高效的收集和循环利用。
- 通过使用可再生能源和优化垃圾车的运营，减少废物回收对环境的影响。

污水

2013 年 等级 **D**

  在未来二十年，全美国的污水和雨水疏导系统的资本投资需求总额估计为 2,980 亿美元。管道方面是最大的资金需求，占总需求的 75%。安装和扩大管道将解决生活污水溢流、混合下水道溢流以及管道方面其他相关的问题。近年来，污水净化厂的资金需求约占总需求的 15%—20%，但因新的法规可能会使投资增加。雨水处理的需求虽然增加，但相比卫生管道和污水处理厂仍较少。自 2007 年以来，美国联邦政府已要求城市投资超过 150 亿美元的资金用于新管道、厂房和设备，以消除混合污水溢流。

污水：基本情况和能力

美国拥有长度为70万英里至80万英里之间的公共下水道干线。这些管道中的很大一部分是在第二次世界大战之后安装的，这意味着他们现在已经接近其使用寿命。这些管道的基建投资占美国所有污水处理系统的投资需求的80%至85%之间。

在2008年，美国有大约14,780套污水处理设施和19,739处污水管道系统。在2002年，98%的公共处理系统转变为归市政所有。尽管进入集中处理系统非常普遍，然而在这些系统中许多系统条件较差，随着管道老化和系统能力不足导致每年未经处理的污水排放约9,000亿加仑。

与老化的污水处理系统相关的问题是严峻的。举一个例子，印第安纳波利斯老旧的污水处理系统每年倾倒接近78亿加仑的污水和雨水进入小溪和河流。目前该市实施污水处理基础设施建设项目，投资31亿美元，这些项目旨在存储和净化流入城市河流之前的大部分污水。

在21世纪初，许多系统中那些被忽略的方面都需要维护和修理。由政府机构和利益集团做出的大多数评估报告都认为，在未来的二十年中对系统维护和修理需求的金额达数千亿美元。2009年，美国环境保护局（EPA）向国会报告，称已经评估了美国河流里程总数的16%的长度，发现评估对象里面36%的长度不适合鱼类和野生动物生存，28%的长度不适合人类休闲娱乐，18%不宜用作公共供水，10%不适合农业用途。

混合污水溢流污染是管道老化问题的一个症状，影响了超过 700 个美国城市和城镇，并且是《清洁水法案》实施的一个主要障碍，而《清洁水法案》正是管理污水处理问题的。在显著降雨期间，可能会超出混合下水道的容量。发生这种情况时，雨水和生活污水混合形成多余的流量通常从混合污水溢流地点排向河流和溪流。这种过剩流量的释放对于保护房屋、地下室、企业和街道免于洪水侵袭是必要的。

美国环境保护局（EPA）和美国司法部将消除混合污水溢流作为一个国家重点事项。自 2007 年以来，这两个机构依据《清洁水法案》已经签署同意法令，要求城市运行公共污水处理机构（POTWs），进而需要投资超过 150 亿美元用于的新管道、厂房和消除混合污水溢流的设备。然而有些城市正在采用非结构化的解决方案来解决混合污水溢流问题，以降低整体的成本并得到良好的环境效果。

污水：投入和资金

美国的污水处理基础设施正在逐步老化，投资不能跟上需求。国家和地方政府的资本投资维持在约 98% 的年增长率以保持和改善基础设施。2008 年，联邦政府和地方政府用于处理污水和饮用水的基础设施预算总支出为每年 930 亿美元。

美国国会预算办公室，美国环境保护局（EPA）和其他团体估计，可能需要 3,000 亿美元以上的资金和超过 20 年的时间来解决国家污水收集和基础设施维护的需求，以保持我们的地表水安全和清洁。该投资水平是美国政府目前各级投资水平的两倍。从 2008 年至 2012 年 5 年时间内国会拨款有所下降，共计只有105亿美元，平均为每年21亿美元，换言之则是20年拨款420亿美元。

处理污水和雨水的资金需求在很大程度上用在解决管道的问题，处理系统本身的问题和满足联邦的雨水需求方面。到目前为止，管道方面是最大的资金需求，占据近年来总需求的75%。安装和扩大管道将处理生活污水管道溢流问题，合流污水溢流问题，以及其他管道相关的问题。近年来，污水净化厂本身的资本需求仅占总需求的15%到20%。雨水处理需求虽然增加，但相对于卫生管道和污水处理厂的需求相比仍然较小。

2008年，美国环境保护局（EPA）报道，20年来老化的污水处理设施投资需求总额稍高于2,980亿美元，即每年150亿美元。相比2004年清洁流域需求调查（CWNS）的结果增加了17%。同时，从2008年至2012年5年来用于美国国家净水循环基金（CWSRF）的拨款总额超过了90亿美元，平均每年略超过18亿美元，远远低于每年的需要。从2008年至2012年5年期间国会拨款约为105亿美元，平均为每年21亿美元，换言之则是20年拨款420亿美元，只占据20年总需求的14%。

清洁流域需求调查（CWNS）中显示，在长达20年的时间里，全国范围内控制污水污染需要的资本投资超过2020亿美元。2008年的报告显示1,340亿美元的资金用于污水处理和收集系统，550亿美元的资金用于控制混合污水溢流问题，以及90亿美元用于雨水管理。

污水：结论

在未来 20 年，随着当前和未来污水处理需求的增长，污水处理系统的能力将得到扩张，服务成本也将增长。更严格的许可标准、脱氮除磷的要求、技术更新和新工艺方法等都将导致一些新增的其他成本。除了预算和融资方案，国家需要考虑多种解决方案以缓解污水处理基础设施的窘境。

进一步提升：现阶段的解决方案

- 提高对水的真实成本的认识。水在我们的日常生活中是至关重要的，但我们为水付出的费用比电缆或其他任何实用的公共设施少得多。目前的水价没有反映供应清洁、可靠饮用水的真实成本。更换全国陈旧管道将需要额外的地方投资，包括更高的水费。
- 在 5 年时间通过重新授权 200 亿美元的最低联邦基金，来振兴《清洁水法案》之下的国家循环贷款基金（SRF）。
- 消除国家对水利基础设施项目私人活动债券的限制，在新的民间融资政策之下每年为相关问题带来约 60 亿美元至 70 亿美元的资金。
- 探索潜在的水利基础设施金融创新机构（WIFIA），按国债利率从国家财政部获得资金，利用这些资金支持水利工程的贷款或其他信用机制。这些贷款获得回报后归还官方或相关财政部门。

- 建立联邦水利基础设施信任基金，在《清洁水法案》和《安全饮用水法案》实施的情况下弥补基础设施系统建设的资金短缺问题。
- 分开处理饮用水和非饮用水。公共供水的很大一部分是用于浇灌草坪、冲洗厕所以及洗衣服。这些用途不需要饮用水，但在大多数地方，所有的公共供水均经过处理已满足联邦饮用水标准。构建城市饮用水和非饮用水相互分离的线路是符合成本效益的，因为水资源变得越来越稀缺，水处理变得越来越昂贵。

航空

2013 年 等级 D

尽管受到最近经济衰退的影响，2011 年的商业航空客流量相比 2010 年仍多出了约 3,300 万人次，航空系统的能力需要扩展以满足国家经济的需求。美国联邦航空管理局（FAA）估计，2012 年由于机场拥挤和航班延误造成的国家经济损失接近 220 亿美元。如果目前的联邦资金水平维持不变，美国联邦航空管理局（CFAA）预计，由于机场拥挤和航班延误造成的经济损失成本在 2020 年将达到 340 亿美元，到 2040 年将达到 630 亿美元。

航空：基本情况和能力

美国航空业主要由机场、空中交通管制系统以及飞机（商业和私人）组成。美国现有3,330个公用机场以及25个规划中的机场，从而组成了国家综合航空港系统（NPIAS）。国家综合航空港系统（NPIAS）中的机场是指被美国联邦航空管理局（FAA）认为对国家航空运输具有显著作用，以及有资格接受航空港改进计划（AIP）资助的机场。这些机场中，有499处适宜开展航空运输服务，包括：

- 29个大型枢纽机场；
- 36个中型枢纽机场；
- 74个小型枢纽机场；
- 239个非枢纽机场；
- 121个非主要商业服务机场。

国家综合航空港系统（NPIAS）还包括2563个专用航空机场和268个救援机场。不涵括在国家综合航空港系统（NPIAS）的机场，包括不向公众开放其设施或者那些不符合国家综合航空港系统（NPIAS）标准的机场。整个美国航空系统包含了约617,128名飞行员、222,520架通用航空飞机、7,185架货运飞机以及共19,734处着陆场所。这些机场中有29个主要枢纽中心在经济中发挥主导作用，同时，前15大都市地区的35处机场占据了美国乘客旅行来源地和目的地的80%，共计3.43亿人次。与旅游客运类似，货运空运也集中在主要的都市地区，70%的国内航空吨位起源于关键的大都市市场。

美国机场系统每年可运输超过5,620亿美元的货物和7.28亿人次的航空旅客。到2040年，美国的机场系统的客流量将超过十亿人次，而空运货物吨位增长接近 200%。需求的增长会对美国经济产生重大影响。美国联邦航空管理局（FAA）2011 年的报告指出，在 2009 年航空相关的商品和服务的总产出达 1.3 万亿美元，并产生出超过 1,000 万个就业机会。

2003 年以来，美国联邦航空管理局（FAA）已经规划和发展下一代航空运输系统（NextGen），届时将建立一个基于卫星的空中交通管制系统取代 19 世纪 60 年代的雷达技术。下一代航空运输系统（NextGen）的目的是提高空中交通进入和离开机场的效率和安全性。通过提高空中交通的流量，下一代航空运输系统（NextGen）期望增加航空运输系统的能力以容纳未来的流量增长，同时保持安全性。到 2018 年，美国联邦航空管理局（FAA）在下一代航空运输系统（NextGen）的资本投资预计将超过 110 亿美元，而全面实施这一系统预计到 2025 年至少耗资 320 亿美元。这并不包括调查研究、机场以及相关场地的改善或实现下一代航空运输系统（NextGen）优越性所需飞机设备的费用。

尽管经济不景气，航空业已被证明是一个相当稳定的旅客出行途径。2011 年美国航空公司在国内外的旅客微增 3.5%。这一点延续了 2001 年 9 月 11 日以来的增加趋势，从 2002 年较低的 6.12 亿人次到 2011 年的 7.28 亿人次。除了航空客运行业，航空货运对美国经济也是非常重要的，因为按价值计算，2008 年美国出口总额的 30% 和进口总额的 20% 是通过空运完成的。美国联邦航空管理局（FAA）预计到 2030 年航空业务还将保持 5.1% 年平均增长率。

美国联邦航空管理局（FAA）继续将国家综合航空港系统（NPIAS）中 93% 的机场跑道都保持在优秀、良好或合格状态作为其绩效目标。2011年的数据显示，这套系统中97.5%的机场跑道达到了这一目标，商业机场的路面更好，其达标比例为98%。跑道的容量也受到它们长度的限制，因为较短的跑道不能容纳较大的飞机。

在2011年，美国航空公司业绩报告显示整体的准点率为79.6%，18%的航班延误和近2%的航班被取消。

专用航空（航班飞行以外的民航飞行）是航空界的一个重要组成部分，拥有超过222,520架飞机，包括公务、休闲、执法、医疗运输、农业服务等类型的飞机。美国联邦航空管理局（FAA）指出2000年至2009年期间，主要由于燃油成本和航空安全保障政策的变化，专用航空飞行小时数下降了近25%。2009年专用航空的总体经济效益估计为765亿美元，较2008年的972亿美元大幅下降。

在2007年机场拥挤和延误对国家经济造成的损失成本为219亿美元（调整至2010年的美元价格）。如果目前的资金水平维持不变，美国联邦航空管理局进一步估计损失成本将从2012年的240亿美元上升至2020年的340亿美元，可以预计到2040年将达到630亿美元。

航空：投入和资金

美国联邦航空管理局的资本项目和总体运行的主要资金来源是机场和航线信托基金（信托基金）。该信托基金获得来自国家航空系统用户的消费税收入，包括对飞机上的乘客也收取购票税和航空燃油税，以及货物装运缴纳的消费税。该信托基金在2011年提供美国联邦航空管理局（FAA）预算的68.8%，其余的来自一般的财政拨款。该信托基金的目的是建立资金来源的同时增加国家综合航空港系统（NPIAS）的使用，以确保该系统的应对能力得到及时增强，并长期保持下去。

一般情况下，有四个来源的资金用于资助机场发展——机场现金流，税收和一般责任债券，联邦、州和地方的补助（包括航空港改进计划信托基金资助），以及客运设施费（PFCs）。从 2001 财政年度（FY）起，航空港改进计划（AIP）资助总额每年超了过 30 亿美元，而在过去的七年中，客运设施费（PFCs）每年的资金超过了 20 亿美元。航空港改进计划（AIP）赠款和客运设施费（PFCs）资金共占美国机场年度资本开支的 40%。2008 年报告显示，商业服务类机场斥资 109 亿美元用于开发项目。

2012 年国会重新授权联邦航空管理局（FAA），航空港改进计划（AIP）在四年时间被批准的金额为 134 亿美元，即每年大约 33.5 亿美元。相对于近年来每个财政年度 35 亿美元的批准金额，航空港改进计划（AIP）的资助额度略微减少。在 2011 年和 2015 年之间美国机场（包括商业和通用航空机场）所有的项目投资中，约有 801 亿美元被机场和机场用户方面认为是必需的。按照目前的筹资趋势，从 2012 年到 2020 年之间，预期的筹集资金和机场资金需求之间的总缺口每年约为 22 亿美元。如果下一代航空运输系统（NextGen）资金需求增加，从 2012 到 2020 年在各项设施最大的实施阶段，资金需求约增加至 43 亿美元。

航空：结论

下一代航空运输系统（NextGen）项目如果得以完全顺

利实施，有望提高航空安全、创造新的效益并增强服务能力。这反过来又节省航空公司数十亿美元，缓解目前国家依赖的航空客运和货运所面临的不便。同时，美国航空系统开始被抱有雄心投资开发许多机场群的国家所取代。此外，在航空旅客心目中，美国机场不再位列于世界最好的机场行列中。由于国家综合航空港系统（NPIAS）的改善和维护资金受到限制，专用航空机场仍然面临危机。

进一步提升：现阶段的解决方案

- 通过实施下一代航空运输系统（NextGen），努力加快实现整个美国空中交通管制系统的现代化以满足2021年的最后期限。
- 选择一个专门的资金来源来实施下一代航空运输系统（NextGen），如现有的航空燃油税。避免任何可能危及使用该系统或公共安全的新收费项目。
- 增加或消除客运设施费（PFCs）的上限，允许机场灵活投资于自身的设施。
- 管理机场和航线信托基金，以便最大限度地投资于整个美国的航空基础设施，并防止其被用来支付旅客检查或相关的安全成本。
- 保持当前的预算防火墙，以允许将机场和航线信托基金充分的用于国家航空运输系统投资。国会应该积极主动地重新授权在2015年9月达到最后期限的美国联邦航空管理局（FAA）计划。
- 鼓励机场在增强其基础设施时使用创新技术和工艺。

桥梁

2013 年 等级 **C+**

  在全国 102 个大都市地区，每天有超过两亿人次正在使用有问题的桥梁。总的看来，全国的桥梁有九分之一是被确定存在结构性的缺陷，与此同时，全国 607,380 座桥梁的平均使用年限现已达到 42 年。据联邦公路管理局（FHWA）估计，若要在 2028 年之前消除全国桥梁所存在的缺陷性问题，我们需要每年投资 205 亿美元来解决这个问题，然而目前我们每年在这方面的开销只有 128 亿美元。如今对于联邦、州、当地的政府来说面临的挑战是每年需要增加 80 亿美元的桥梁投资，来处理实际需花费 760 亿美元的美国各地桥梁的缺陷问题。

桥梁：基本情况和能力

美国桥梁的发展状况直接影响了国家在全球市场上的竞争力。因此，桥梁的健康状况越来越多地被社会所关注，特别是在大都市地区，桥梁作为一个不可或缺的环节，每天连接着数以百万计的乘客和货物，也同样因此，这些桥梁的老化速度远超农村的桥梁。如今，在全国的102个大都市地区，每天约有2100万人次使用有缺陷的桥梁。

在过去的十年里，各州和各城市在对桥梁的维修、更换上都加大了力度，这也让功能过时或存在结构性缺陷的桥梁的比例持续下降。在2012年，全国的桥梁有九分之一或不到11%的被判定是存在结构性缺陷的。被认为是功能过时的桥梁数量也有所下降，目前全国的桥梁中被定义为存在缺陷类问题的有24.9%。然而，尽管在过去的20年里每年都要花费数十亿美元在桥梁的建设、修复和维护上，目前的资金水平还不足以来修补和取代全国规模的城市桥梁，占全国交通的大部分比例。数据显示，66,749座存在结构性缺陷的桥梁占了全国总桥面面积的三分之一，说明这些被认为存在结构性缺陷的桥梁在长度和规模上都是显著的，同时也说明了如今正在被修复的桥梁的规模都较小。

从国家层面上来讲，有22个州中存在结构性缺陷桥梁的比例超过全国平均水平。而其中有5个州，其被确定为存在结构性缺陷的桥梁的比例更是超过各州总桥梁的20%。宾夕法尼亚州位列第一，达到24.4%，爱荷华州和俄克拉荷马州也不甘落后，其各州内被划为存在结构性缺陷的桥梁均刚好超过21%。当看到最高比例的缺陷桥梁（其中包括存在结构性缺陷和功能过时这两类），在全国 50 个州中排在首位的是国家的首都，239 座桥中就有 185 座，比例高达 77%，在哥伦比亚特区就至少有一座是属于这类范畴。

尽管最重要的是要看到，那些被认为存在结构性缺陷和过时的桥梁在总数上在减少，然而另一个重要的方面则是在为国家的桥梁划分等级时我们如何来做评估。在过去的五年中，我们都在寻求除了缺陷以外的分类，全国宣布这样桥梁的比例在逐年减少。桥梁关闭交通的数量从 2007 年的 2,816 座增加到了 2012 年的 3,585 座，在此期间，发布限载公告的桥梁从 67,969 减少到了 60,971。虽然发布这样消息的桥梁不见得会引起公共的安全隐患，但他们会给交通带来拥堵。当桥梁关闭时应急车辆和货车将花费相当长的一段时间来绕行，这让货品到达市场更难，成本更高。

最终，全美桥梁建设和重建的平均使用寿命都有所下降，从 2009 年的 43 年降低到现在的 42 年。不管怎样，据联邦公路管理局（FHWA）的估计，现存桥梁中有 30% 已经超过其 50 年的设计使用年龄，这意味着在接下来的若干年中桥梁的维护、修补和重建，仍需要相当大的一笔投资。然而不幸的是，保存老化桥梁的同时更换存在缺陷性的桥梁对于存在资金困难的州和地方政府来说是非常具有挑战的。

桥梁：投入和资金

对联邦、州和地方桥梁的投资怎么也赶不上老化桥梁维修成本的上涨速度。据联邦公路管理局（FHWA）估计，在现有的联邦公路桥梁项目中仅有用于缺陷性桥梁的修补和替换的开支是合理的，大概有 760 亿美元。这全是从 2009 年开始，那时联邦公路管理局（FHWA）估计其总的开销约为 710 亿美金。如果在接下来的 25 年中，桥梁的维护继续被推迟，这些积压的成本仍将持续上涨。从这些数据上看来，在过去的 30 年中，国会已经通过联邦救援桥梁方案为这些州提供了大约 770 亿美元。目前这些州都面临着高成本的投入来修护和更换老化桥梁的基础建设。在纽约有超过 90 亿美元的需求，紧随其后的是宾利法尼亚的 70 亿美元和加利福尼亚的 60 亿美元。内华达州在修护和更换缺陷性桥梁的费用最低，仅 6900 万美元。

据联邦公路管理局（FHWA）的估计，全国桥梁的投资积压约有 1,210 亿美元。这个数字代表了所有符合成本效益的桥梁需要，而不仅仅只是对符合条件的缺陷桥梁的更换和修复。预计的这 1,210 亿美元，其中包括了联邦援助公路桥梁所投资的 1,020 亿美元。联邦公路需要的这 1,020 亿美元中，有 600 亿美元是用于国家公路系统桥梁的建设，这其中又包含了 380 亿美元对州际公路系统的建设。据联邦公路管理局（FHWA）估计，若要在 2028 年之前消除所有桥梁的维护积压，全国每年需要投资 205 亿美元，然而，当下每年用于国家桥梁的费用仅有 128 亿美元。

终于，在国会近期通过的地面交通立法中，《在 21 世纪中前进运输法案》（MAP-21）中，取消了公路桥梁项目，取而代之将要启动的是国家公路性能项目（NHPP）。然而，之前取消的桥梁并没有包含在其中，而是被纳入到了地面运输方案中，桥梁被具体划分到了两个项目中并且还不保证维修应预留的资金。这样，桥梁可能需要与其他交通项目进行资金的竞争，这给目前的状况带来了消极的影响。

桥梁：结论

尽管缺陷桥梁的整体数量在不断下降，但在未来仍然还有很长的路要走。目前存在结构性缺陷的桥梁以及功能过时的桥梁占总数的 20% 以上，在接下来的 10 年中，国家的重点仍需将关注放在老化的桥梁上，并努力将其比例降到 15% 以下。

最重要的是，各个州必须着眼于对城市地区大规模桥梁的修复和更替，在这些地区，由于维修其结构需要花费相当大的成本，这也让桥梁的保养一直被拖延。

进一步提升：现阶段的解决方案

- 把城市桥梁的结构性缺陷的修复作为国家的首要任务，并基于风险的优先模式来贯彻和实施。
- 提高每年对桥梁修护、重建和翻新的投资水平，从各级政府每年的 80 亿美元，到年度总资金的 205 亿美元。
- 制定国家战略计划来解决在未来十年内全国桥梁存在的结构性缺陷和功能过时的问题，其中包括为开发更多修复能力强的桥梁而进行的长期运输研究。
- 设定一个国家目标，在 2020 年之前将存在结构性缺陷的桥梁降低到 8%，与此同时，人们行驶过的缺陷桥梁降的比例低到 75%。

内陆航道   2013年等级 D-

　　美国内陆的航道及河流好比全国货运网络中隐藏的支柱——它们每年承载着相当于5,100万次卡车运量的货物。然而很多情况是，这些重要的内陆水运航道系统自20世纪50年代就从未更新过，并且超过半数的船闸都已有50岁的高龄。驳船每日都会停运数小时并伴随着无法预计的延误。这严重地影响了货物进入流通市场，从而导致成本上升。经统计，整个系统中平均每天出现高达52次的服务中断。然而对那些老化的船闸等设施进行修缮和更换，从审批到全部完工就要花费数十年的时间，这更使得问题进一步恶化。

内陆航道：基本情况和能力

美国内陆的航道及河流好比全国货运网络中隐藏的支柱——每年承载着相当于 5,100 万次卡车运量的货物。出于这个原因，它们通常被称为水上高速公路。这些水上公路为大量运送货物提供了一个重要途径，缓解了地面交通运输压力，否则这一切将只能通过货运卡车或火车来实现。

整个内陆航道系统包含 12,000 英里商业航道和超过 200 个船闸。主航道从密西西比河起直至哥伦比亚—斯内克河水系（后注入西北太平洋），驳船正是运送粮食、钢铁、危险材料等散装货物的首选方法。系统每年运载超过 5.66 亿吨的货物，总价值超过 1,520 亿美元。尽管交通运输部预计未来 25 年间内陆航道的航运量将持续增长，但这一切并没有发生。近年来内陆航道的实际航运量一直保持稳定。

一个复杂的水路系统能够将内河港口及海港紧密相连。例如，密西西比河连通了墨西哥湾各港口，哥伦比亚和斯内克河连通了西北太平洋各港口，贯穿整个国家相互交错的水上公路网，连通了墨西哥湾各港直至五大湖区。据估计，2010 年有 3.46 亿吨货物通过内陆航道运送至各深水港口以供出口。

随着系统老化所导致的延误逐渐增加，为了客户能够通过内河系统更快捷地运输货物，自 2005 年以来服务的价格增加了。国家的内陆航道系统性能的最大威胁是因为资金不足造成设施运行和维护的迟缓。相对于现代驳船，许多水闸显得太小，并且容易处于停业状态。当水闸或大坝状态不佳时，驳船必须停止运行，以便定期维护。既定的水闸中断以开展维护工作的频次在不断增加。计划外延迟通常是较大容量货物堆积在中转点的结果，以及偶尔的设备失灵，这些都会导致运营成本的增加。计划外延迟会造成特别昂贵的损失，因为船舶运营商无法预期，无法规避这些事件的成本。

2009 年，美国内陆航道系统百分之九十的水闸和大坝经历了某种计划外延迟或服务中断，平均一天延迟 52 次。自 19 世纪 90 年代以来，由于计划外延误的时间已经显著增加了，每年造成相关行业和消费者数亿美元的损失。如 2011 年，所有驳船在整个内陆航道系统延迟的小时总数相当于 25 年。2011 年最大的延迟发生在俄亥俄河的马克兰水闸，总共延迟了 52,032 小时。俄亥俄州和上游的密西西比系统相比全国其他河流有着不成比例的延迟。

内陆航道：投入和资金

内陆航道（包括水闸）建设和改造的成本，目前由联邦政府和用户之间共享内陆航道的信托基金来承担。而内陆航道的操作和维护成本目前全部由联邦政府负担。

内陆航道信托基金近年来已经耗尽，当前税收收入每年约为 8,500 万美元。目前主要由驳船燃料税每加仑 0.20 美元来收取，在指定年份支出不能超过收入。未来融资是不确定的。据估计，在未来 20 年总资本投资需求的金额大约是 180 亿美元，或者每年近 9 亿美元的平均水平。需要额外资金投入是显而易见的，许多驳船运营商支持每加仑增加 0.06 — 0.08 美元的燃油税来支付改进的需要。

根据美国陆军工程兵团（USACE）统计，要维持现有内陆航道的延误水平，而不是进一步恶化，到2020年预计要投入超过130亿美元的资金，而目前的融资水平预计在此期间仅能筹集到70亿美元。所有设备中，大约27%需要更换新的水闸和大坝设施，预计73%需要修复现有的设施。

  此外，花费时间来完成这些项目提高了成本，造成了巨大的项目积压，尤其是为美国陆军工程兵团（USACE）准备的资金仍然停滞不前。如果税收收入和融资水平继续以目前的速度发展，那么直到2090年22项计划主要建设和改造的项目将无法完成。近年来，有成本超支和项目延迟的趋势，这是内陆航道信托基金下降的一个重要原因。美国陆军工程兵团（USACE）本身也承认当前的项目交付模式不再适合，采取国家战略是有必要的。

内陆航道：结论

  内陆航道系统承载了我们国家大多数散装货物的运输，并且该系统正在延伸到全国各地，但是它正遭受使用年限的问题和快速增长的可靠性问题的困扰。驳船每天遭遇到几个小时的计划外延迟，延迟了产品进入市场并提高了成本。完成一个运输项目的时间变成一个日益严重的问题。若不采取行动，堵塞的损失以及无法有效和安全处理货物的现象将继续增加，将对国家的经济增长带来负面影响。

进一步提升：现阶段的解决方案

- 借鉴别国成功的案例，建立一个包含所有现代化运输方式的全国货运战略和政策，包括水路和港口，同时包括其他关键利益相关者如托运人、零售商和制造商。
- 在内陆航道方面增加整体支出,并和获得额外的融资项目,通过增加船只燃油税或实施内河系统使用费。
- 根据风险和可靠性以及经济回报来排列投资方案的优先顺序。

港口

2013年 等级 C

  美国陆军工兵团（USACE）估计超过95%（按体积）的美国海外贸易货物通过港口运输。为了维持和服务经济增长以及保持国际竞争力，美国的港口需要维护和扩大发展，以适应现代化的需要。从现在到2016年，港口当局和私营部门合作伙伴计划投入超过460亿美元作为改良性资本支出，但连接海运与陆运的进出港口转运货物的联邦资金减少了。

港口：基本情况和能力

我们的港口作为大多数进口产品的重要进入点，同时允许美国企业走出去进入全球市场并在全球经济中竞争。

- 在 2010 年大约 76% 的美国出口贸易通过水运到达全球市场，价值超过 4,600 亿美元。
- 在 2010 年大约 70%（按吨位）美国进口贸易通过水运完成，价值超过 9,400 亿美元。

这些交易量是由一个庞大的港口关联网以及它们服务的船只来决定的。近 40,000 艘私营商业船只在美国运营，包括拖船、驳船、渡轮、湖船。大部分的活动都集中在少数几个全国最大的港口。美国十大港口承担了 60% 的远洋出海停靠。

美国有超过 300 个商业港口，通过它们一年有 23 亿吨的货物流通，除以上外，还有超过 600 个更小的港口。在 2010 年，美国 51% 港口集装箱吞吐量的潜在能力得到了充分的利用。系统每年容纳超过 16,800 次的商船停靠。

港口终端设施本身似乎受益于新的重大投资和技术改进，港口与港口的航道连接以及与内陆的连接都需要现代标准。集散码头需要对通航航道进行维护疏浚，也需要对铁路和公路连接地点的功能进行改进优化。没有这些相应的改进，港口输送额外货物的盈利将被限制。

在过去的五年时间里，船只停靠的数量已经下降了 7%，依靠船只的平均尺寸增加了 9%。预计在巴拿马运河扩建工程以后，将允许更大的船只通过运河，因此集装箱船只的平均尺寸一直在增加。根据美国交通部（DOT）统计，船只停靠的数量由 2004 年的 1,700 艘增加到 2009 年的 4,400 艘。此外，海洋港口贸易额预计 2012 年和 2021 年之间增加一倍以上，2030 年将再次翻倍。

连接港口的航道需要足够的深度，在大多数情况下需要 45 英尺深以适应新的更大尺寸的船只。对这些船只来说许多港口的深度太浅了。据美国陆军工程兵团（USACE）的统计，大部分西海岸港口由于其港口的自然深度较深，所以能够容纳这些大型船舶。然而，在 2010 年，只有五个大西洋港口和一个波斯湾港口可以容纳大型船只（超过 5,000 标准箱）。

例如，萨凡纳港的河流和港口亟须疏浚深化以接受更大的集装箱船，巴拿马运河扩建将可能使这些愿景成为现实。尽管需要大量的前期成本，投资可以由私人企业和消费者在降低运输成本方面进行提供。估计萨凡纳港加深渠道 6 英尺会减少 15%—20% 的运输成本，因为大型集装箱货船需要更少的个体运输。如浅渠道和水道、低效的港口货物装卸、缓慢拥挤的内陆连接输送等方面的影响因素都会提高运输成本并且将成本转嫁给客户。因此，越来越多的对船只尺寸等方面的要求往往超过当前基础设施的能力，在深水港口往往需要大量额外投资以维持当前水平的性能。据估计，从 2012 年到 2020 年，75% 的美国港口的投资需求是在港口扩张方面，25% 的需求是在改造现有的资产方面。2040 年之后，大部分的投资需求将转向修复方面的问题。

港口终端到周围的道路和铁路不充足是导致把货物从港口向市场输送延误的最大挑战之一。到港口终端的路面缺陷里程百分比是非州际公路的两倍。到铁路终端的路面缺陷里程百分比比港口道路缺陷百分比还要高出50%。通常，这些问题是由于缺少路肩或者路肩欠佳，以及狭窄的道路宽度和交叉口造成的。对于必须从繁忙的港口向内陆目的地交付货物的大型货运卡车来说，这些道路的功能问题更加致命。

改善后的从港口终端到铁路网络的直接连接或更好的连接能够帮助缓解公路上的拥堵，减少货物输送延迟以及降低运输成本。集装箱通常从船到铁路有5英里的距离，因此延长轨道很必要，可以节省时间和燃料。例如，阿拉巴马州一个项目是用来提高港口与铁路之间的连接状态，预计每个集装箱将减少约25美元的运输成本。

港口：投入和资金

港口的资金来源多样化，通过港口当局和非港口实体贡献的私人投资显著，使港口维持现有的条件。

根据美国港口管理局协会报道，美国港口和私营部门终端合作伙伴计划在未来五年将在港口码头设施改进方面投资超过460亿美元。这相当于每年超过90亿美元，超过三分之一的支出由港口管理局自己来承担。这个数字是保守的，反映了升级海港、码头、航站的业务竞争。它包括新的建设和现代化，以及防洪堤、装卸设备、储存设施，甚至还包括道路改进和安全措施。

然而这种类型的港口投资中，地方资金占很大比例，大型船只的安置需要疏浚，很大程度上联邦政府通过港口维护信托基金由美国陆军工程兵团（USACE）来支付。即使通过基金从港口用户收集到的钱是目前花费的两倍，用于疏浚航道的联邦基金却已经放缓并且减少。例如，虽然 2011 年有近 15 亿美元的收入，但 2012 年用于港口维护疏浚的预算分配额仅为 7.58 亿美元。从 2010 年到 2012 年，深水港口的投资总体上下降了 15%，只是 2013 年预计将会有短暂的增加。

自 2009 年以来，联邦政府也通过其竞争性奖励项目提供一些资金（交通运输投资产生的经济复苏——或称为 TIGER）。自 2009 年到 2012 年，至少 26 个港口或港口连接项目获得 3.5 亿美元的奖励。

未来，大多数美国港口将需要额外增加投资以容纳更大的船舶尺寸和更多的货物，这些都是人口增长和外来移民增多之下的一个趋势。大型船只将于 2015 年通过拓宽了的巴拿马运河；大型船只在巴拿马运河的投入运行，将改变目前只能由较小的船只提供服务的现状，并将美国进口贸易从远东向印度及印度支那地区转移。作为重要的基础设施投资，除了港口方面和他们的私人合作伙伴预计的花费之外，联邦政府将弥补资金缺口，提供足够的水陆通道到达码头，确保美国经济增长并增加就业。

港口：结论

巴拿马运河将于 2015 年完成扩建工作，我们国家的港口需要做好利用贸易和商业机会的准备。而港口也进行了投资以改善自己终端的基础设施，包括连接公路、铁路和水道，但是这些工作没有受到联邦政府相同的关注。

进一步提升：现阶段的解决方案

- 联邦投资的目标是使航道设施现代化并维护、保持航道处于核准的宽度和深度。恢复美国陆军工程兵团（USACE）以前的资金水平。
- 直接从港口维护信托基金中提取资金以完成预期目标——疏浚和维护港口。目前，这些资金中大约有一半的金额用于维护方面。
- 在联邦层面简化、理顺项目审批和交付过程，这样项目执行只需要数年而不是几十年。
- 发展国家的货运计划，在多个机构和多个辖区优先改进公路和铁路连接。
- 为港口码头设施的改进建立可靠的融资机制。
- 采用新技术，与联邦机构合作，以减少在码头装卸货物的等待时间以提高效率。
- 在联邦层面创建一个港口基础设施发展项目，在美国港口终端与海洋之间建立一个全面的最新的数据库，可以用来评估港口连接网络是否完善，并且识别需要改进的领域来加快货物的流动。

铁路

2013 年等级 C+

　　作为节能货运选项和可行的跨城客运服务，铁路正在经历一个具有竞争性的复兴。2012 年，美国铁路公司记录了最高客流量的 3,120 万人次，比 2000 年的年客流量增长近一倍，按照预期会继续增长。货运和客运铁路一直大力投资自己的轨道、桥梁和隧道，同时增加新的运输货物和运送乘客的能力。仅在 2010 年，新的货运铁路轨道超过了 3,100 英里，相当于从东海岸到西海岸的距离。自 2009 年以来，货运和客运铁路方面的投资已超过 750 亿美元，因为是处于经济衰退期间，材料价格较低和火车运行班次较少，实际上相当于增加了投资。

铁路：基本情况和能力

美国铁路网络是由超过 160,000 英里的轨道、76,000 座铁路桥梁和 800 条横跨全国的隧道组成，由所有运营商共享需要运送的货物和乘客。基于距离和收益，将 565 条美国货运铁路分为 3 级——7 个一级货运铁路系统，21 个地区或二级铁路，537 个短线或三级铁路。除了货运之外，美国铁路公司和 27 个地区铁路运营商还提供通勤路线的运营。

货运铁路

铁路网络的每个业主负责维护轨道并行使道路的通行权，其中还包括铁路桥梁和隧道。在一段时间的投资不足之后，从 1990 年到 2010 年货运铁路的投资几乎翻了一番，这些资本投资用于取代老龄化和低效率的基础设施，同时开发一些未得到充分利用的线路，以取得最大化的生产力。区域和短线铁路运营商接管了许多铁路网络的关键连接节点，主要是输送农村地区客户到达主干线或者"高速公路"或者一级铁路网络的关键部位。短线铁路也输送许多农村地区托运人的物品到达到一级和二级铁路，然后长距离运输货物。然而，许多区域和短线铁路运营商只能间断地保持最有效的作业水平，较高的固定成本和一些新规定迫使一些运营商停止服务。

铁路承担全国 43% 的城际货运和大约三分之一的美国出口货运，如小麦和煤。预计到 2035 年铁路货运吨位将增长 22%，从 125 亿吨上升到 153 亿吨。一级铁路已经启动了一些相关州之间的公私合作关系，以及加强了港口连接项目的能力建设，以满足预期的需求。然而，货运量的增加速度相对于铁路网络运输能力的增加速度较快，在这种情形下，货运和客运铁路网络都会整体增加堵塞。在芝加哥和东北走廊等区域已经出现了拥堵瓶颈，每年造成约2,000亿美元的经济成本损耗，或者说减少美国经济1.6%的产出，如果不增加运输能力以满足未来的需求，损失将持续增加。为确保货运保持生产力和提高效率，需要投资在全国重要的运输走廊并推进联合运输。

客运铁路

尽管美国铁路公司只拥有全国160,000英里中730英里的国家铁路网络，但当联邦资金到位或者如2009年《美国复苏与再投资法案》（ARRA）所提供的一次性补助到位时，美国铁路公司会持续关注使其资产达到良好的修复状态，并且做一些必要的长期投资。美国铁路公司的这些投资收获了良好的回报，在2012年共有3,120万人次的乘客，客流量自2000年以来增加了近50%。此外，在过去十年通勤铁路客流量增长超过28%，现在每年超过4.68亿名乘客。然而，客流量增长已经导致一些路段达到其运输能力的75%。据美国铁路公司估计，到2040年在人口密集和交通拥挤的东北部走廊会有今天4倍的客流量，达到4,350万人次。若想满足美国铁路公司和其他八家使用走廊的运营商未来在东北走廊的需求，估计在未来15年内投资大约100亿美元可使铁路达到良好的维修状态和提高40%的火车容量。保持足够的轨道容量来满足和客运和货运的扩大需求，这是创造具有竞争力客运铁路网络的最大挑战之一。

铁路：投入和资金

货运铁路

在多年投资不足的情况下，在20世纪80年代放松管制后，利率最高的私人和公共投资之一是核心铁路基础设施中一级铁路和地方铁路建设，尤其联邦和州的投资对改善美国主要铁路网络建设有指导意义。自20世纪80年代以来，使用生产和税收收入方面的资本投资，货运铁路已经花了近5,000亿美元维护铁路网络并使其现代化。资本投资的类型包括在现有轨道旁道增加新的轨道，矫直要求较慢速度的曲线段轨道，以及扩大隧道高度以便适应更高的双层联运集装箱火车。

货运铁路平均每1美元的税收收入中有40美分是作为再投资资金投入到铁路网络基础设施中。即使在经济低迷时期，铁路工业仍可以继续保持进取性投资水平，从2009年到2012年平均每年约有200亿美元的投资用于促进铁路网络现代化。货运铁路利用减少列车班次和降低材料价格继续积极投资并维持支出政策，随着运输水平的上升，这些政策发挥的良好作用逐渐明显。

客运铁路

美国铁路公司目前营运成本的76%来自票务收入，其余部分来自联邦政府和15个州为客运走廊提供运营服务和资金支持。联邦政府每年平均为每个美国人提供约1.50美元的支持。因为美国铁路公司的资本投资都具有长期的计划，长期融资是不确定的，但依据美国铁路公司的资本融

铁路

资国会法案，必须规定其年度的筹资水平。联邦政府也提出了一些影响铁路行业的重大投资计划和规定，包括2008年的《客运铁路投资和改进法案》(PRIIA)，这将创建一个国家铁路计划——高速和城际客运铁路计划，描述了潜在的通道以提供更快的客运服务；通过交通运输投资激发经济复苏（TIGER）项目的资助，许多铁路项目发现额外的投资来源；同时，2008年的《铁路安全改进法案》强制安全改进，包括固定轨道线路列车主动控制的实现。依据《客运铁路投资和改进法案》(PRIIA)，各州在客运铁路投资和运营方面的角色也得到了扩展，除了通勤铁路的服务之外，小于750英里的15个路线在2014年将成为各州的主要经济责任体。

铁路：结论

铁路方面在桥梁、隧道以及增加新的货物和乘客的运输能力上投下重资，而货运铁路承担大部分轨道维护的责任。利用私人和公共资金，货运和客运铁路都做出了重大投资。当乘坐公共交通工具上下班在密集的城市地区成为一个可行的选择之后，城际和市内乘客客流量逐年增长。随着铁路客运流量和货运量继续逐渐增加，如何满足容量需求将是一个持续的挑战。

进一步提升：现阶段的解决方案

- 铁路整体融入一个国家多式联运政策，从而认可和提高人员和货物运输的效率。
- 在密集的城市走廊中提高铁路城际客运的市场，

并使之成为除了航空和汽车运输之外的另外一种选择。
- 在城市地区和国家层面大型区域的主要城市之间增加和扩大市内客运服务。
- 支持受监管的金融环境，以至于在货运铁路系统方面继续鼓励私人投资。

公路

2013年 等级 **D**

　　42%的美国城市高速公路依然拥挤，在时间和燃料花费方面的经济成本浪费预计每年达1,010亿美元。虽然在短期内情况有所改善，并且联邦、州及地方资本投资增加到每年910亿美元，然而这一投资水平仍然不足，将导致路况和性能方面长期运行状况下逐渐衰弱。目前，联邦高速公路管理局（FHWA）估计需要每年1,700亿美元的资本投资才能显著地改善路况和性能。

公路：基本情况和能力

国家的公路系统作为一个关键链接为国家人员和货物的输运提供服务。我们的公路网络包括超过 400 万英里的公共道路，仅 2011 年就有近 3 万亿英里的行程。这 400 万英里的公路为全国近 1,100 万辆卡车提供服务，使其直接访问我们的港口铁路终端以及城市中心，使商品进入市场，推动我们的经济发展。

目前，32% 的美国主要公路处于质量较差或中等的状态，美国汽车旅行者每年花费 670 亿美元在有缺陷的路面上，除了维修和运营成本之外，相当于每一个驾驶员花费 324 美元。得益于《美国复苏与再投资法案》(ARRA) 的短期投资，虽然已经看到国家一些路面条件得以改善，然而这些不是持续的长期投资。由于对一些有糟糕路面的公路实行了车辆限制，在必须绕行的情况下卡车行驶的线路加长，因此引发了更多的关注。相对于农村地区，缺陷路面在城市更为常见，城市州际公路行车旅程英里数（VMT）中含有 47% 的道路缺陷百分比，而农村州际公路只有 15%。道路条件差的公路随着时间的推移比道路条件好的公路维护成本更高。例如，25 年后单车道 1 英里的重建成本是现有维护成本的 3 倍以上，从而导致基础设施总体寿命较长。

此外，目前的估计显示，美国主要城市的高速公路中有 42% 是拥挤的，同比 2008 年的 45% 下降了。在 2010 年，虽然美国人浪费了 19 亿加仑的汽油以及平均每人 34 小时在拥堵，共造成 1,010 亿美元的燃料浪费，然而，在过去的

公路

四年里，每个司机的平均成本只增加了 3 美元。一个主要的问题是，从 1990 年到 2009 年，在美国高速公路上行车的旅程英里数（VMT）增加了 39%，所以人们在平均水平上行驶了更长的距离。然而，在同一时间新建道路里程只增加了 4%。虽然在过去几年中由于持续拥堵和经济衰退，行车旅程英里数（VMT）逐渐缩减，但这一趋势不可能持续很久。

在许多情况下，我们国家的公路可以受益于显著的道路性能改进而不增加新的高速公路车道。许多不良社会影响，包括引起的无序混乱的扩展，取得所需权利的困难，用于增加容量以及公路基础设施的费用等，显示出亟须尽一切努力以更好的方式管理现有道路网络。全国越来越多的城市和州逐渐在使用技术来减少交通堵塞和改善交通流量，包括广泛使用的业绩定价法、可变速度限制和更高效的信号配时。方便和容易替代的交通方式以及广泛使用的远程办公方式，是其他的例证，即如何使容量需求的增加与提升能被更好地管理。

安全仍然是投资的一个主要焦点。统计数据表明，道路条件是造成大约三分之一的美国交通事故的一个重要因素。道路交通死亡事故每年都在减少，2010 年共计 32,885 起，相比 2005 年下降近 24%。然而，这些事故每年花费美国 2,300 亿美元的经济成本。减少障碍物，增加或改进中央分隔带护栏系统，以及拓宽车道可以减少撞击、受伤以及死亡。2012 年地面交通花费中几乎以翻倍的资金用于公路安全改善计划。

公路：投入和资金

据估计，2010 年美国地面交通系统的缺陷导致家庭和企业近 1,300 亿美元的损失。然而，为运输提供大部分资金的联邦公路信托基金（HTF），正在趋向破产，因为它仍依赖于逐渐减少的汽油税。汽油税收自 1993 年以来一直保持不变，因为更高效的汽车投入运行导致税收也逐步减少。国会预算办公室（CBO）认为，新提出的燃油经济性标准到 2040 年将会降低 21% 的燃油税收，因此税收危机将会恶化。这样的情况将导致在 2012 年和 2022 年之间减少 570 亿美元的高速公路信托基金。

在现有条件下要保持所有的国家高速公路的现有状况，在 2008 年和 2028 年之间估计每年将花费 1,010 亿美元的资本。为了提高国家高速公路的状况，每年投资需要上升到 1,700 亿美元，或者在原投资基础上每年额外增加 790 亿美元。1,700 亿美元中需要 850 亿美元以提高现有资产的实际条件以达到交通部要求的良好修复基准状态。这项投资将使良好状况道路行驶里程数由 2008 年的 46% 增加到 2028 年的 74%。

不幸的是，联邦、州和地方政府每年只愿意支出 910 亿美元的资本投资，这意味着每年我们的道路都会进一步恶化。如果照目前的趋势继续下去，在 2010 年，高速公路的资金缺口占总额需要的 48%，预计到 2040 年将会增加到 54%。

其他研究也指出当前投资水平是不够的。国家地面交通基础设施财政委员会（NSTIFC）估计，为了维护国家的公路系统，从 2008 年到 2035 年，每年需要投资 1,310 亿美元。为了提高国家高速公路的状况，2008 年和 2035 年之间的年度投资将逐年攀升，至 2035 年达到 1650 亿美元。

必须确定可靠的收入来源，以增加在美国高速公路网络的投资。联邦运输贷款项目和创新融资机制在资助国家的高速公路方面起着至关重要的作用，但是这些项目不能替代专用的联邦收入。

公路：结论

当前投资趋势并没有采取有效措施来改善道路条件，甚至可能导致降低道路的条件和性能。由于年复一年的资金不足，维修产生的经济成本对美国经济产生了沉重的负担，也增加了改善工作的成本。虽然目前情况略有改善，但联邦、州、地方政府以及私营部门必须努力开发可持续和可靠的公路网络收入来源。国家再也不能仅仅依靠燃油税收来为公路信托基金提供未来需要的收入。

进一步提升：现阶段的解决方案

- 发展绩效投资策略，确保有可用资源指向这些投资回报率最高的项目。
- 优化现有公路的使用能力，以确保充分利用可用的资金。
- 鼓励使用资产管理项目，在使用维护和修理方面提供最有效的投资。
- 使用货运效率高低衡量整个地面交通系统的性能和对经济贡献的力量。

- 增加来自各级政府和私营部门的投资来修复和改善国家的公路系统。

运输

2013 年 等级 **D**

美国公共运输的基础设施在我们的经济中起着至关重要的作用，它与数百万人的工作、医疗设施、学校、购物、娱乐相关联，而且它是三分之一的美国人不开车的主要原因。与许多美国基础设施系统不同，运输系统是不全面的，45%的美国家庭缺乏享受公共运输的途径，更多数以百万计的家庭享受的服务水平不足。在过去的十年里，美国的客流量增长了9.1%，这一趋势将继续。虽然在运输方面增加了投资，然而在2010年，有缺陷和不断恶化的运输系统耗费了美国900亿美元的资金，许多运输部门正在努力维护老化和过时的车队和设施，因为经济的衰退从而减少了他们的资金，迫使其削减服务和提高票价。

运输：基本情况和能力

促进乘客能够使用公共运输系统对国家经济的健康发展至关重要，然而，能选择使用公共运输系统对很多美国人来说仍然是一个很大的负担。只有超过 55% 的美国家庭称他们可以获得公共交通运输服务，略低于在 2001 年的 57%。69% 城市家庭可以获得交通运输服务，而在农村家庭中，这个数据只有 14%。交通的使用大部分原因都是跟就业相关，这表明很大一部分乘客依靠公共运输系统来进行上下班通勤。在大都市的很多家庭不使用私人汽车，是因为 90% 以上生活的社区可以提供不同类型的交通运输服务。然而，通过公共运输方式坐车 90 分钟内可以到达的工作区域，只有 40% 的就业岗位，这样可能就限制了就业机会。

不同地区获得运输服务的方式不同，东北部和西部城市的公共运输使用率最高，南部城市最低。在大城市工作的人口中，使用公共运输服务最多的是零车辆家庭，火奴鲁鲁排名第一，占总人口的 70%，20 个使用率最高的城市中，西部占了 13 个。20 个使用率最低的城市中，南部就占了 11 个，包括佛罗里达州 8 个最大城市中的 6 个。随着人口老龄化，交通使用将变得越来越重要，因为老年人需要可行的运输方式代替自驾。因此，社区也开始根据人口老龄化来改变他们的运输规划。以新墨西哥州为例，农村地区可以使用运输服务，特别是针对老年人、残疾人、低收入居民方面的服务，其关键的度量指标是为了检测运输计划的性能和目标。

运输

把投资放在主要城市的运输系统，导致在过去的三年里新的运输车辆有所增加。总的来说，超过最低使用寿命的车辆比例从2009年的17%降到2011年的16%。公交巴士负责携带的大部分公共交通乘客，其工作条件仍然与过去十年的趋势一致，数量仍然是勉强维持。此外，30%的城市公共汽车维修设施评级低于3分（五分是最好的评级）。

铁路基础系统承担了超过三分之一的交通旅行（35%），但和其他运输交通模式相比需要最多的维护。此外，这些系统年维护成本而进行的比年平均正常更换需求成本更大（例如：为保持良好的状态而进行的维修所需要的年度成本）：与80亿美元相比，所有其他运输模式的花销平均在60亿美元。固定的导轨，其中包括铁路和公路运输系统，需要最大的替换成本且自1970年以来已经翻了两番多。固定导轨也有不同的条件，不仅存在就更换价值而言最大份额的资产状况良好（定义为4.8—5.0分，满分为5分），也存在最高的资产份额处于质量不佳的条件（定义为1.0—1.9分，满分为5分）。面对这样一个重大的金融挑战，高速运输管理局之所以保持这些系统在良好的经营秩序下运行，可能是由于以下几点：铁路系统有一些仍在使用的最古老的资产（特别是重型铁路系统，存在于像纽约、芝加哥和波士顿这样的城市），以及近年来经济增长的主要地区（特别是在丹佛、盐湖城、夏洛特等地的轻轨系统）。

令人不安的维护积压事实是，许多运输管理机构没有系统地监测他们的设施条件，以保持他们的运输工具处于良好的和始终如一的操作状态。许多机构不进行定期、全面的资产状况评估，落后于这方面的其他运输部门。例如，几乎所有的国家运输部门保持着其路面和桥梁资产状况的一些记录。随着运输系统的增长，良好的资产管理实践对于有效管理复杂的系统和不断增加的乘客人数将是必不可少的。

然而，即使目前许多运输管理机构不得不削减服务内容，他们已经在利用技术，使他们的系统更加便利和可靠，包括提供实时到站信息和在线路径规划服务。这些做法都起到增加载客量的作用。

运输：投入和资金

2008年运输系统所有来源的投资总额超过520亿美元，由于运输方面整体的资金投入大幅增加，运输系统近年来的扩张已经成为可能——目前的投资总额比2000年的总额多出36%。然而，最近的经济衰退正在逆转这些收益，因为国家和地方正在努力适应税收减少以及过去二十年联邦投入资金的保持不变的情况。许多地区选民一直通过投票来倡议支持运输的资助，在2012年，国家和地方59项议案中的47项通过选票得到了支持。事实上，自2000年以来，70%的有关公共运输方面议案已经得到投票通过。最近的票选方面的研究发现使得这一趋势得到了进一步的支持，这表明三分之二的美国人支持增加当地投资以扩大和改善运输系统。此外，最近从《美国复苏与再投资法案》（ARRA）注入联邦基金的近40亿美元资金有助于改善一些状况，减少了维修的积压，复原了5%的运输资产。然而，这只是暂时的。联邦运输管理局（FTA）仍估计使所有运输系统达到良好的维修状态需要接近780亿美元的资金（在

1—5级的等级之间，一般定义为达到等级2.5或更高）。

在这些趋势之下，联邦运输管理局（FTA）估计，每年存在的资金缺口为250亿美元，并且这种缺口可能持续增大。如果目前的趋势继续下去，从2010年40%的投资缺口预计到2040年将增长到55%。如果没有这些系统的维护和运营经费显著的增加，随着系统和资产运行年限的增加，情况将不可避免地恶化。这些不足，目前造成浪费时间和浪费燃油的成本为每年900亿美元，如果目前的资金趋势继续下去，在2020年将耗资5,700亿美元，到2040年浪费总金额将超过1万亿美元。

2010年和2011年，联邦运输管理局（FTA）计划向31个运输机构分配4,800万美元的赠款以维护良好的维修状态，制定和完善资产管理实践。但是，全国各地拥有超过650个不同的此类机构，在这方面的需求依然显著。

运输：结论

美国人继续表现出他们渴望拥有强大的公共运输系统及更灵活的运输方式的选择，这主要通过增加载客量并使得地方和州的层面继续投入资金支持来实现。然而，近一半的美国人缺乏一个良好的公共运输系统，运输机构仍很难跟上现存系统运行和维持的需要。随着运行年限的增加，在各种交通系统方面的持续投资是必要的，以支持人们获得工作并拥有自主流动性。

进一步提升：现阶段的解决方案

- 增加城市、郊区和农村社区的便利运输设施，使所有美国人有更多、更好的交通选择。
- 足够的资金维护公交车辆和设施，以保持系统良好的维修状态，降低生命周期成本。
- 通过一个强大的地面运输计划（授权和拨款）和有偿公路信托基金，增加交通方面继续的联邦投资。
- 要求运输系统采取综合的资产管理系统，以最大限度地提高投资。
- 把运输纳入进国家和地方的项目开发流程和标准中，以追踪交通系统的性能。
- 地方、区域和国家政府机构——尤其是在小城市和农村地区——应优先考虑运输投资，可以增强可持续土地利用的决策。

公园与休闲　2013年等级 C-

　　美国公园和户外休闲设施的受欢迎程度持续增长，超过140万美国人把这些设施作为他们日常生活的一部分。这些日常活动为美国经济贡献了646美元的财政收入，提供了610万个就业岗位。然而，面对这些公共设施投入的预算下降，国家和地方政府仍然努力将这些投入贡献到这些公共设施中去，然而在2011年仍然有185亿美元资金缺口。联邦政府也面临着严峻的挑战，因为（美国）国家公园管理局（NPS）估计其维修、维护服务的积压成本大约在1,100亿美元。

公园与休闲：基本情况和能力

美国人通常喜欢由各级政府维护的公园和娱乐设施。在联邦政府层面，国家公园系统、美国林务局（USFS）和美国陆军工程兵团（USACE）是公园设施的主要供应商。州和地方政府提供大量的公园和休闲设施以便美国人在日常生活中使用。

州立公园和休闲区域在2010年覆盖面积近1,400万英亩，并服务了超过7.4亿的旅客，自2007年以来增长了1,000万人次。城市公园的观光率最高，2011年60多个公园接待了超过100万名游客。城市和郊区的公园拥有典型便利的全年服务设施，以增加土地价值、降低居民肥胖及相关疾病发病率的形式为社区提供实实在在的利益。在梅克伦堡县，北卡罗来纳（包括夏洛特）最近的一项研究发现，此县在公园、休闲设施和项目的240万美元的投资取得了至少950万美元的环境、经济和社会效益，拥有近四倍的投资回报。

然而，州和地方政府仍在艰难地提供这些资源。全国很多城市和地区日益面临着州政府和联邦政府资金对公园资助的减少。员工开销通常占据预算的很大一部分，因此许多削减的形式是消除有薪职位。管理者经常要求员工承担更多的责任，而不是削减服务，但是由于预算削减，在一些地方的设施面临着开发时间有限或直接关闭的情况。公园当局竭尽在维护他们目前所运行的设施，更不用说为人口增长提供更多的设施。全国最大的城市报告至少有58亿美元的延期维护成本。

公园与休闲

国家公园管理局（NPS）所属的公共设施在2011年接待了2.79亿人次，并且国家公园管理局（NPS）预计这个数字在未来几年内仍将上升。国家公园系统由397个单元组成，包括124个历史公园或场所、75处古迹、58个国家公园、25个战场或军事公园和其他几种类型的保护与游憩区。每年，国家公园管理局（NPS）所属的公共设施支持246,000个就业岗位，并为周边社区提供了120亿美元的经济影响。

国家公园管理局（NPS）预算的长期资金不足，对其所管理的公园导致了110亿美元延迟维护的积压，包括一个贯穿整个公园系统的道路和桥梁计划的47亿美元的积压。国家公园管理局（NPS）估计，每年需要4.12亿美元来保持它所有的道路状况良好，然而目前每年支出只有2.4亿美元。政府和国会提出的削减可能会意味着2013年国家公园管理局（NPS）所属场所将面临封闭、受限访问和有限的服务。此外，其他地区将遭受诸如开展大量长期的季节性员工招聘来弥补资金的不足的境遇。

与国家公园管理局（NPS）相似，美国林务局（USFS）负责管理一系列庞大的国家森林、草地和其他自然地区，也有一个值得注意的延期维护积压成本。预算下滑导致了53亿美元的积压成本，其中缺陷道路账目占接近60%的总成本。

其他联邦政府拥有并经营的公园情况也是相似的。美国陆军工程兵团（USACE）的休闲场所每年在43个州的422个湖河项目中接待超过3.7亿人次，使美国陆军工程兵团（USACE）成为最好的户外游憩的提供者。美国陆军工程兵团（USACE）管理着 1,200 万英亩的休闲场所，20% 的联邦游客将会到此场所旅游，近年来观光游客数量稳步增加，这种趋势可能会持续上升；并且 91% 游憩地的湖泊与河流位于市区 50 英里以内。美国陆军工程兵团（USACE）用于接待游客的设施每年花费 180 亿美元并支持 350,000 个就业岗位。由于面临着运营资本的下降，美国陆军工程兵团（USACE）已经为他们的娱乐服务开发了一个战略计划，这将引导未来方案和操作的变革。

公园与休闲：投入和资金

对于所有类型的公园来说资金仍然是一个挑战。在 19 世纪 70 年代，州政府 17% 预算收入依赖联邦政府提供，在 2011 年这一数字下降到 5%。因为许多公园和休闲设施经费预算依赖普通基金资源，全面削减各州和地方的预算对公园和休闲设施方面的预算打击尤其严重。例如亚利桑那州、路易斯安那州和内华达州的一些地区，没有普通基金来源或休闲设施的专用基金收入，单纯地依赖公园产生的资金以及外部赞助和捐赠。因此，城市和各州正在越来越多地依赖私人基金来建造设施并投入运行，包括以私人基金会、企业赞助和其他公私伙伴关系的捐赠形式。

土地和水资源保护基金是给各州和地方提供资助的一种联邦基金，用于户外游憩设施和土地的获得。在 2011 年分配了超过 3,700 万美元以上的津贴，其中，94% 的州政府收到的资助只占报告需求经费的 10%，州政府总报告称未满足需求的资金接近 190 亿美元。

虽然面临这些挑战，社区依然通过选民公投和债券公

公园与休闲

民投票的方式支持直接资助公园和休闲设施。2012年，这些提议书中有81%获得了批准，这是创纪录的数量。

2009年，尽管有稳步增长的观光量和持续的额外场所和土地收购，并且伴随着布什政府末期和奥巴马救市方案所产生的轻微增长，但是国家公园管理局（NPS）的预算在过去的十年中持平。事实上，以调整到2001年的美元市值来计算，国家公园管理局（NPS）的拨款从2001年到2011年缩水了13%。这种持续的资金不足造成了在国家公园管理局（NPS）所属场所延期维护的积压，在2008年大约有60亿美元到110亿美元。国家公园管理局（NPS）估计年度维护和建设资金需要约3.25亿美元的短缺金额来预防越来越多的积压。2009年，《美国复苏与再投资法案》（ARRA）的资金可以解决9%的维护积压，留下大量的需求未得到满足。

公园与休闲：结论

国家和社区已经认识到，健全的公园及休闲设施带给社区诸多好处，同时继续寻找方法增加户外机遇，希望吸引新的居民、游客，同时带动经济发展。然而，持平和下降的各级财政预算已造成较大的延迟维护积压，这将威胁到这些设施对于人口增长的长期价值。

进一步提升：现阶段的解决方案

- 广泛应用"受益人买单"的原则，适当在地方、州和联邦级别收取用户费用，同时允许这些场所集资来支持现场的维护和运营。制定法律在必要时允许美国陆军工兵团（USACE）保留所有收集的费用使用于当地。
- 充分注资土地和水资源保护基金来支持在联邦、州和地方级别的土地征用。
- 为国家公园管理局（NPS）、美国林务局（USFS）和其他休闲设施的联邦提供者增加拨款来解决维护积压。
- 支持与公园和休闲设施的受让人关于特许权费用的重新谈判以增强对设施的使用和维护保障。
- 国家公园管理局（NPS）、其他娱乐设施运营商和私人团体之间伙伴关系的杠杆作用将更好地利用设施和使用补偿。

学校

2013年 等级 **D**

　　几乎一半的美国公立学校校舍的建成是为了教育婴儿潮出生的孩子——这一代人已经从劳动岗位上退休。到2019年，公立学校的入学人数预计将逐步提高。然而，州和当地学校的建设资金继续下降。虽然学校设施的条件对于社区仍然是一个重要的问题，但在2012年国家对于学校建设上的支出已经减少至大约100亿美元，大约有经济衰退前一半的水平。专家估计对学校设施进行现代化及维护的资金需求至少需要2,700亿美元以上。然而，由于国家缺乏学校设施的相关数据超过了十年，所以我们国家学校条件的全貌大多仍然是未知之数。

学校：基本情况和能力

学校设施的存在是为了给学生提供高效的学习环境，并且差的设施条件已经被证明是会影响学生成绩的。在自然和人为灾害时，学校设施可以在社区中发挥紧急庇护所的作用，他们必须具有复原能力并得到维护以满足紧急情况需要的标准。

在美国k-12（美国中小学和学前教育）学校的设施条件主要是当地和州政府负责，并且国家关于它们的信息有限。最近学校设施方面的综合报告正在收集类似十多年前发布的各州的相关信息。关于美国公立学校设施教育条件的报告指出，1999年，确定所需1,270亿美元投资才能带来国家的学校良好的经营条件。学校设施专家估计，当今公立学校设施必要的改造和维修可能花费2,700亿美元或更多。

在1999年的报告中确认的主要需要是学校设施条件通过维修，改造，增加设施改善的程度。几乎一半美国公立学校的建立是为了1950年至1969年之间出生的婴儿服务，现在这些公立学校就读的婴儿们都已经成为退休人员。

学校：投入和资金

自2008年经济开始衰退之后，国家的教育经费减少，共有35个州提供的经费少于2008年的资金水平。此外，26个州在2012年到2013年所提供资助的资金少于前一年。关于学校的新建筑和现代化设施的建设资金减少至约100亿美元，从2002年直到2008年经济萧条开始只有年平均融资一半的水平。从2000年到2008年，大约每年在的学校建设方面花费了200亿美元，2004年达到峰值花费了290亿美元。自2008年以来的四年，学校设施建设的融资水平继续下滑，从预计适度水平的164亿美元下降到2012年预计的103亿美元。自1980年以来，联邦投资通常占总投资的8%，各个州投资占总成本的48%，本地资金提供约44%。

自从历史上殖民地建立之初，学校资助资金的一个主要来源就是房产税。许多州依靠房产税来支持他们的学校建设，当税收不足时，使用新税或国家普通基金为学校建设提供资金。在2008年经济衰退之前，房产税是一个相当稳定的收入选项，随着学生入学率的增长而一直增长。然而，由于经济衰退，提高财产税率来弥补资金短缺可能是不可行的。一些州和地方为了不严重地依赖财产税，开始了多元化的融资选择。此外，其他优先次序的国家开支，如资金不足的养老金和医疗费用的增加，将限制教育设施的开支。

此外，许多地区需要选民投票批准大型资本项目或增加税收来担保资助学校建设，增加了一层学校资本支出计划的不确定性。此外，因为在州和地方政府支出的其他领域，教育得不到相同的保护，依靠于州和郡县资助的学校看到了立法机构在经济衰退时期收紧钱袋，甚至削减教育支出。

学校建设项目不仅只是设施的条件需求，也是学校容量增大的需要。在2012年的秋天，4,980万名学生进入公立学校，在2009年是4,930万人。这些学生在98,800所公立学校上学。1999年的报告显示，接近10%的学校入学人数大于学校基础设施承载能力的25%。预计未来5年内学生数量仍呈逐渐增长状态。中小学的总招生量预计从2010年到2019年每年将有新纪录，但资金并不是容易获得的，这表明人数过剩的学校可能增加。

随着越来越多的学校开始关注他们设施的生命周期成本，已经被证明的是对于某些类型的学校建设项目来说，能源成本的上涨是一个激励因素。能源成本中，暖气费用是一个学校除了人工费第二高的直接费用；很多学区正在考虑使他们的学校设施具有更可持续的实用性。学校能源效率的改进与升级在整个国家逐步升级的能源成本中变得更加引人注目。

1999年的报告发现，76%的美国学校需要"把钱花在维修、改造或设施条件更现代化方面，使学校进入良好运行状态"。一些州和地方政府在减少设施的投资需求和校园现代化的需求方面取得了很大进步。在2011年，一个联邦学校设施现代化努力在国会被介绍，国会资助的300亿美元基金的投资用于当前的投资积压和35,000座不断恶化的校舍的翻修。虽然没有当前数据，这些显示让各界广泛认识到，学校设施维修和升级的需求对于国家是十分重要的。

学校：结论

随着学校建筑支出在过去的四年显著下降和学校设施维护支出的增多，并伴随越来越多的学生使用这些设施，国家越来越缺乏可比性数据来评估这些学校设施状况和容量的需求。甚至在州级地区，通常只有从向学校提供设备的运营商员工那里得到一些有限的信息。数据库和资产管理计划概述了我们国家学校的设施状况，并阐明了对学校设施所需要的投资是必不可少的。

进一步提升：现阶段的解决方案

- 定期发布美国公立学校设施状况的更新报告，以确保在全国范围内有一个清晰认识。
- 鼓励学区采用定期、全面的专业维护，更新和建设的计划。
- 扩大联邦和州税收及配套基金以支持学校建设债券的增加，简化为当地学区得到改进和现代化设施建设融资的过程。
- 探索替代性融资，包括租赁融资以及所有权和使用安排融资，促进学校的建设项目。
- 对每个学区全面的资产为延长使用寿命而实施预防性维修计划。
- 了解生命周期成本分析的原则和多用途的可能性来评估项目的总成本，从而促进可持续发展。
- 鼓励学校在州层面上对设施进行检验，并且提供开发一个关于条件状况及可用资金的国家数据库。

能源

2013 年等级 **D+**

　　美国正在依靠老化的电网和管道分配系统进行运作，其中一些始建于 18 世纪 80 年代；自 2005 年以来输电投资方面有所增加，但目前出现的问题，包括天气事件和有限的维护使这些设施出现了越来越多的故障和电力中断的现象。当电力需求一直保持不变，在 2020 年之后随着人口增加，以电力、天然气、石油等形式使用的能源将成为一个更大的挑战。尽管在未来 5 年内规划了约 17,000 英里额外的高压输电线路和重要的石油与天然气管道，但是行政许可和选址问题仍然危及完成进度。

能源：基本情况和能力

电网

美国电网由发电设施、输电设施和配电设施互相组成一个系统，其中一些可以追溯到18世纪80年代。现如今，我们正在使用由发电站、输电线和变电站组成的老久和复杂的系统，它们必须团结一致地向我们的家庭和企业提供电力。有成千上万的发电和变电系统分布在美国近400,000英里的电力传输线网络中。随着新型燃气和可再生能源发电的加入，新的输电线路需求已经变得更大。

老化的设备已经导致越来越多的间歇性停电，以及更容易受到网络攻击。重大停电事件从2007年的76次上升到2011年的307次。许多输电和配电系统中断归咎于系统操作失误，尽管从2007年至2012年天气事件是造成主要电气故障的主要原因。在2011年有更多与天气有关的停电事件，但是总的来说比前面几年略有改善。由于新能源基础设施和"退休"老旧的基础设施相互转换的过程较为复杂，可靠性问题也出现了。

石油和天然气的分布

煤炭、石油和天然气行业的设施包括煤矿、石油与天然气井、加工厂（如炼油厂）和将原材料从收集到加工厂再给消费者的传输系统。在美国名义上有150,000英里的原油及产品管道和超过1,500,000英里的天然气传输管道及配送管道，许多位于地下且跨越多个州。一般来说，这种能源基础设施属于私营企业。自2008年以来，有一系列的石油和天然气管道故障导致死亡、受伤、重大财产损失和对环境产生影响的事件。此类故障,包括那些发生在加州圣布鲁诺和密歇根州马歇尔的事件,都表明了需要更多管道管理和维护程序的必要性。2011年,新的联邦安全要求颁布出台,以解决由于老化的基础设施和维护不当而导致事故不断增加的问题。

生产能力

在短期内,预计能源系统有足够的能力来满足国内的需求。根据人口的增长和美国能源信息管理局(EIA)的预测,从2011年到2020年,预计电力在所有地区的需求总量增加8%或9%。由于适度的人口增长、经济复苏扩展和能源使用效率的提高,预期增长的能源将拥有稳定并且相对低的使用速率。供应预测显示,到2016年美国将增加约108万千瓦(现有容量的10%)的装机容量,这些增加主要是在加强环境法规之后,通过新的天然气和可再生能源发电完成的,同时,旧的燃煤设施的退休,使较低的天然气价格占据上风。

2020年以后,不管能源组合如何,特别是当考虑到发电时,产能扩张预计将是一个更大的问题。产能过剩,被称为规划的储备金,预计在大部分地区将会下降,到2040年,除了西南不审慎的投资,发电供应可能在各个领域跌破资源的需求。充足的能源管道及相关业务也日益受到关注,部分原因是精炼厂的石油和天然气传输系统的产能限制。

在过去的五年中,输电网络关键节点的拥堵次数已经上升，这引起了同分布性、可靠性和服务成本等有关方面的关注。2012年全国电力拥堵研究的初步结果表明，拥堵的关键区域仍存在于东北部和加州南部地区。

这种拥堵会导致整个系统故障和计划外停电。即使在极端天气情况下，公众对于这些故障中断具有很低的容忍度。此外，这些故障危及公共安全，增加的成本转嫁给了消费者和企业。单一商业企业停电一小时的平均成本略高于1,000美元。当输电线路超载时，公共事业也常常将"拥堵费"加载于消费者。

为了应对新能源的整合和供应，新的输电线路正在规划当中。在接下来的五年里，大约17,000英里额外的高压输电线路在规划建设当中，远高于历史上平均水平的6,500英里。

然而，这些输电线路的行政许可和选址常常会遭遇到公众阻力，这可能导致重大项目延误甚至最终取消，同时提高了成本。在2011年被延迟的低压线路项目是高压线路项目的三倍，低压线路项目通常更多的修建在城市地区。这些问题直接导致尽管新的输电线路一直被需要，但由于行政许可问题被延误。

能源：投入和资金

从2001年到2010年，年度平均电力基础设施投资资本为630亿美元，包括350亿美元的发电成本，80亿美元的传输成本和近200亿美元在当地配电线路。资金来源各种各样，包括政府机构、监管机构、私人公司、开发商和非营利组织合作组织。

自 2001 年以来输电线路的投资每年以 7% 的年增长率增长。然而，对于当地的配电系统，国家级投资在 2006 年达到顶峰之后就下降到了不足 1991 年的水平。尽管当地配电网络老化缺乏资金维护，但建筑支出近年来有所下降，同时，设备故障已经获得公众的关注，一些公用设施处于亟须做出改进的压力之下。

到 2020 年配电基础设施的投资缺口约为 570 亿美元，大于传输基础设施投资缺口的 370 亿美元。

近年来伴随着采用智能电网技术的增加——基于计算机的电力自动化交付系统——导致了额外的投资。例如，作为《美国复苏和再投资法案》(ARRA) 的一部分，美国投入了超过 45 亿美元的电力输送和可靠性能源现代化系统设施。从当地机构和私营部门基金匹配了超过 55 亿美元用于智能电网和全国能源存储技术，包括以额外的资金配置到劳动力培训事务中。此外，农村公共服务事业在 2010 年提供 71 亿美元的贷款来支持美国农村的现代化电气基础设施改造，包括超过 1.52 亿美元智能电表的安装。

到目前为止，25 个州已经施行与智能电网技术相关的政策。在 2011 年的立法会议中，至少有九个州讨论了智能电网部署法案，相比 2008 年的 4,600 万块智能电表，2010 年的 7,000 万块智能电表的配置有所增加。确保这些系统一起工作将是一个持续的挑战。

煤炭、石油和天然气行业也有与拥堵、安全以及高效问题类似的担忧。特别是在几个地区页岩气回收再利用并没有被运输系统所满足，而运输系统是将气体和相关液体输送到市场的关键。

能源：结论

展望 21 世纪，我们的国家越来越多地采用自动化电网技术来帮助管理拥堵节点。反过来，这将需要强健的输电和配电集成系统以确保电网运行持续安全可靠。

电力网络中的投资、管线系统的选择和近年来的新兴技术帮助缓解了拥堵问题，但从长远来看，容量和系统将面对老龄化问题。另外，随着自动化和动态能量网格化系统的出现，网络安全风险的威胁增加。保护国家的能源输送系统免受网络攻击，并确保这些系统可以对恢复国家安全和经济福祉至关重要。

进一步提升：现阶段的解决方案

- 采用国家能源政策来预测和适应未来的能源需求，促进可持续发展的能源策略，提高能源使用效率，提倡环保，随着资源的枯竭减少对化石燃料的依赖。这样的政策必须适应和可扩展到当地和州的政策制定中。
- 建立输电线路及时批准的机制，以减少从初步规划到开始运行的时间。
- 识别和优先考虑能源安全风险，制定相关标准和风险管控指南。
- 设计和构建更多的电网传输基础设施保障有效供电，满足偏远地区和需求最大的发达地区的电力需求。
- 创建促进节能和高效的激励机制，包括对煤炭、天然气、核能和可再生能源（太阳能、风能、水能、生物质能、地热）等并行开发与安装。
- 不断地研究改善和提高国家的输电和发电基础设施以及配置技术，如智能电网建设、实时预测输电能力建设以及可持续发电能源建设，并且这些可提供合理的投资回报。

附录A　等级表：美国基础设施的投资需求

在每个报告里，美国土木工程师协会（ASCE）会估算出每一类基础设施为了保持良好的维修状态的投资需求。也就是说，大约需要投资多少金额去得到一个等级 B？

根据目前基础设施系统的投资需求趋势累积量扩展至2020年（2,010亿美元）

下表提供估计累积的投资需求，根据目前基础设施类别的趋势延伸到2020年（2,010亿美元）。

基础设施系统	总需求	估计资金	资金缺口
地面交通①	1,723$	877$	846$
饮用水/污水基础设施①	126$	42$	84$
电力①	736$	629$	107$
机场①②	134$	95$	39$
内河和海洋港口①	30$	14$	16$
大坝③	21$	6$	15$
危险和固体废弃物④	56$	10$	46$

附录A　等级表：美国基础设施的投资需求

续表

基础设施系统	总需求	估计资金	资金缺口
堤坝⑤	80$	8$	72$
公园与休闲⑥	238$	134$	104$
铁路⑦	100$	89$	11$
学校⑧	391$	120$	271$
总数	3,635$	2,024$	1,611$
每年投资的需要	454$	253$	201$

①数据取自美国土木工程师协会（ASCE）"失败的举措"系列（http://www.asce.org/failuretoact/），发表于2011—2013年。

②机场的需求和缺口包括下一代航空运输系统（NextGen）的成本：到2020年达到200亿美元和2040年的400亿美元。

③总需求是联邦和非联邦高风险的水坝。

④资金只包括公共资金的整治，非来自私人部门的资金。

⑤总需求数是依据国家堤防安全委员会的讨论

⑥总需求和资金包括所有与公园和休闲设施有关的费用，资金缺口是唯一的资金需求。

⑦这些数字是根据市场预测和目前的投资趋势测算得来。

⑧这些数字都是基于上一次收集可获得的国家数据，并用于目前的美元市值。

说明：在本报告的前一个版本中，这个数字是在五年的基础上进行的估计。2013年我们完成了对美国当前和未来的基础设施投资需求的经济研究系列（"失败的举措"系列）。这些研究提供的投资需要估测至2020年，我们使用相同的时间框架，以期待提供一份所有类别的《2013美国基础设施评估报告》。

附录B 等级表：经济影响

在2013年的报告中，美国基础设施等级是对全美目前的基础设施条件进行全面评估的表现。需要注意的是，这些基础设施的状况对经济的影响也是非常巨大的。

2011年，美国土木工程师协会（ASCE）授权发布了一系列被称为"失败的举措"的经济报告，以期对美国基础设施关键领域的投资趋势进行客观分析。这一系列中的第一个报告是由美国土木工程师协会（ASCE）波士顿经济发展研究小组完成的，回答了下面一个核心问题：

如果今天我们投资于基础设施建设，那么其对美国的长期经济价值又是什么呢？

"失败的举措"系列聚焦在以下方面：

地面交通

航空

内河和海洋港口

电力

水/污水

- 地面交通（包括道路、桥梁、运输）
- 水和污水
- 能源传输
- 机场、内河和海洋港口

这些报告覆盖了美国基础设施评估报告发布的16个类别中的9个类别。

基于分析当前每个基础设施行业的投资趋势，报告中传达了经济影响在GDP、家庭收入、就业和出口等形式的变化，影响时间上可延至2020年到2040年。简而言之，投资基础设施是经济长期增长的要素。反过来也一样，如果没有投资，基础设施将会拖累经济。

关于这些报告的更多信息请访问：http://www.asce.org/failuretoact.

附录C 等级表：以往的成绩

国家基础设施评估报告的等级制概念起源于1988年，由国会特许的国家公共工程委员会做改进方面的相关报告《脆弱的基础：关于美国公共工程的报告》。联邦政府表示他们在十年之后将不会更新报告，美国土木工程师协会（ASCE）在1998年的时候使用相关研究方法发表了第一份美国基础设施评估报告。在2001年、2005年、2009年、2013年时分别发布了一份新的报告，现在的等级表已经有了严格的评估方法，考虑了所有会影响美国基础设施的变动元素。

类别	1988*	1998	2001	2005	2009	2013
航空	B–	C–	D	D+	D	D
桥梁	–	C–	C	C	C	C+
大坝	–	D	D	D+	D	D
饮用水	B–	D	D	D–	D–	D
能源	–	–	D+	D	D+	D+
危险废弃物	D	D–	D+	D	D	D

附录C 等级表：以往的成绩

续表

类别	1988*	1998	2001	2005	2009	2013
内陆航道	B−	−	D+	D−	D−	D−
堤坝	−	−	−	−	D−	D−
公园与休闲	−	−	−	C−	C−	C−
铁路	−	−	−	C−	C−	C+
公路	C+	D−	D+	D	D−	D
学校	D	F	D−	D	D	D
固体废弃物	C−	C−	C+	C+	C+	B−
运输	C−	C−	C−	D+	D	D
污水	C	D+	D	D−	D−	D
港口	−	−	−	−	−	C
美国基础设施GPA	C	D	D+	D	D	D+
成本提高	−	−	1.3万亿$	1.6万亿$	2.2万亿$	3.6万亿$

*第一组基础设施评分等级由国家公共工程委员会在其《脆弱的基础：关于美国公共工程的报告》中提出的，这是于1988年2月发布的一份关于美国公共工程设施的报告。美国土木工程师协会（ASCE）第一份报告发布是在其发布十年之后。

附录D 《2013美国基础设施评估报告》咨询委员会

《2013 美国基础设施评估报告》咨询委员会决定《2013 美国基础设施评估报告》的等级和建议，这个咨询委员会由 32 名美国土木工程师协会（ASCE）会员组成，这些会员都是其所在领域的专家。

《2013 美国基础设施评估报告》咨询委员会成员名单

Robert Victor，美国注册工程师（P. E.）、M.ASCE，咨询委员会主席，AECOM 公司，弗吉尼亚州阿灵顿市。

Robert Victor 是 AECOM 公司的副总裁，AECOM 公司总部设在弗吉尼亚州阿灵顿。在此之前，他曾在美国匹兹堡市、圣路易斯市、西雅图市、巴尔的摩市以及印度的新德里和孟买工作，从事各种交通项目的设计规划工作。他获得密歇根大学土木工程专业学士学位和伊利诺伊大学的理学硕士学位。他是在六个州拥有执照的专业工程师。他目前是美国土木工程师协会（ASCE）的董事会成员，是美国基础设施委员会的主席。

Geoffrey Baskir，美国持证规划师（AICP）、M.ASCE，Parsons Brinckerhoff 公司，弗吉尼亚州赫恩登市。

Geoffrey Baskir 是 Parsons Brinckerhoff 公司负责监督机场规划的专家，公司的总部位于弗吉尼亚州赫恩登市。在他 32 年的职业生涯中，Baskir 负责与华盛顿里根国家机场和杜勒斯国际机场重建相关的规划和程序设计活动工作，以及负责洛杉矶国际机场终端设备编程文件的开发工作。他是美国土木工程师协会（ASCE）运输和发展研究所的总监，也是运输研究委员会飞机/机场兼容性委员会的主席。

John Bennett，美国注册工程师（P.E.）、M.ASCE，马里兰州哥伦比亚市。

John Bennett 最近从美国铁路公司的政策发展部门退休，他拥有超过 30 年的与铁路和公共交通战略、政策、规划和管理相关的经验，尤其在资本项目开发和管理方面有着丰富的经验。他具有丰富的合作规划经验，包括为造价 1 亿美元的纽约宾夕法尼亚车站中央控制项目规划多年的投资计划，为美铁公司东北走廊路网扩建项目的基础设施制定递延投资计划，并且他更专注于城际和客运铁路投资的区域交通规划。

Janey Camp，博士、美国注册工程师（P.E.），范德比尔特大学，田纳西州纳什维尔市。

Janey Camp 是田纳西州纳什维尔市范德比尔特大学土

木与环境工程系的研究助理教授。Camp博士专注于企业风险管理,特别是适用于基础设施对极端天气事件适应的研究,并且已经有几个这样的项目,包括研究纳什维尔2010年5月的洪水对关键基础设施影响的案例;她在2011年6月帮助范德比尔特大学组织一场国际峰会,研讨在极端天气事件的临界值中促使交通基础设施适应投资。她参与了一系列涉及基础设施条件及其弹性研究的专业活动。她也是美国土木工程师协会(ASCE)田纳西分部2011年青年工程师奖的获得者,并被认为是东部地区年轻成员委员会2012年社区活动中杰出的年轻成员。

Richard Capka,美国注册工程师(P.E.)、M.ASCE,道森公司,华盛顿特区。

Richard Capka是道森公司首席运营官。2005年至2008年间,曾在美国国家运输部担任美国联邦公路管理员和代理管理员;2001年至2002年间曾担任马萨诸塞州收费公路管理局的首席执行官/执行董事;2001年,在美国陆军工程兵团服役30年后以准将的身份退休。他还担任过美国陆军工程兵团南大西洋师师长、南太平洋师师长和巴尔的摩地区指挥官。

Stephen Curtis,美国注册工程师(P.E.)、D.PE、DIPL、M.ASCE,柯林斯工程师公司,弗吉尼亚州纽波特纽斯市。

Stephen Curtis是总部位于芝加哥的柯林斯工程师公司的滨水服务项目主管,是该公司港口和滨水项目的实践区负责人。在他38年的土木工程实践中,Curtis在私人/公共商业港口和海滨发展项目，桥梁、公路、联运铁路项目，军事基地设施／工具项目以及饮用水和污水处理设施大型、复杂项目中曾担任单独项目、项目群和施工方面的主管经理。他是美国海岸、海洋、港口和河流研究会的前任主席，以及港口和港口技术委员会的前任主席。

Gordon Davids，美国注册工程师（P.E.）、M.ASCE，C&S 工程师公司，马里兰州马里兰 Severna Park。

Gordon Davids 是 C&S 工程师公司桥梁方面的首席工程师，公司总部位于马里兰州的 Severna Park。他在 1958 年开始在联邦的铁路领域服务，并且于 2011 年在担任联邦铁路管理局 (FRA) 安全办公室总工程师的岗位上退休。他于 1992 年开始负责联邦铁路管理局 (FRA) 铁路桥梁安全计划，并对联邦铁路管理局 (FRA) 政策和铁路基础设施安全的若干规定的制定起到了重要作用。除了美国土木工程师协会（ASCE）的会员身份之外，他还是美国铁路工程与维护协会 (AREMA) 的终身会员，并活跃于其下属的几个委员会，为铁路结构规划提供行业实践。

Larry Frevert，美国注册工程师（P.E.）、PWLF、M. ASCE，TREKK 设计集团，密苏里州堪萨斯城。

Larry Frevert 在密苏里州堪萨斯城的 TREKK 设计集团担任高级顾问。他在为密苏里州交通运输部和密苏里州堪萨斯城联合服务了 36 年之后，从公共服务部门退休，在退休之前主要从事规划、设计、管理、运营和维护公共基础设施等工作。从事这些工作的岗位包括他担任 8 年之久的堪萨斯城公共工程副主任/代理主任。从公共服务部门退休后且在加入 TREKK 设计集团之前,他花了 6 年时间在 HDR 工程师公司担任副总裁和国家公共工程项目总监。在 2007 年至 2008 年,他曾担任美国公共工程协会主席。

Henry Hatch,美国注册工程师(P.E.)、NAE、D.WRE、D.NE、Dist.M.ASCE,弗吉尼亚州 Oakton。

Henry Hatch 以中将、总工程师、美国陆军工程兵团指挥官等身份从美国陆军退役。他曾担任 NRC 基础设施和建筑环境委员会和联邦设施委员会的主席,美国军事工程师协会的主席。他是哥伦比亚地区注册专业工程师,美国军事学院杰出的毕业生,美国国家工程院院士。

Andrew Herrmann,美国注册工程师(P.E.)、SECB、F.ASCE,Hardesty & Hanover 桥梁设计公司,宾夕法尼亚州匹兹堡。

Andrew Herrmann 是总部设在纽约市的 Hardesty & Hanover 桥梁设计公司的负责人,咨询工程师。他曾担任美国土木工程师协会(ASCE)主席(2012 年),以及上一届"美国基础设施评估报告"咨询委员会的前任主席。在他 39 年的交通运输研究生涯中,Herrmann 曾经负责相关领域的设计、检查、修复、施工支持、分析等工作,也曾经负责固定与可移动桥梁、公路、铁路和主要交通项目的评级。

Chuck Hookham,美国注册工程师(P.E.)、M.ASCE,HDR 工程师公司,密歇根州安阿伯市。

Chuck Hookham 是 HDR 工程师公司的副总裁,公司位于密歇根州安阿伯市。他在发电与输电设施领域、工业设施领域、基础设施领域、石油和天然气设施领域拥有超过 30 年的经验，他主要负责的服务范围从最初的开发到环境许可，通过全面的设计采购施工总承包 (EPC) 交付价值超过 10 亿美元的项目。他在多个美国土木工程师协会（ASCE）的下设委员会任职，包括关键基础设施和能源部门执行委员会，以及在其他许多其他技术组织担任领导角色。

Fraser Howe，美国注册工程师（P.E.）、F.ASCE，METRO 咨询集团，佛罗里达州奥兰多市。

Fraser Howe 在密歇根州立大学获得土木工程专业学士学位，并在佛罗里达州注册成为一名专业工程师。作为 METRO 咨询集团的规划和工程总监，Howe 为州和地方政府进行了初步的工程研究，并制定了工程研究的公众参与计划。他是美国土木工程师协会（ASCE）的积极领导者，曾担任美国土木工程师协会（ASCE）第五区的领导者，并领导了 2008 年佛罗里达州基础设施状况的评估。

Brad Iarossi，美国注册工程师（P.E.）、M.ASCE，美国鱼类及野生动物管理局，华盛顿特区。

Brad Iarossi 是美国鱼类及野生动物管理局大坝桥梁和安全处主任，他负责管理大坝安全项目，其中包括 300 座大坝。此前，他曾担任马里兰州环境部门的大坝安全项目负责人 16 年以上。Iarossi 在环境管理和水利项目方面具有丰富的专业知识，他曾担任美国土木工程师协会（ASCE）国家水政策委员会主席，并担任政府事务委员会委员。他也是国家大坝安全官员协会(ASDSO)的前任主席,也是该协会的立法委员会主席,任期达到19年。

Dale Jacobson,美国注册工程师(P.E.)、BCEE、D.WRF、F.ASCE,Short Elliott Hendrickson,内布拉斯加州奥马哈。

Dale Jacobson是咨询工程公司Short Elliott Hendrickson (SEH)的高级专业工程师。他是一位专业工程师,在市政和工业污水、饮用水、地下水、固体废弃物、危险废弃物和低水平放射性废弃物等方面具有40年的从业经验。他曾担任众多项目的项目负责人、项目经理或项目工程师。他是美国土木工程师协会(ASCE)环境和水资源研究所的前任主席,目前任职于美国水资源工程师学会董事会。

Sam Kito,美国注册工程师(P.E.)、M.ASCE,阿拉斯加州朱诺。

Sam Kito在阿拉斯加教育和早期发展部担任学校设施工程师5年以上。在这个角色中,Kito负责阿拉斯加州学校设施建设和改造的国家拨款和债务资助项目。他在规划、设计、检查、项目管理和政策开发方面有25年的经验。他曾担任美国土木工程师协会(ASCE)朱诺分会的主席,并担任阿拉斯加专业设计委员会立法联络委员会主席。

Maria Lehman,美国注册工程师(P.E.)、F.ASCE,纽约州高速公路管理局,纽约州布法罗市。

Maria Lehman是纽约州高速公路管理局的新Tappan Zee桥项目的风险和工程控制的负责人。她在私人和公共部门有超过31年的岗位经验,其中包括纽约伊利县公共工程署署长和 URS 公司的质保负责人。她曾经负责桥梁、公路、铁路、交通等设施的规划、设计、建造、运营和维护，包括公共校园、会议中心、办公大楼、法院大楼、植物园、医院、高等教育、监狱、体育场馆和动物园等设施。她曾在 1992—1995 年担任美国土木工程师协会（ASCE）董事会成员，2001—2003 年担任副总裁。

Otto J. Lynch，美国注册工程师（P.E.）、M.ASCE，Power Line Systems 公司，密苏里州尼克萨。

Otto J. Lynch 是 Power Line Systems 公司的副总裁，他的职责领域包括产品工程、技术研发方向、技术支持和在 100 多个国家的企业用户实施 PLS-CADD 项目。25 年来，他参与了世界各地众多高压输电线路工程的设计和施工，是激光雷达在传输线行业的先驱。Lynch 目前是国家电气安全规程（NESC）的成员，几乎涉足了与美国土木工程师协会（ASCE）和电气和电子工程师协会（IEEE）下设标准与促进会相关的所有的空中传输线行业。

Sarah Matin，美国注册工程师（P.E.）、M.ASCE，地平线工程集团公司，佛罗里达州梅特兰。

Sarah Matin 是位于佛罗里达州梅特兰的地平线工程集团公司的项目工程师。Matin 是许多大型道路设计/建设项目的公用事业经理，同时也参与主要交通项目的道路、排水工程等的设计。她是现任的美国土木工程师协会（ASCE）East Central 分部的总裁。

Jeffrey May，美国注册工程师（P.E.）、M.ASCE，科罗拉多州丹佛市。

Jeffrey May 拥有超过 35 年的工作经验，包括为两家交通规划咨询公司、明尼苏达高速公路部和联合国工作。在他的职业生涯中，他为高速公路和交通项目制定交通规划和程序。他从丹佛地区政府委员会退休，退休前负责地理信息系统、航空摄影与制图、社会经济预测、交通与空气质量建模、水质和全面规划等事项。

Brian McKeehan，美国注册工程师（P.E.）、M.ASCE，达美航空咨询公司，弗吉尼亚州里士满。

Brian McKeehan 目前是达美航空咨询公司的高级航空经理，公司总部位于弗吉尼亚州的里士满。在他 25 年的职业生涯中，McKeehan 在三个项目中担任过建筑工程师的职位(机场设施工程师、咨询工程师和承包商)，他可以为每个项目提供三种视角。他管理着超过 2.5 亿美元的建筑工程，包括航空、医疗、工业、制造业和商业项目。他目前任职于美国土木工程师协会（ASCE）下设的美国交通运输和发展研究所理事会，并在 T&DI 机场规划和运营委员会工作。

Peter Merfeld，美国注册工程师（P.E.）、M.ASCE，缅因州收费公路管理局，缅因州波特兰。

Peter Merfeld 是缅因州有执照的专业工程师，有 23 年的工作经验，其中包括在缅因州收费公路管理局(MTA)工作的 15 年。自 2000 年起，作为缅因州收费公路管理局(MTA) 的首席运营官，他负责缅因州南部 110 英里的州际收费公路的所有维修、工程基本建设、公共安全以及服务广场运营等工作。Merfeld 是美国土木工程师协会（ASCE）缅因州基础设施委员会的主席，该部门负责调研生成缅因州的基础设施评估报告。他曾是美国土木工程师协会（ASCE）缅因州分部的前任主席，2005 年至 2010 年任职于美国土木工程师协会（ASCE）下设建筑协会的索赔和解决方案委员会。Merfeld 最近卸任了美国联邦总承包商协会(AGC) 缅因州分会的董事会主席（任期 9 年），目前担任国际桥梁、隧道和收费协会 (IBTTA) 的董事。

Roger M. Millar，美国注册工程师（P.E.）、F.ASCE、AICP、CFM，"明智发展美国"组织，蒙大拿州密苏拉市。

Roger M. Millar 是"明智发展美国"组织的副总裁，也还是"明智发展美国"组织研究院和全国完整街道联盟的负责人。在过去的 30 年里，Millar 在公共和私营部门担任领导职务，他最近担任了蒙大拿市(蒙大拿州)规划和赠款办公室主任。他在其中的一些项目中承担领导职务，特别是波特兰河区发展计划和波特兰电车项目，这些项目运作被视为国家模式。Millar 是美国土木工程师协会（ASCE）运输政策委员会的成员，他曾担任美国土木工程师协会（ASCE）国家基础设施和研究政策委员会的前任主席，也是太平洋西北协会的前任主席。

Paul F. Mlakar，博士、美国注册工程师（P.E.）、Dist. M.ASCE，美国陆军工程兵团（USACE），密西西比州维克斯堡。

Paul F. Mlakar 是密西西比州维克斯堡美国陆军工程兵

团研究与发展中心的高级研究员。Mlakar 博士有 46 年的建筑保护经验，并将这项军事技术应用于民用，曾经应用于美国大使馆和其他著名建筑。他是美国土木工程师协会（ASCE）关键基础设施委员会的前任主席。他还在 2001 年 9 月 11 日恐怖袭击事件中领导了对五角大楼建筑性能的调查，并参与了美国土木工程师协会（ASCE）对俄克拉荷马州俄克拉荷马城 Alfred P. Murrah 联邦大楼爆炸案的调查。

Kam K. Movassaghi，博士、美国注册工程师（P.E.）、F.ASCE，Fenstermaker 公司，路易斯安那州拉法耶特。

Kam K. Movassaghi 是 Fenstermaker 公司的总裁，这是一家位于路易斯安那州拉法耶特的咨询工程公司。他的职业生涯跨越了 40 年，包括担任路易斯安那州交通和发展部部长，在学术界从事教学、研究和行政工作，以及从事工程的规划和咨询工作。他曾在运输研究委员会的执行委员会任职，担任过 AASHTO 的各个委员会的主席，并参加了美国国家科学院和美国国家运输部的一系列活动。他在美国土木工程师协会（ASCE）担任过各种各样的领导职务，包括其下设的交通和发展研究院院长。

Michael Mucha，美国注册工程师（P.E.）、M.ASCE，麦迪逊城市污水收集区，威斯康星州麦迪逊。

Michael Mucha 是麦迪逊城市污水收集区的总工程师和主任。他将自己 25 年的职业生涯献给了"通过可持续发展建立公众信任"的工作。Mucha 在威斯康星大学密尔沃基分校获得土木工程专业学士学位，在华盛顿大学西雅图分校获得公共管理硕士学位,并完成了在哈佛大学"州和地方政府项目的高级管理人员计划"的工作。Mucha目前是美国土木工程师协会(ASCE)可持续发展委员会主席,并在常青州立学院和威斯康星大学讲授可持续领导力的课程。

James K. Murphy,美国注册工程师(P.E.)、CFM、M.ASCE,URS公司,弗吉尼亚州荷顿。

James K. Murphy目前是URS公司的项目总监。他有38年的公司和项目管理经验,包括33年的顾问工作,其中服务单位包括美国陆军工程兵团(USACE)、国土安全部(DHS)、联邦紧急事务管理局(FEMA)/FIA和其他机构。这些工作包括为大坝/堤坝和其他基础设施政策提供建议,这些建议与维护基础设施、降低风险、减轻人为和自然灾害的不利影响有关。

Robert E. Nickerson,美国注册工程师(P.E.)、F.SEI、M.ASCE,顾问,得克萨斯州沃思堡。

Robert E. Nickerson是一位专业从事电气传动结构分析和设计的顾问工程师,工作时间超过34年。他是一位在8个州有执照的工程师。他目前是SEI技术活动部执行委员会成员,是美国土木工程师协会(ASCE)格构式钢结构传动设计标准委员会主席,也是输电杆塔结构设计标准委员会成员以及"美国基础设施评估报告"咨询委员会前成员。他是2007年输电线路工程奖WiHoRe基因创新方面的获奖者。

Anthony Puntin，美国注册工程师（P.E.）、M.ASCE，路易斯伯杰集团公司，马萨诸塞州波士顿。

Anthony Puntin 是路易斯伯杰集团公司的高级项目经理，也是波士顿土木工程师协会的执行董事。Puntin 拥有 20 多年的交通与公路项目设计与管理的经验，其中包括 3 个利用设计/建造项目交付的项目。他曾在美国土木工程师协会（ASCE）下设的几个委员会和代表第一区的国家指导委员会任职。他是马萨诸塞大学阿姆赫斯特分校土木与环境工程项目顾问委员会的成员。

Debra R. Reinhart，博士、美国注册工程师（P.E.）、BCEE、F.ASCE，佛罗里达中央大学，佛罗里达州奥兰多市。

Debra R. Reinhart 是佛罗里达中央大学的教授和主管研究的助理副校长。Reinhart 在固体和危险废弃物管理方面有超过 25 年的经验。她是美国土木工程师协会（ASCE）和美国科学促进会（AAAS）的会员，也是 7 个国家专业技术组织和多个国家委员会的成员。她曾出版或发表 100 余种图书、论文和演讲。

Thomas S. Slater，美国注册工程师（P.E.），M.ASCE，雷诺史密斯希尔斯公司，北卡罗来纳州罗利。

Thomas S. Slater 是雷诺史密斯希尔斯公司（是一家国家机场规划和咨询公司，位于北卡罗来纳州罗利市）航空工程和管理的首席专家，在该领域著述颇丰，同时也是专业讲师。他曾是美国土木工程师协会（ASCE）运输政策委员会成员，并于 1997 年至 2002 年担任美国土木工程师协会

（ASCE）的董事会成员。在机场和航空领域，他拥有超过25年的服务经验。

John P. Sullivan，美国注册工程师（P.E.），M.ASCE，波士顿水与污水委员会，马萨诸塞州波士顿。

John P. Sullivan 是波士顿水与污水委员会的总工程师，负责设计、修复和施工管理超过 2500 英里的水、污水和暴风雨处理系统。在他 40 年的工作生涯里，他见证了一个老化管道系统的改造，这个系统可以追溯到 1848 年，这个系统现在是一个充满活力的、维持生命的水分配系统以及废水雨水收集系统。

Paul C. Taylor，美国注册工程师（P.E.）、M.ASCE，洛杉矶郡大都会运输管理局，加利福尼亚州洛杉矶。

Paul C. Taylor 自 2009 年 6 月起担任洛杉矶郡大都会运输管理局副首席执行官，负责规划、资助、建设和运营美国第三大公共交通机构。他作为公共机构的行政人员或顾问，在南加州从事公共部门资本运营方面的改进工作，并且已经工作了 40 年。